全国高等职业学校机械类专业

机械制图及计算机绘图（第三版）习题册

王希波　主编

中国劳动社会保障出版社

本习题册是全国高等职业学校机械类专业教材《机械制图及计算机绘图（第三版）》的配套用书。习题册紧扣教学要求，按照教材模块顺序编排，注重基础知识的巩固及基本能力的培养，知识点分布均衡，题型丰富多样，难易配置适当，适合不同程度的学生练习使用。

本习题册由王希波任主编，王永胜任副主编，李善玲、杜峰、高立瑞、符浩、王雪参加编写，周华主审。

图书在版编目（CIP）数据

机械制图及计算机绘图（第三版）习题册 / 王希波主编. -- 北京：中国劳动社会保障出版社，2022
全国高等职业学校机械类专业
ISBN 978-7-5167-5264-7

Ⅰ.①机…　Ⅱ.①王…　Ⅲ.①机械制图－高等职业教育－习题集②机械制图－计算机制图－高等职业教育－习题集　Ⅳ.①TH126-44

中国版本图书馆 CIP 数据核字（2022）第 112273 号

中国劳动社会保障出版社出版发行
（北京市惠新东街 1 号　邮政编码：100029）
*
北京汇林印务有限公司印刷装订　　新华书店经销
787 毫米 ×1092 毫米　16 开本　29 印张　312 千字
2022 年 9 月第 1 版　　2025 年 5 月第 3 次印刷
定价：47.00 元

营销中心电话：400-606-6496
出版社网址：http://www.class.com.cn
http://jg.class.com.cn

版权专有　　侵权必究
如有印装差错，请与本社联系调换：（010）81211666
我社将与版权执法机关配合，大力打击盗印、销售和使用盗版图书活动，敬请广大读者协助举报，经查实将给予举报者奖励。
举报电话：（010）64954652

目　录

模块一　制图的基本知识与基本技能 …………（ 1 ）

模块二　投影与三视图 …………（ 20 ）

模块三　轴测图 …………（ 42 ）

模块四　截交线与相贯线 …………（ 50 ）

模块五　组合体的视图 …………（ 70 ）

模块六　图样画法 …………（ 98 ）

模块七　标准件与通用件表示法 …………（142）

模块八　技术要求 …………（161）

模块九　零件图 …………（174）

模块十　装配图 …………（190）

模块十一　计算机绘图 …………（209）

附录　零件图和装配图对应的三维图 …………（226）

模块一　制图的基本知识与基本技能

1-1　抄画平面图形（同步训练）

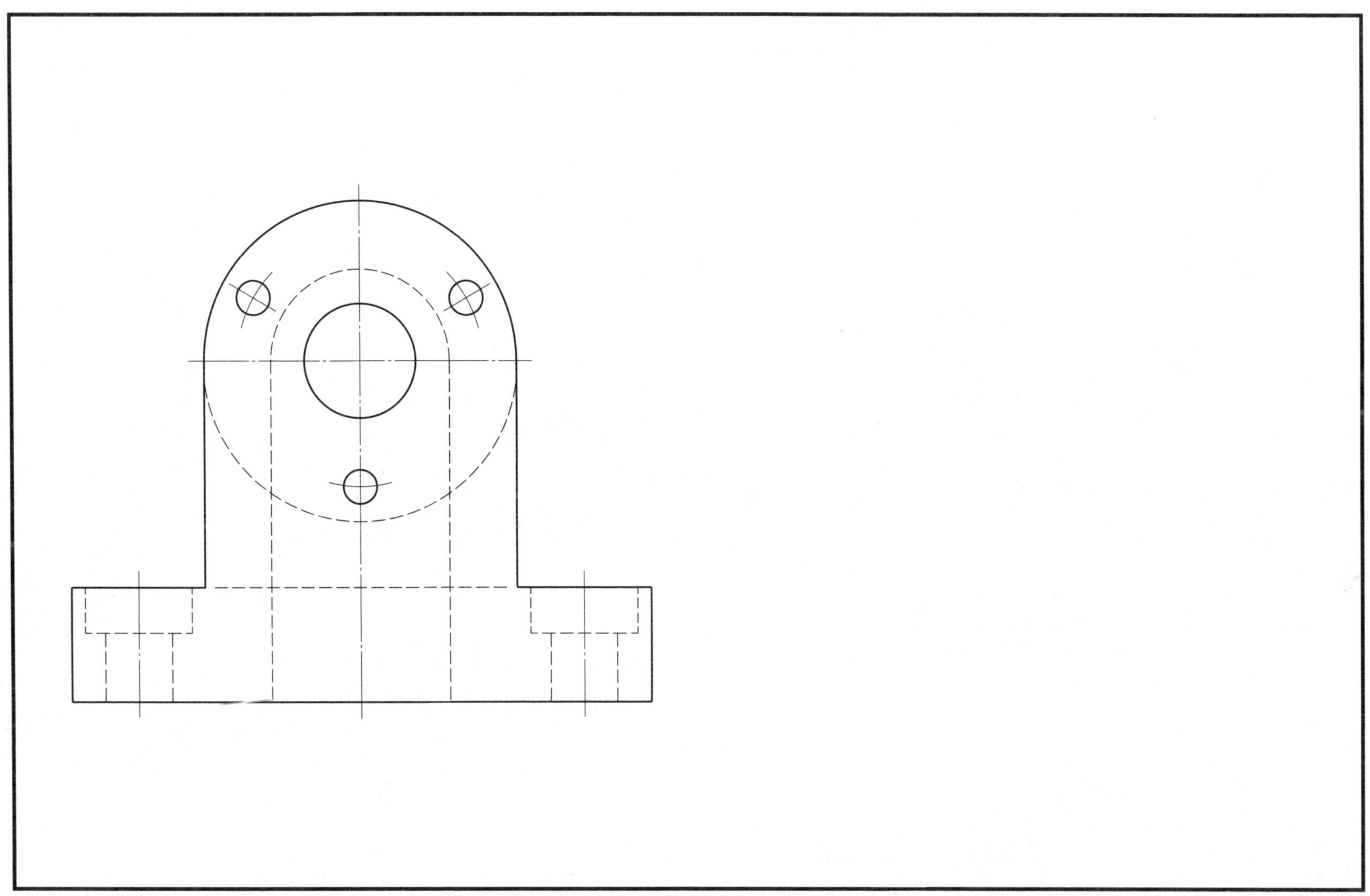

班级　　　　学号　　　　姓名

1-2 字体练习（一）

机械制图设计审核工艺比例技术要求零件装配热处理合金钢调质淬火渗碳

倒圆角铸造锻压加车削铣磨钻孔轴未注时效转移动螺栓母钉垫圈板轴承座

凸轮滚齿键销弹簧杆缸泵溢流阀支架直半径弧长宽高器平行垂粗糙度公差

班级　　学号　　姓名

1–3　字体练习（二）

ABCDEFGHIJKLMNOPQRSTUVWXYZ

abcdefghijklmnopqrstuvwxyz

0123456789φ

I II III IV V VI VII VIII IX X XI XII

班级　　学号　　姓名

1-4　按照 1∶1 比例在右侧绘制左侧图形

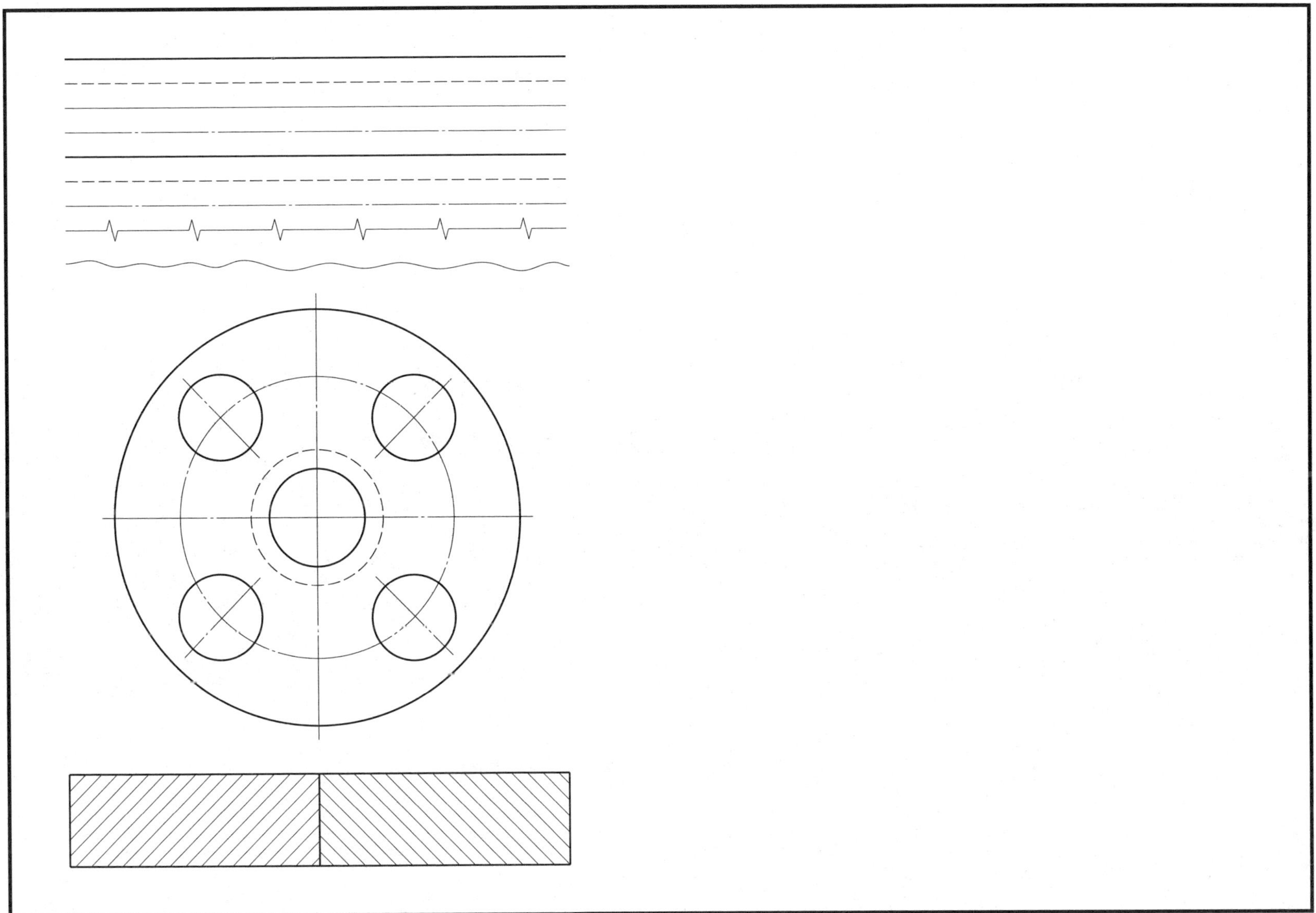

班级　　　　学号　　　　姓名

1-5　标注平面图形的尺寸（同步训练，尺寸从图中量取，取整数）

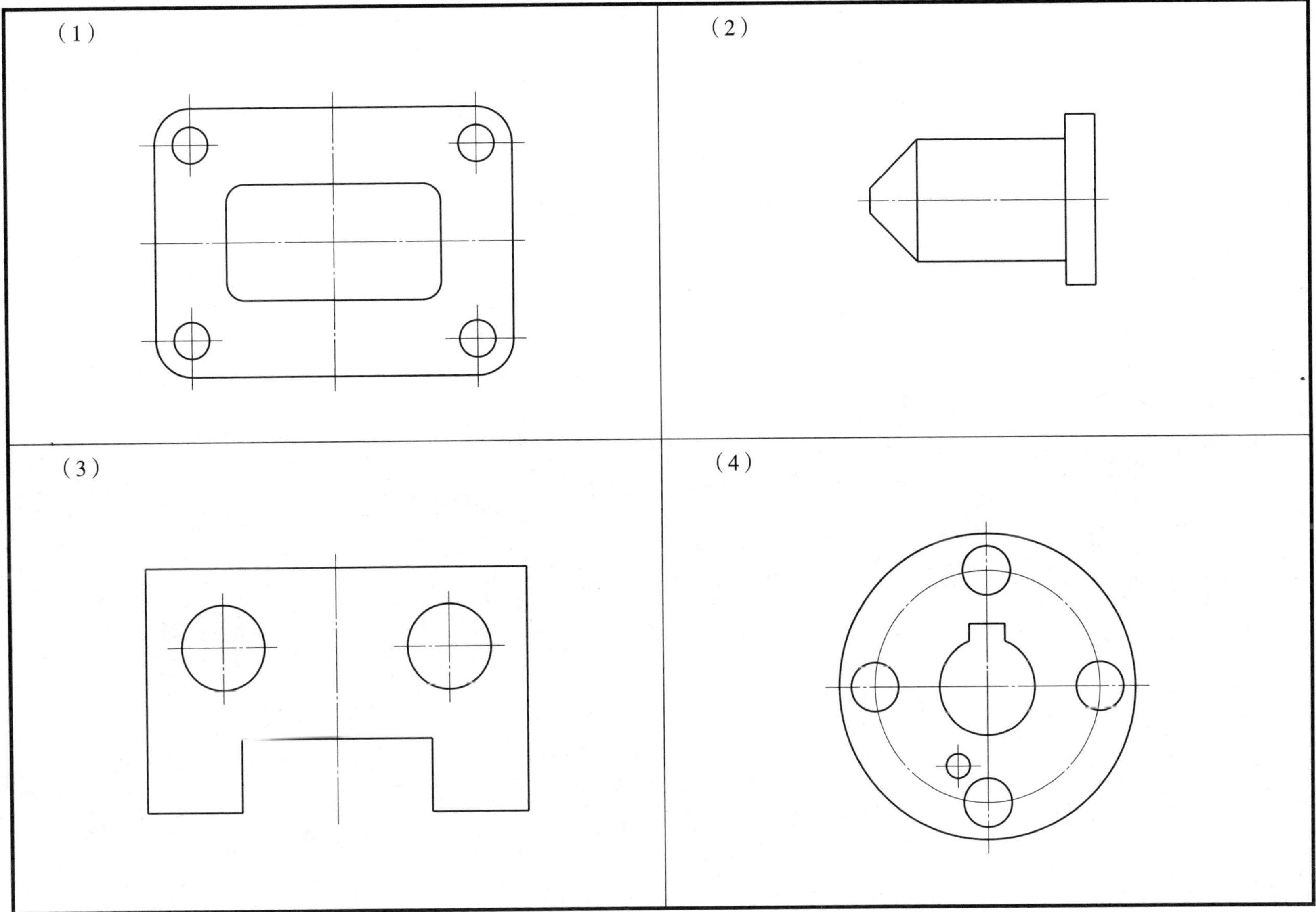

班级　　　　学号　　　　姓名

1–6　标注尺寸（尺寸从图中量取，取整数）

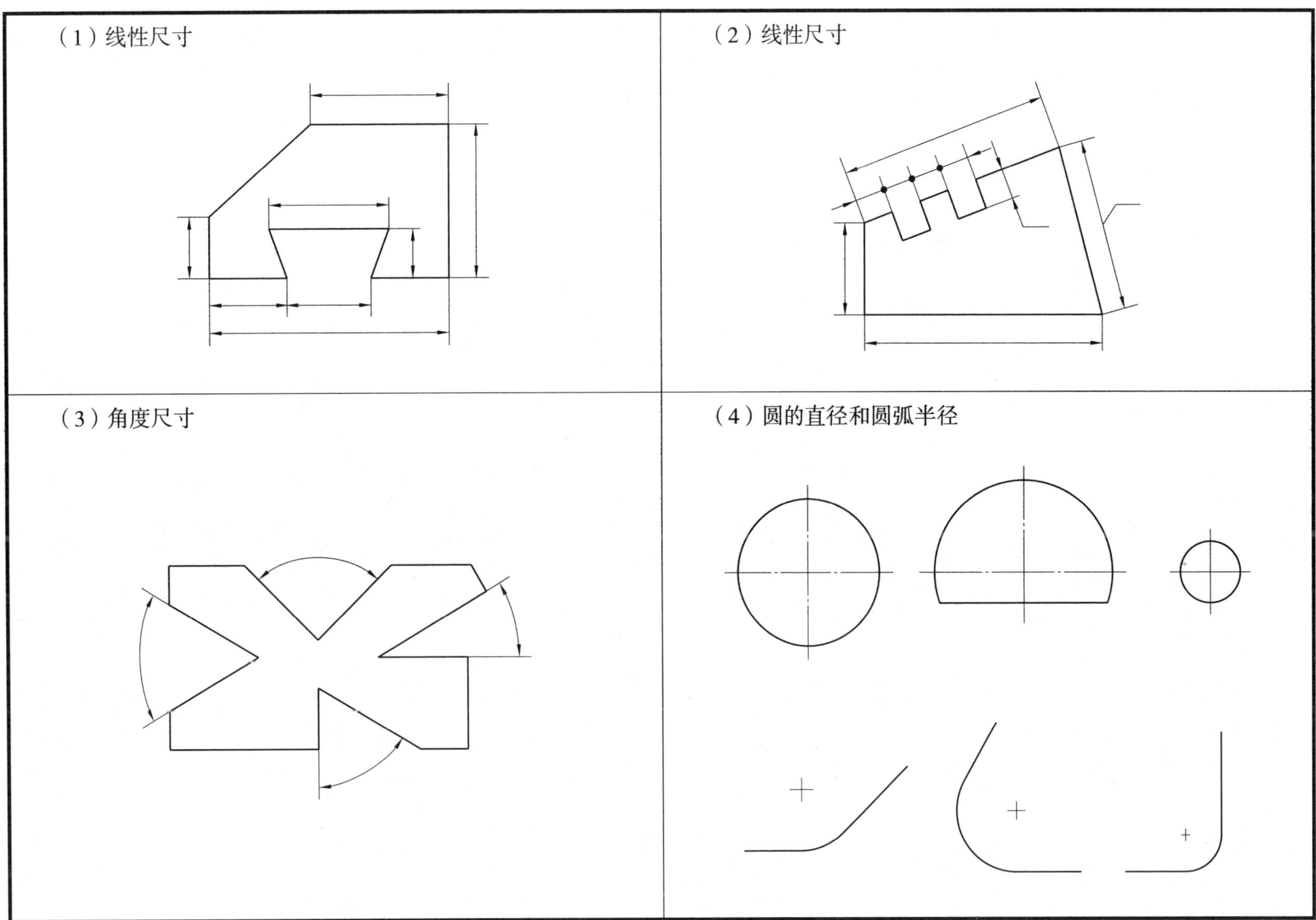

班级　　　　学号　　　　姓名

1–7 指出上图中尺寸标注的错误，并在下图中正确地标注尺寸

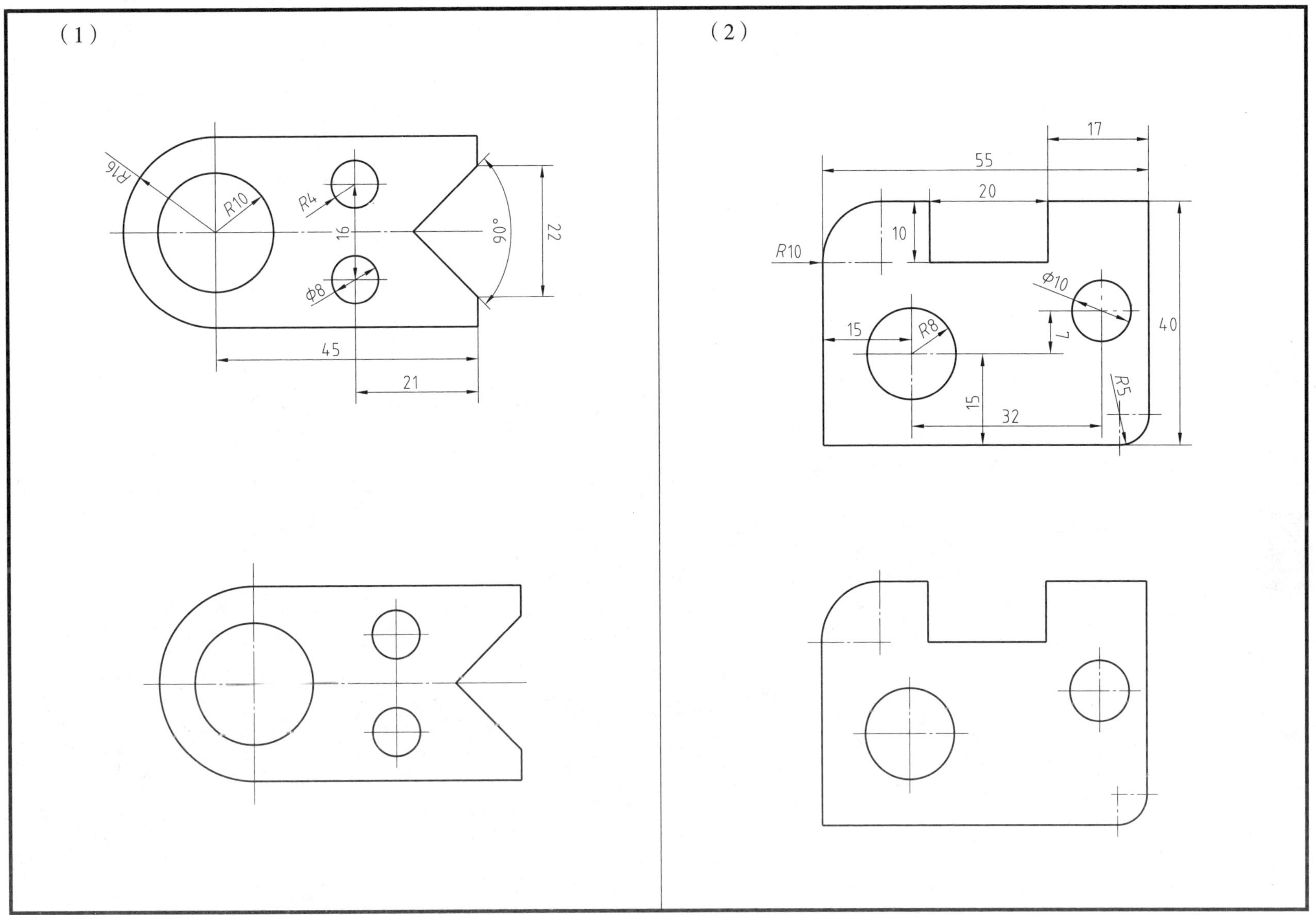

班级　　　　学号　　　　姓名

1-8 标注平面图形的尺寸（尺寸从图中量取，取整数）

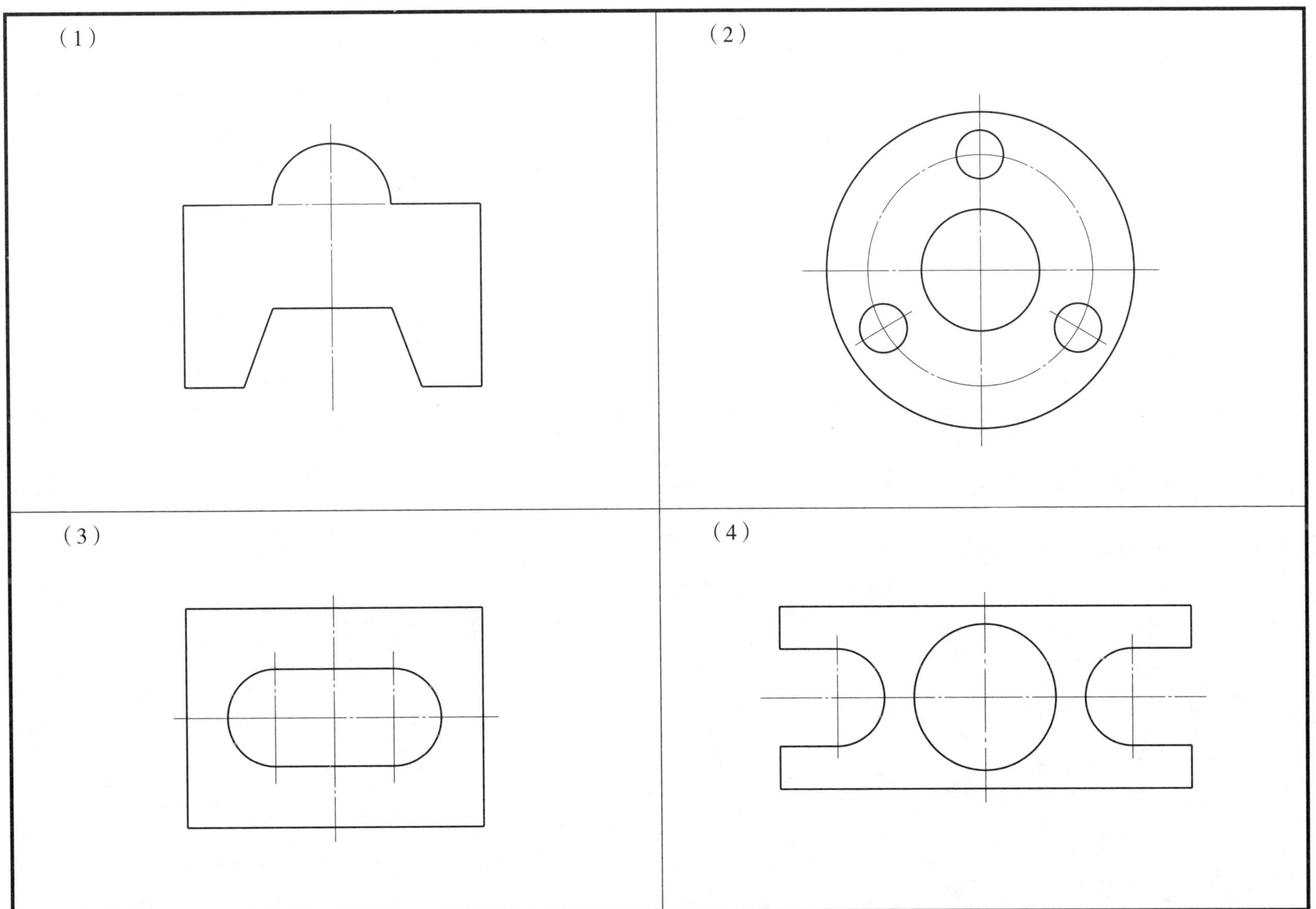

班级　　学号　　姓名

1-9 正多边形和椭圆练习（同步训练）

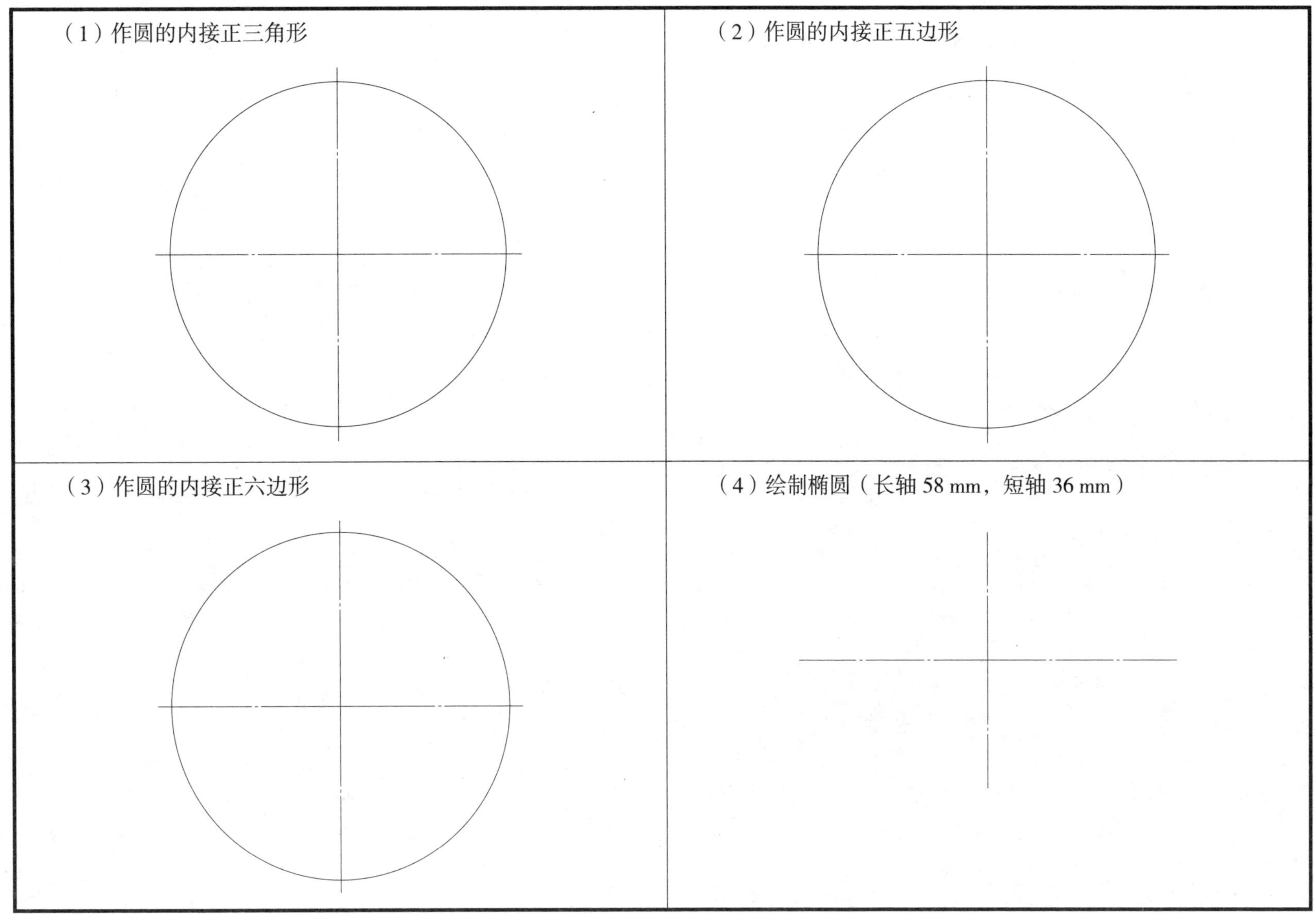

班级　　学号　　姓名

1–10 按照 1 : 1 的比例抄画平面图形，并标注尺寸（同步训练）

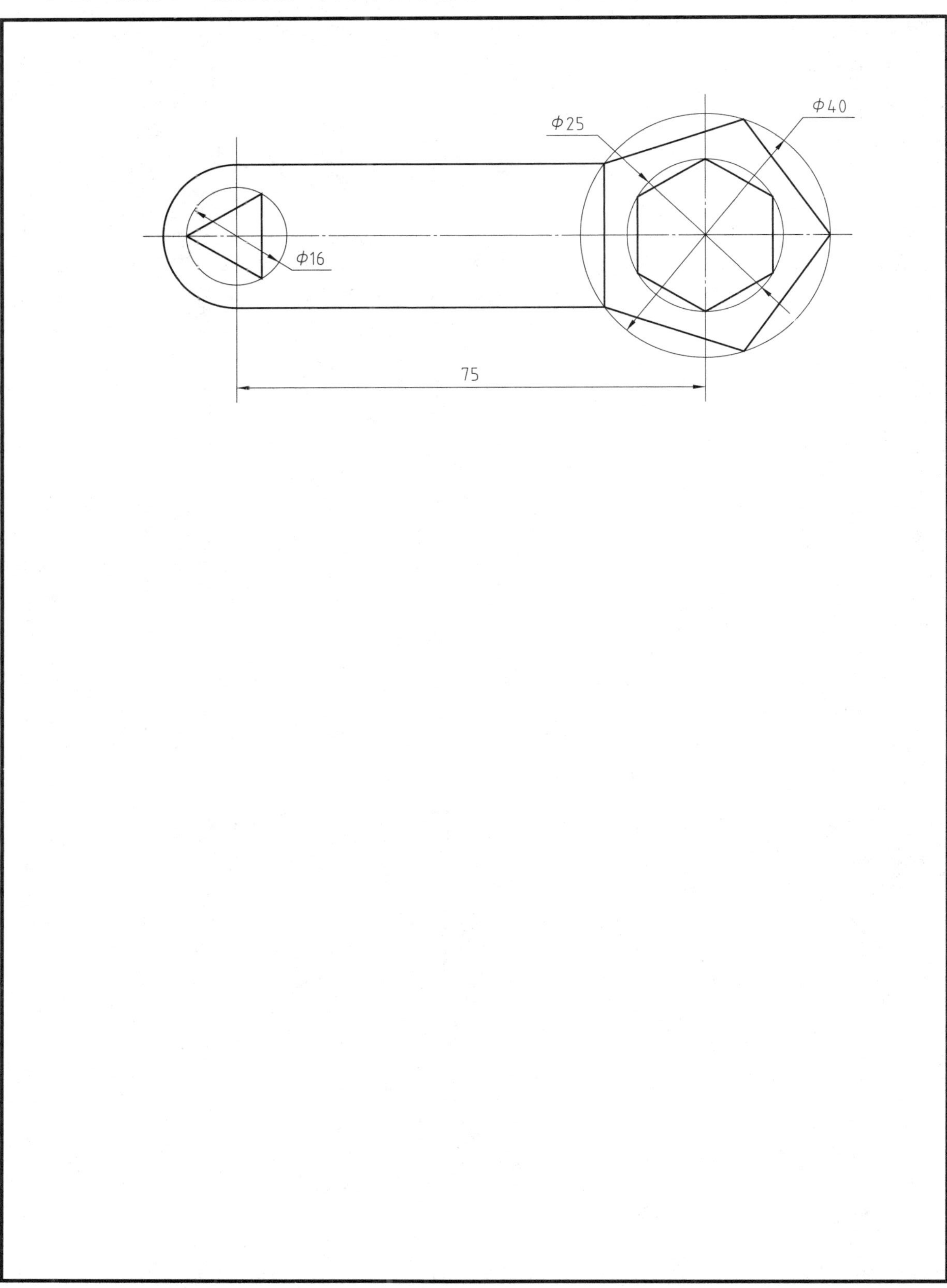

班级　　　学号　　　姓名

班级　　　学号　　　姓名

1–11　按照 1∶2 的比例抄画平面图形，并标注尺寸（同步训练）

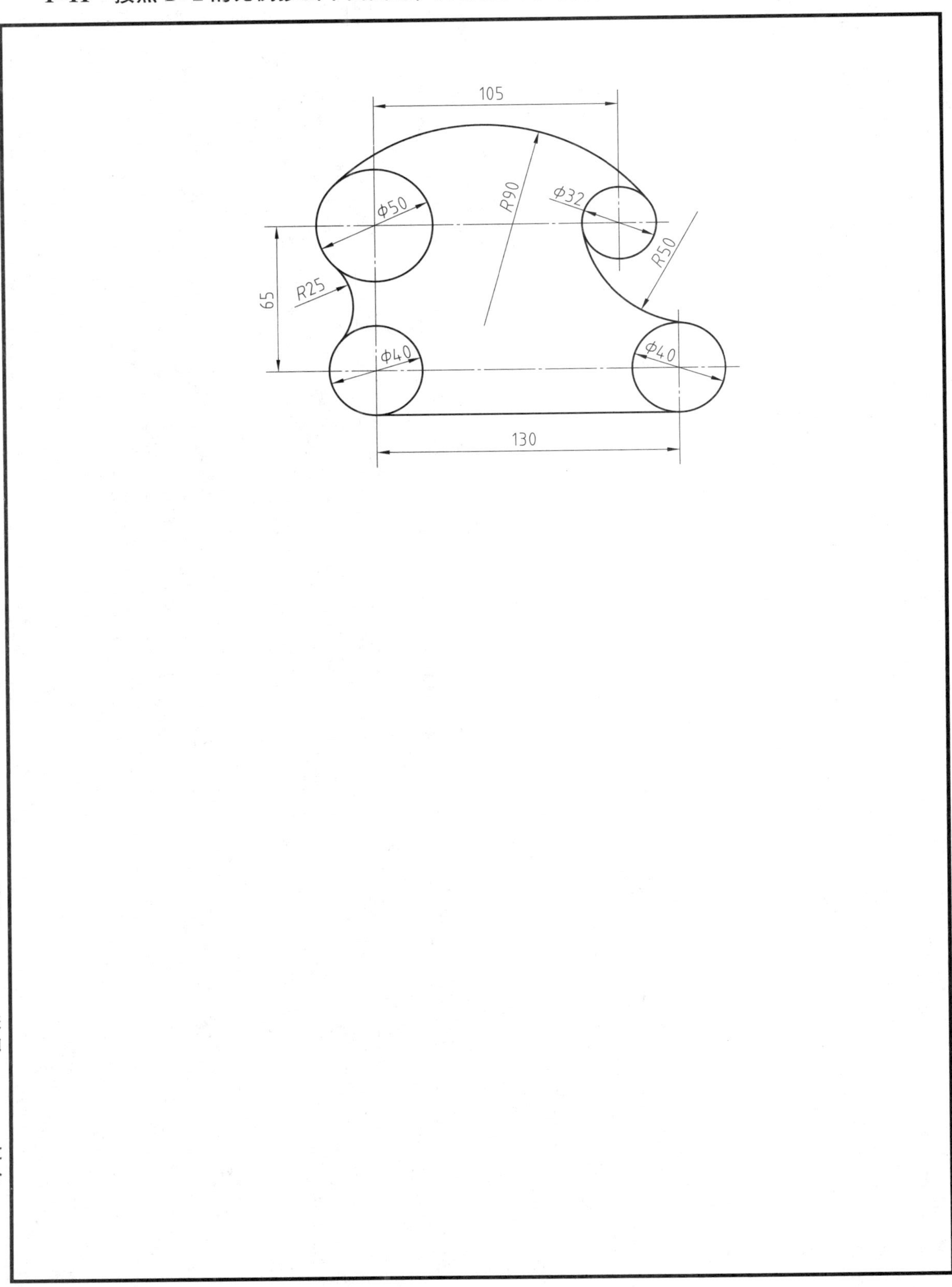

班级　　　　学号　　　　姓名

1–12 按照样图上所注尺寸完成下面图形的线段连接（比例 1∶1）

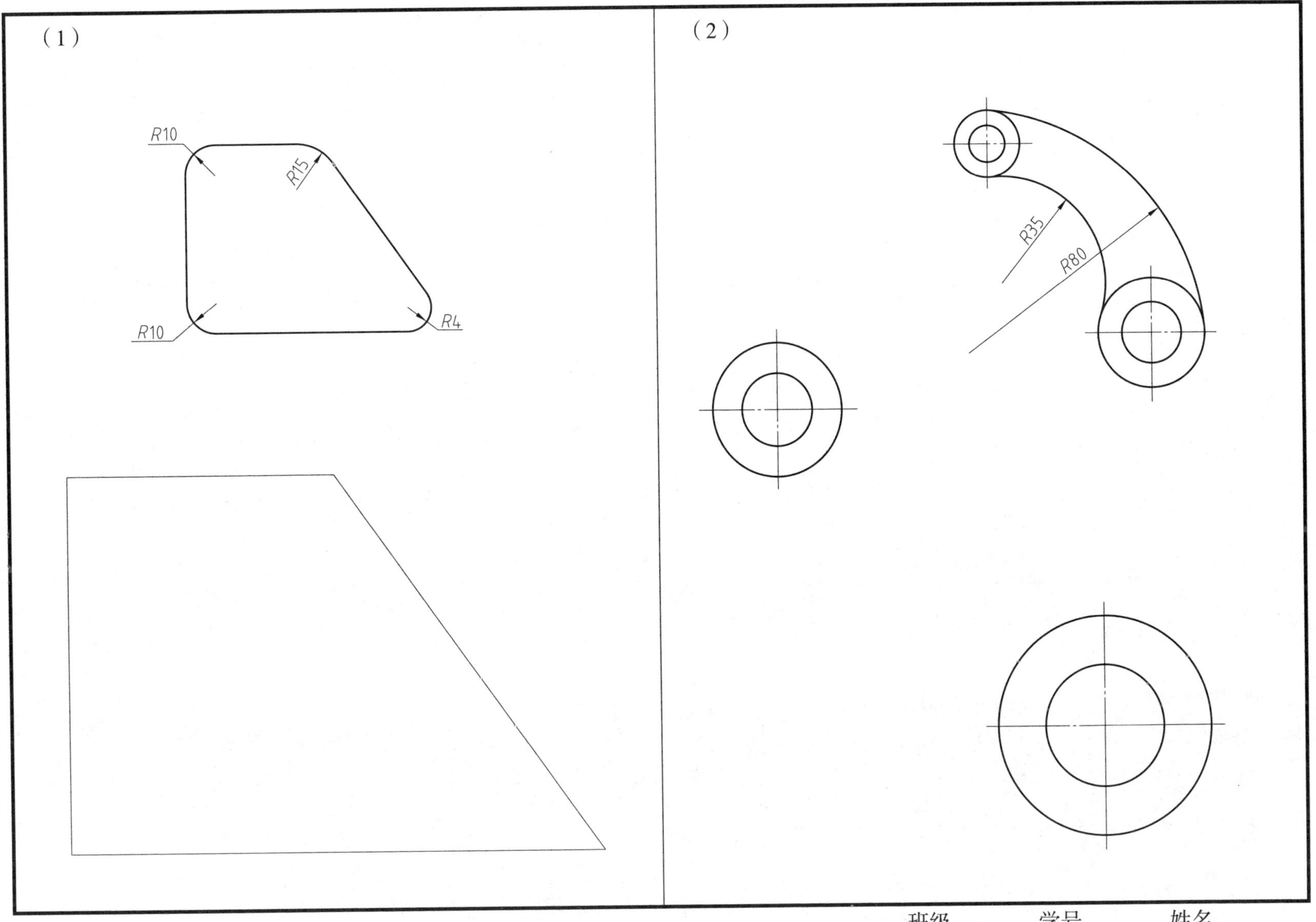

班级　　　　学号　　　　姓名

1-13　按照样图上所注尺寸完成下面图形的线段连接（比例 1∶1）

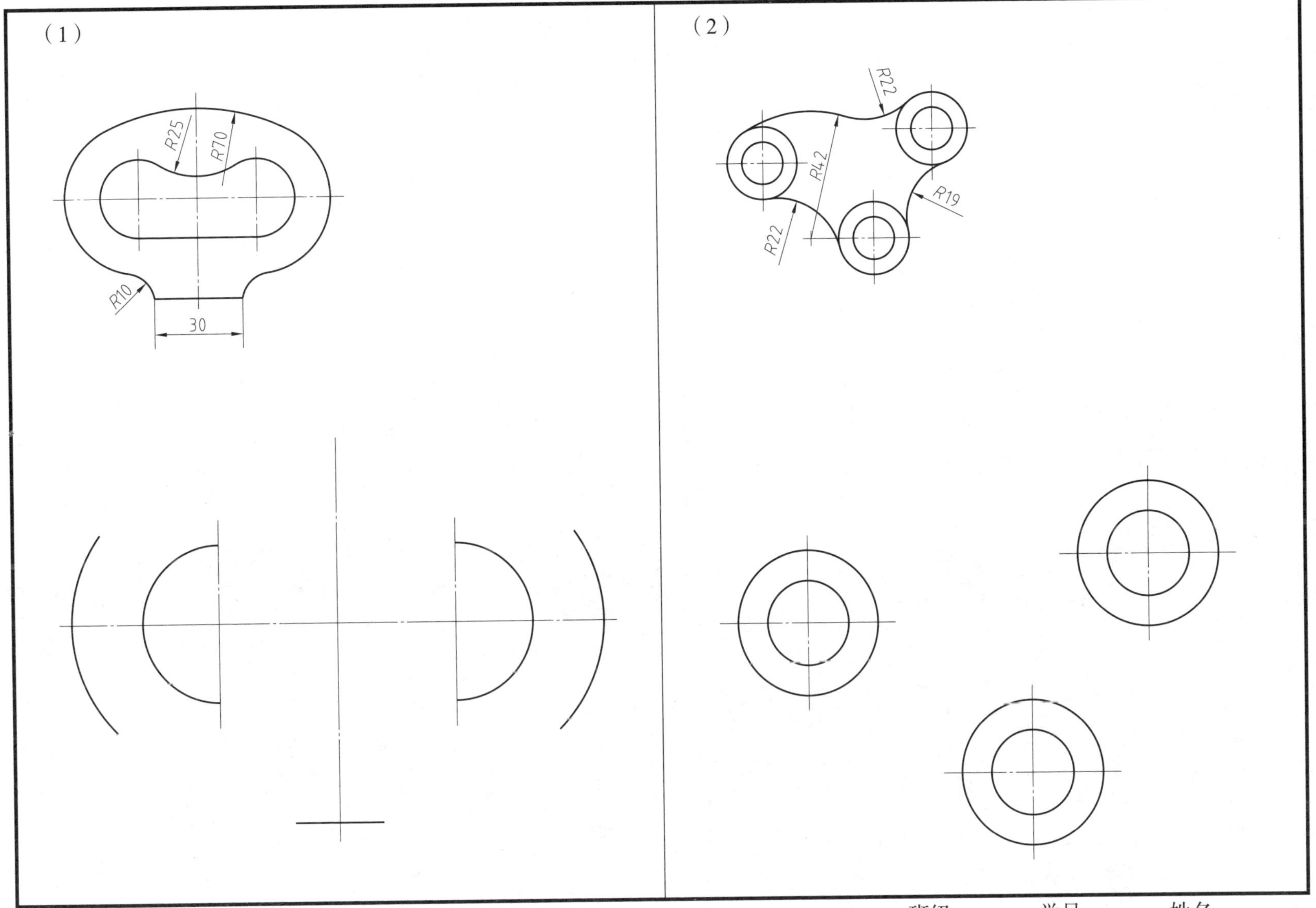

班级　　　　学号　　　　姓名

1–14 选择合适的比例，绘制拉楔平面图，并标注斜度、锥度和尺寸（同步训练）

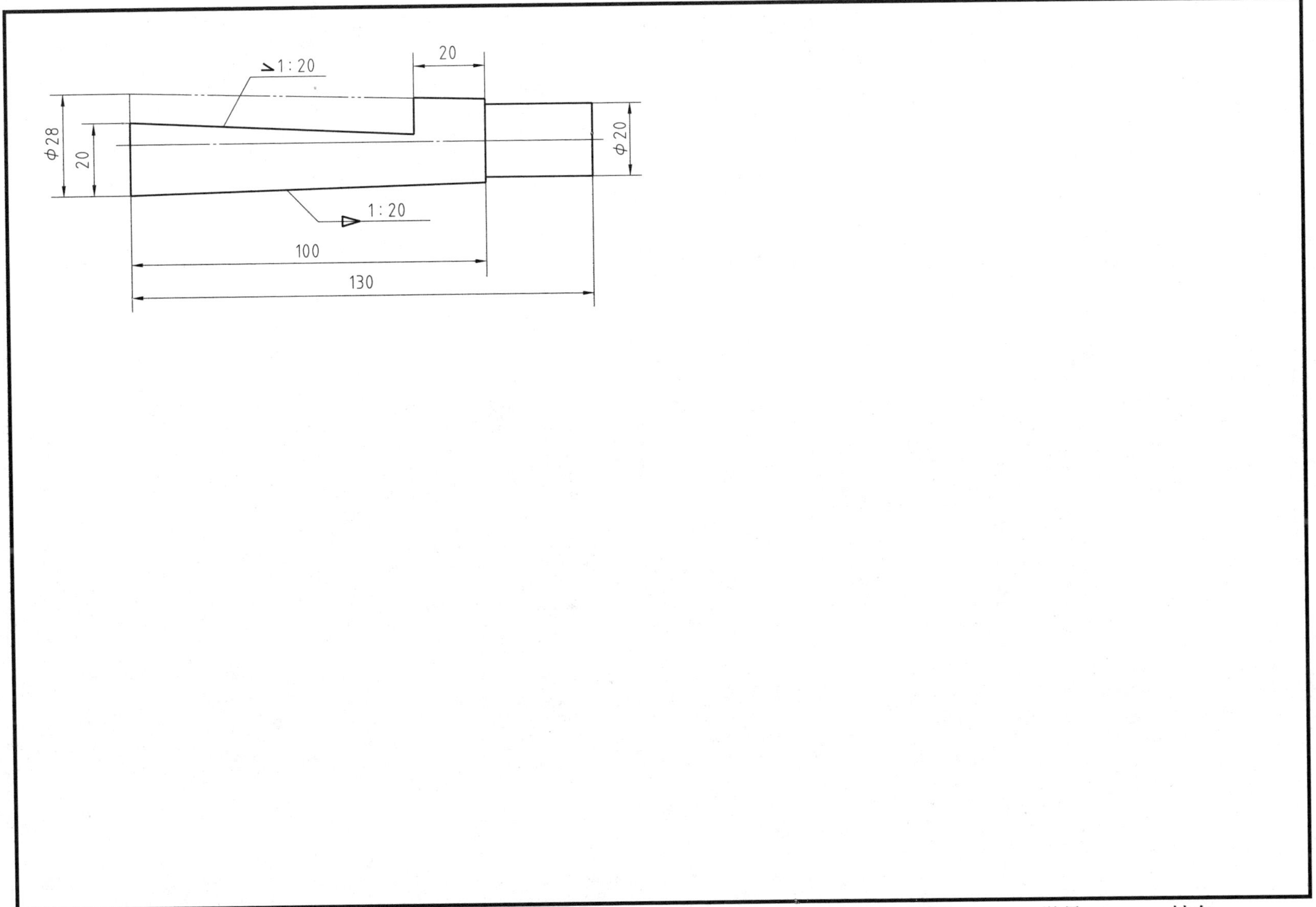

班级　　　　学号　　　　姓名

1-15 斜度和锥度的练习

（1）按照 1∶1 比例绘制图形，并标注尺寸和斜度

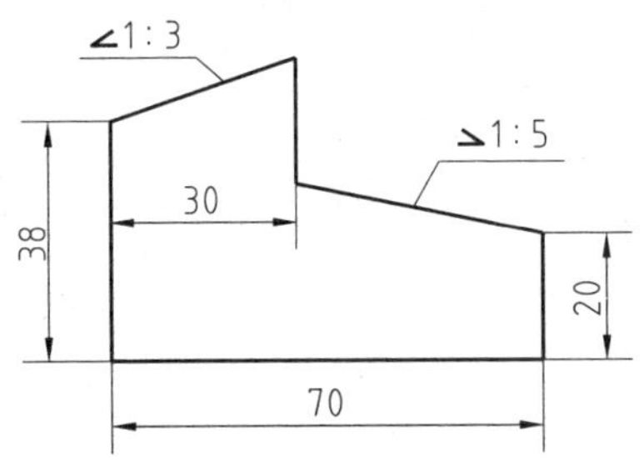

（2）参照样图在下图中画全图形轮廓，并标注尺寸和锥度（尺寸从图中量取）

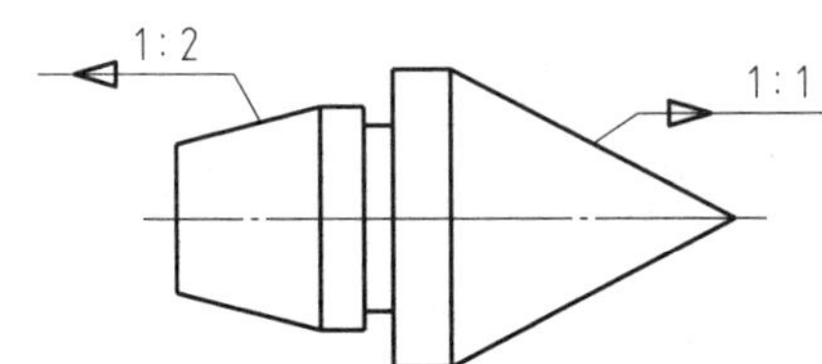

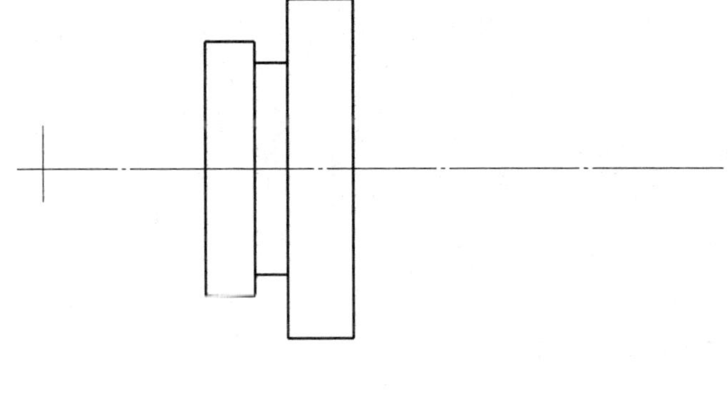

班级　　　　学号　　　　姓名

1–16　按照样图上所注尺寸，选择合适的比例，在下方绘制图形，并标注尺寸（同步训练）

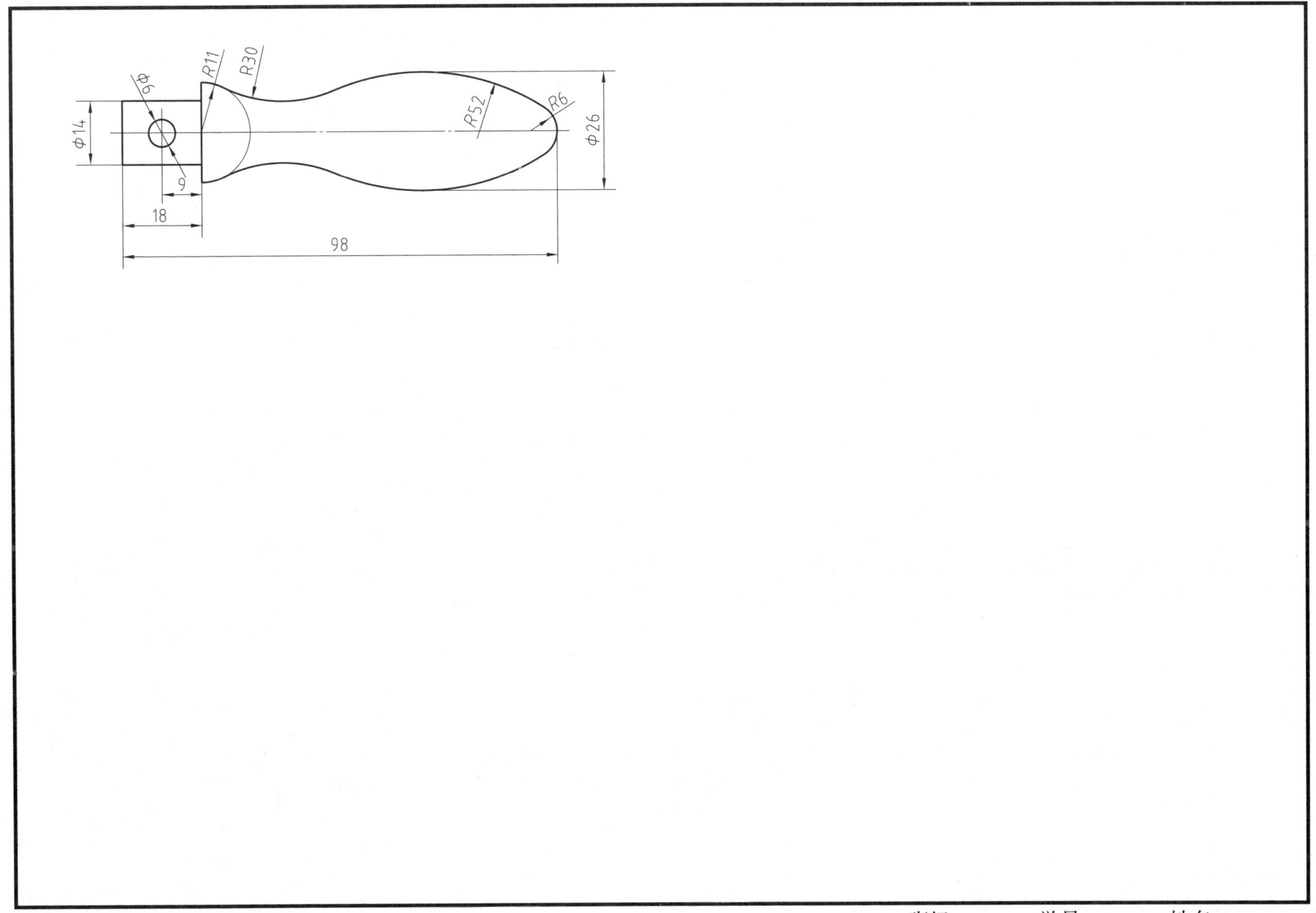

班级　　　　学号　　　　姓名

1–17 按照样图上所注尺寸，在下方绘制图形，并标注尺寸（比例 1∶1）

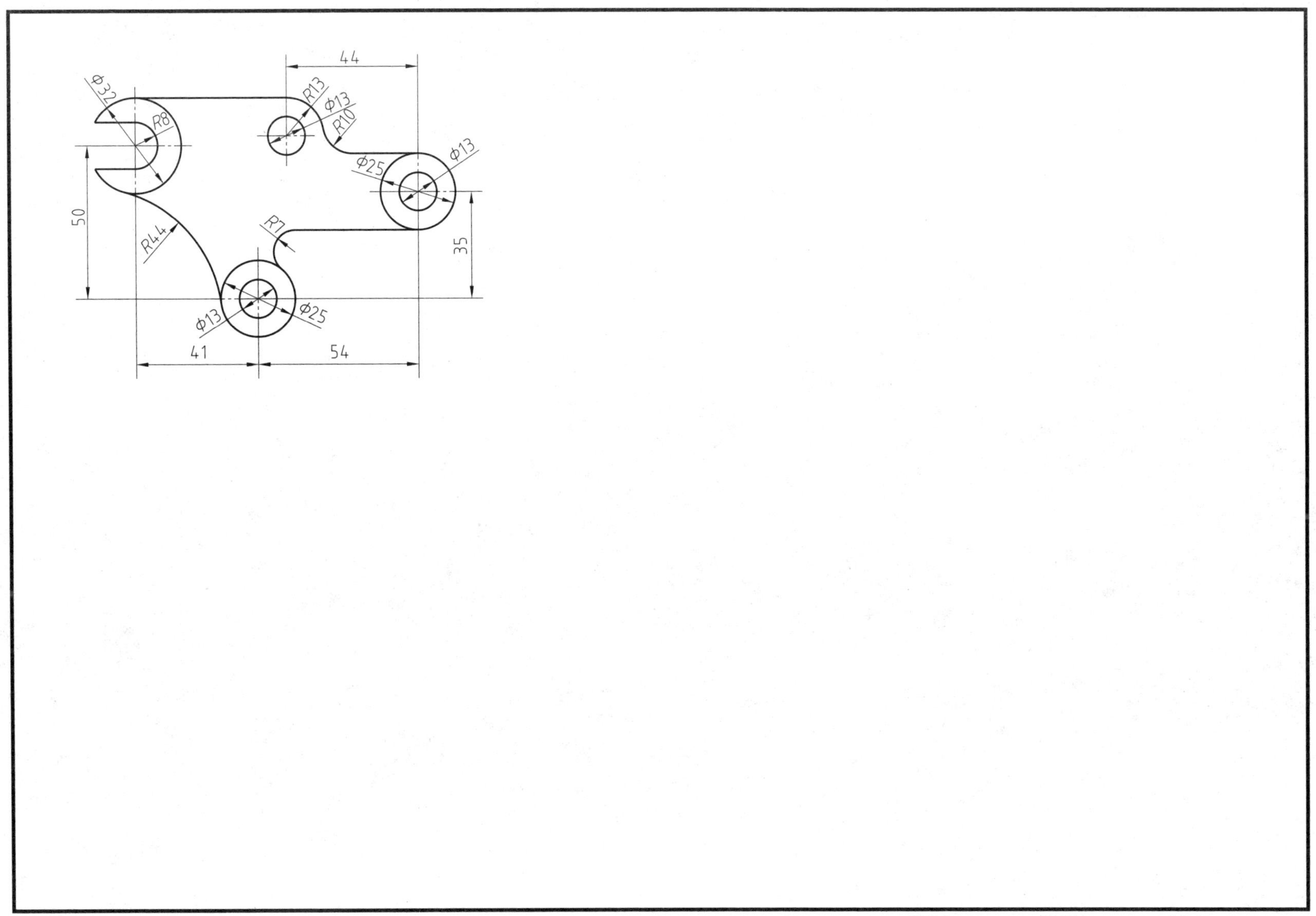

班级　　　　学号　　　　姓名

1–18 按照样图上所注尺寸，在下方绘制图形，并标注尺寸（比例 1∶1）

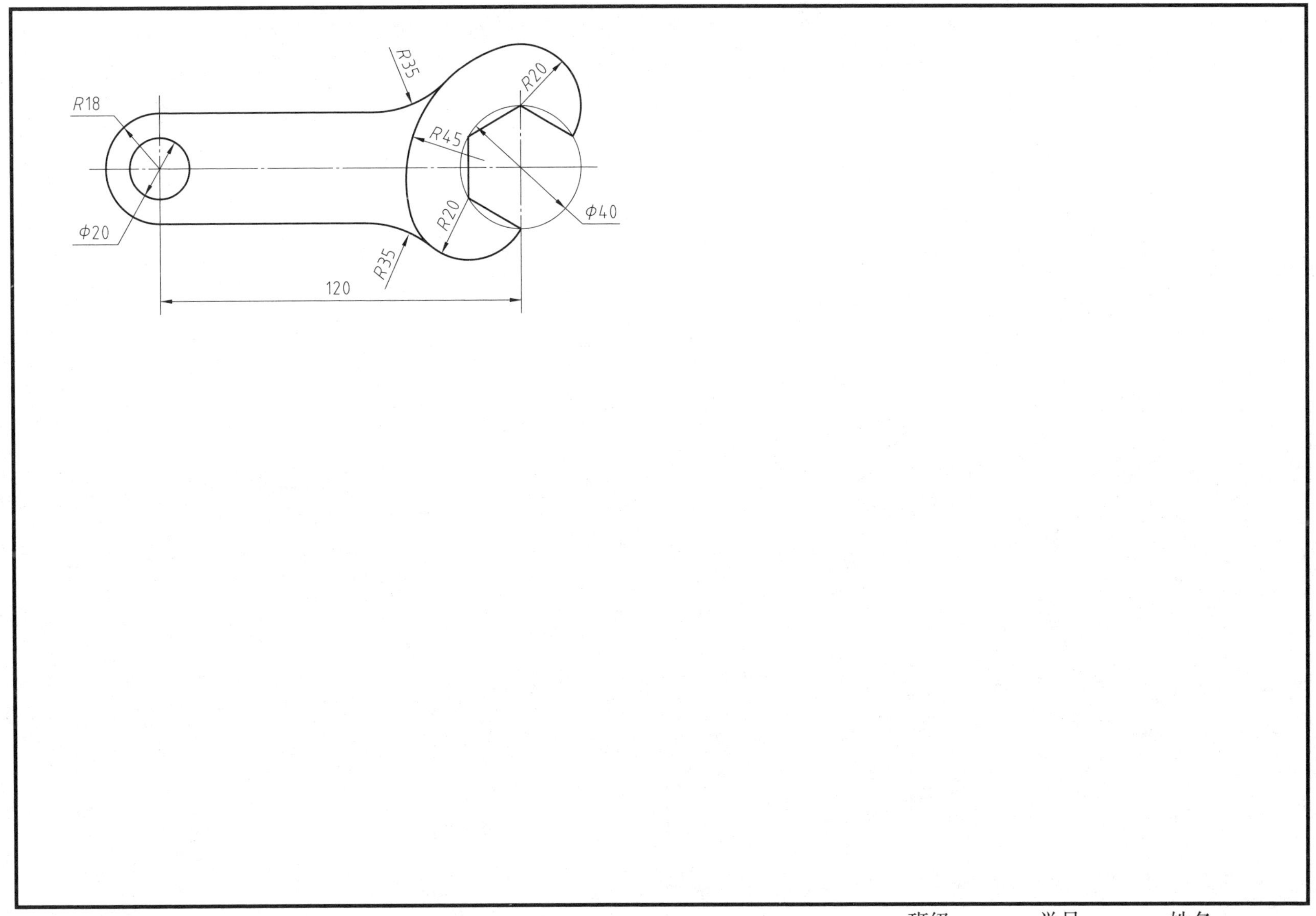

班级　　　　学号　　　　姓名

1-19 按照样图上所注尺寸，在下方绘制图形，并标注尺寸（比例 1 : 1）

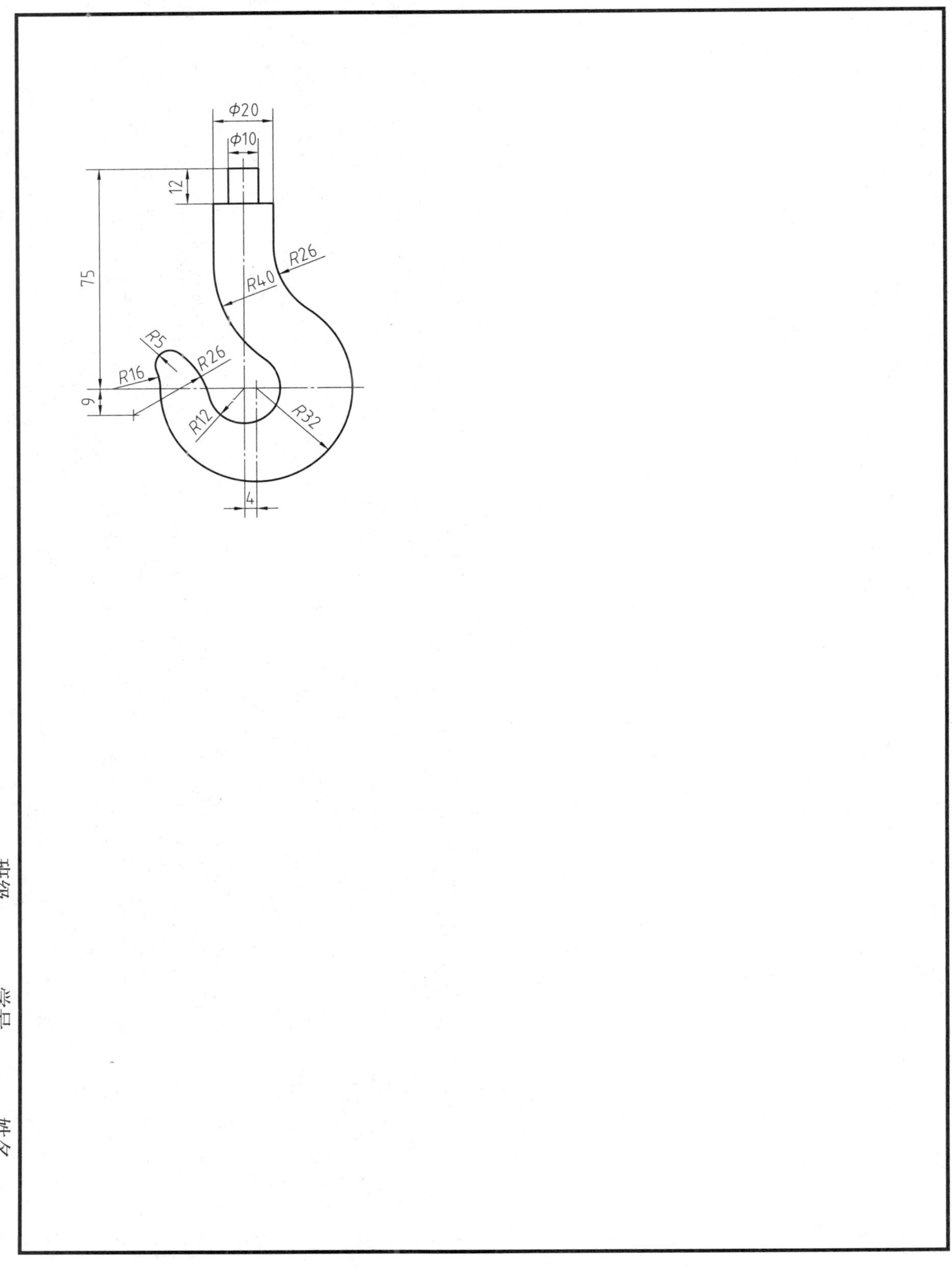

班级　　　学号　　　姓名

模块二　投影与三视图

2-1　绘制三视图（同步训练）

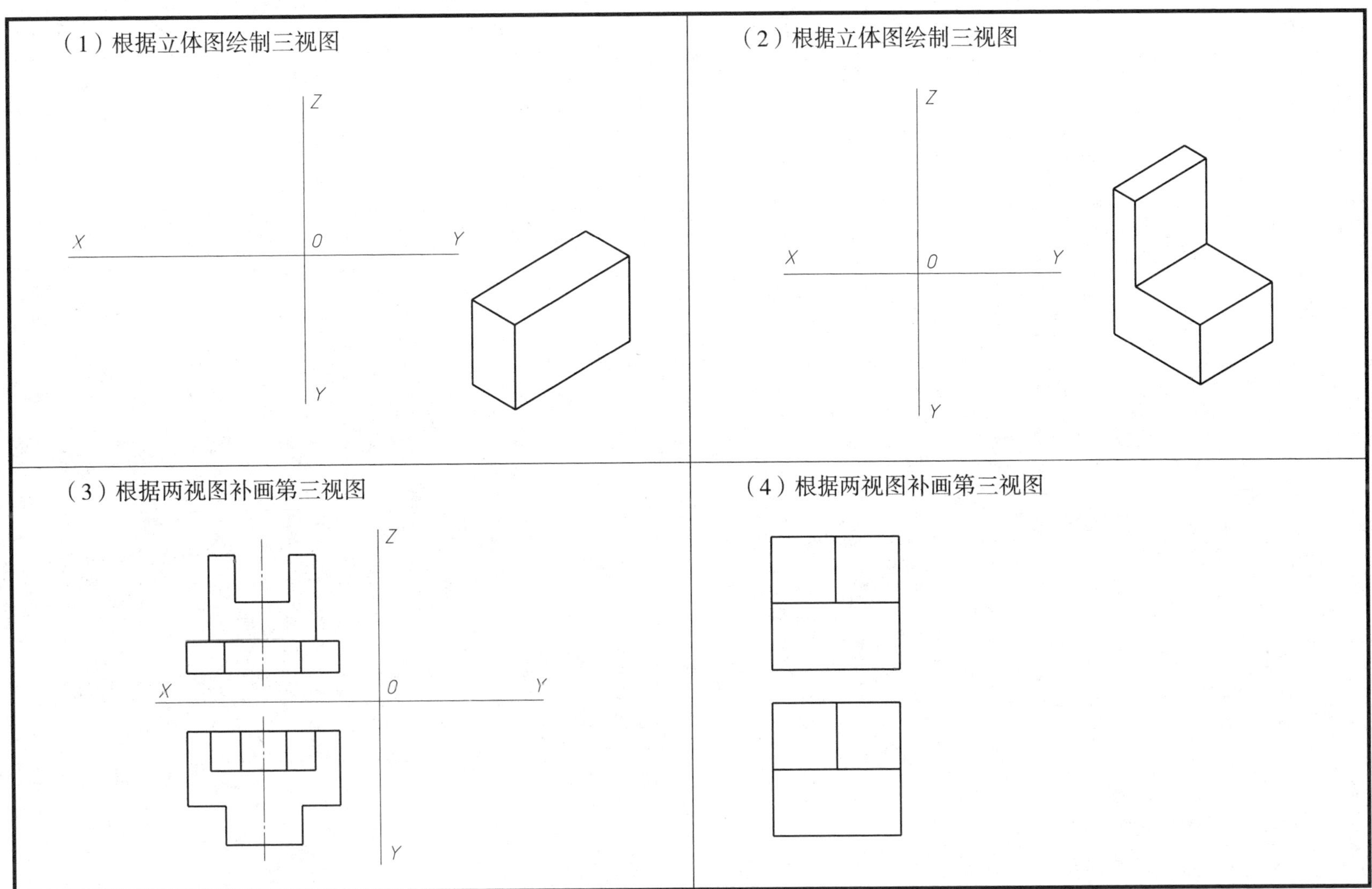

班级　　　　学号　　　　姓名

2–2　参照立体图，根据两视图补画第三视图

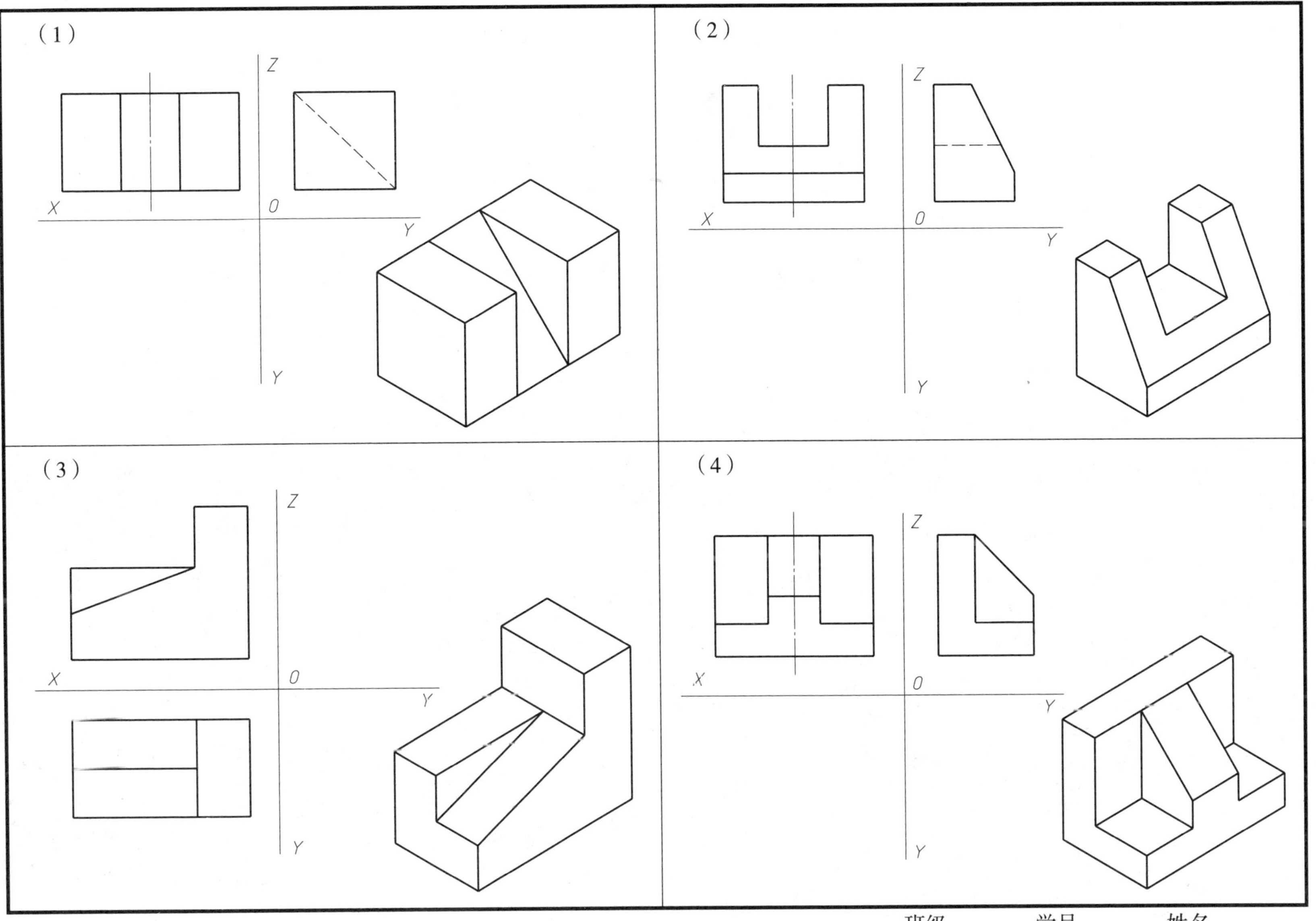

班级　　　　学号　　　　姓名

2-3　参照立体图，补画三视图中漏画的图线

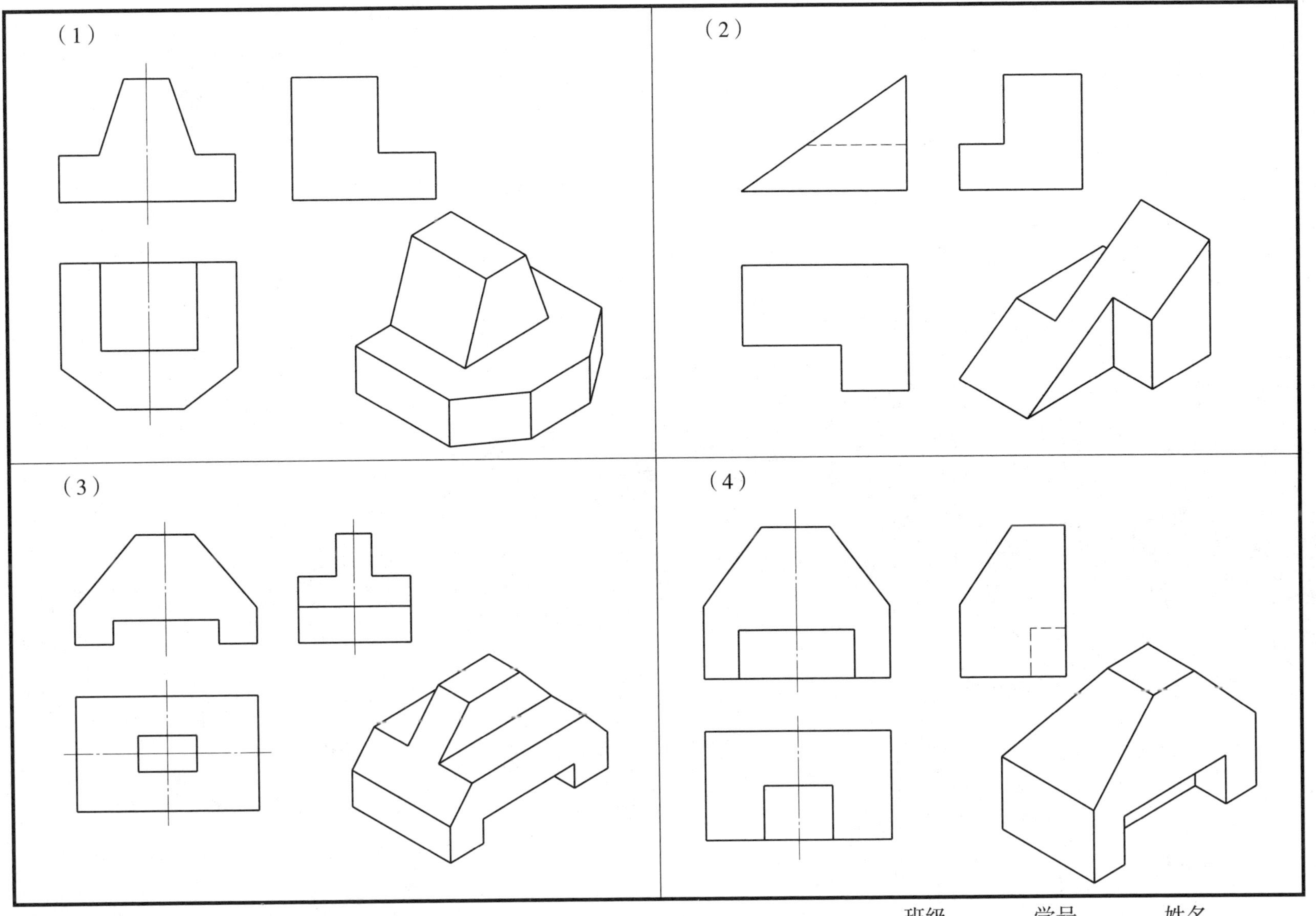

班级　　　　学号　　　　姓名

2-4　参照立体图，根据两视图补画第三视图

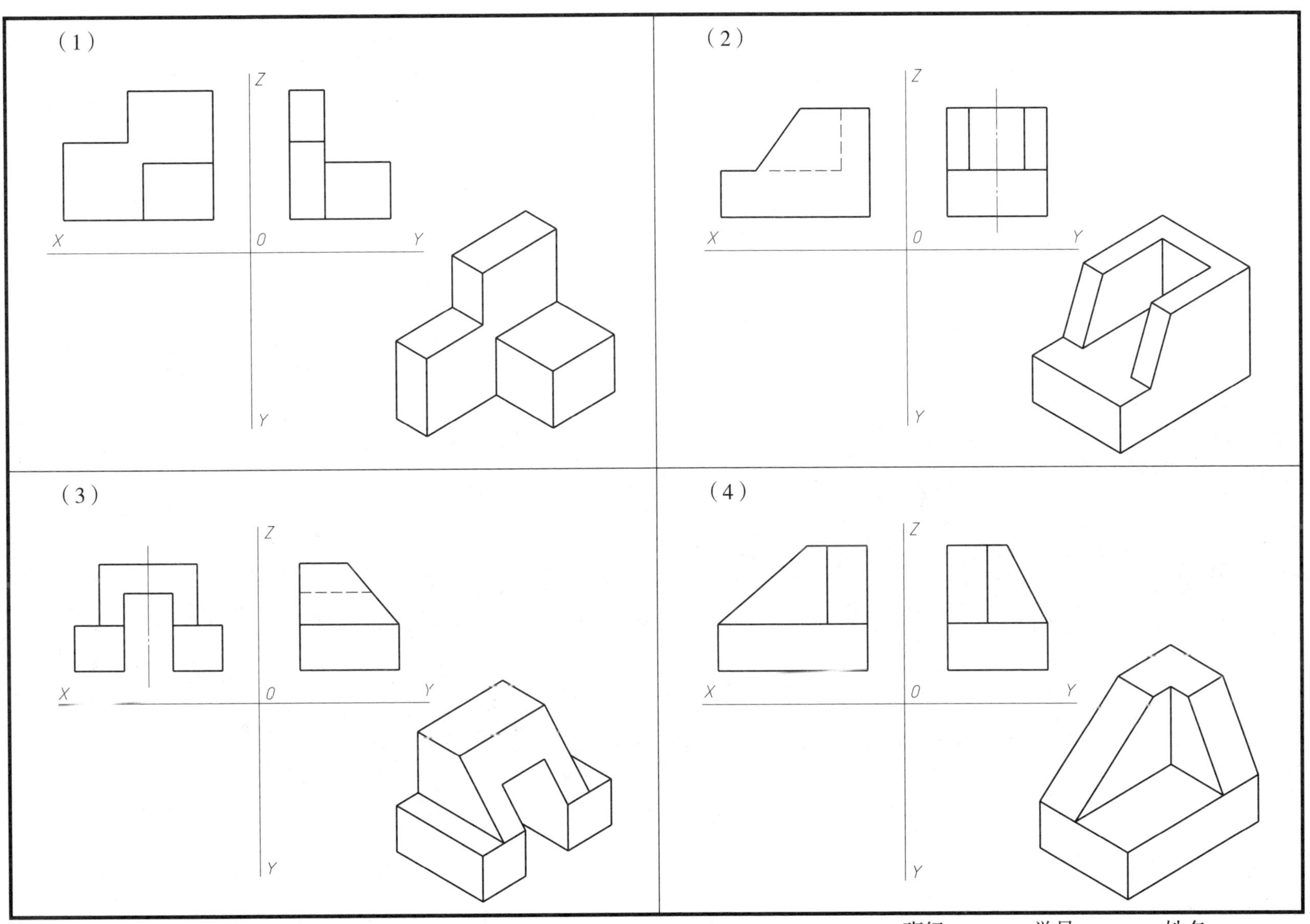

班级　　　　学号　　　　姓名

2–5 根据两视图，补画第三视图

（1）

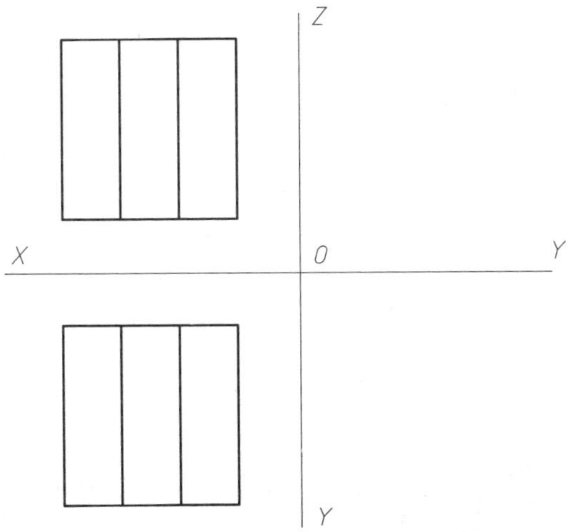

Z

X　O　Y

Y

（2）

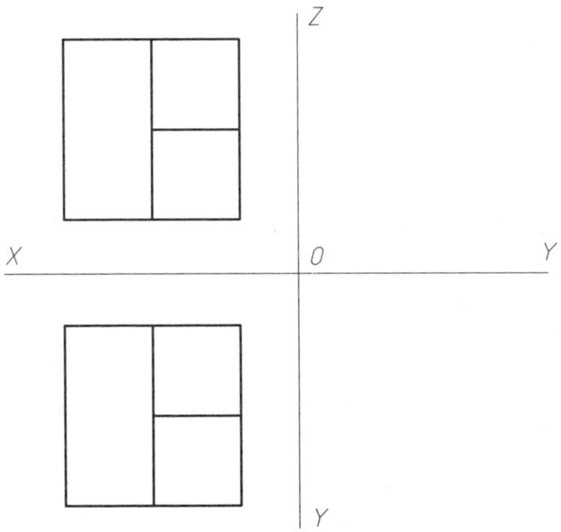

Z

X　O　Y

Y

（3）

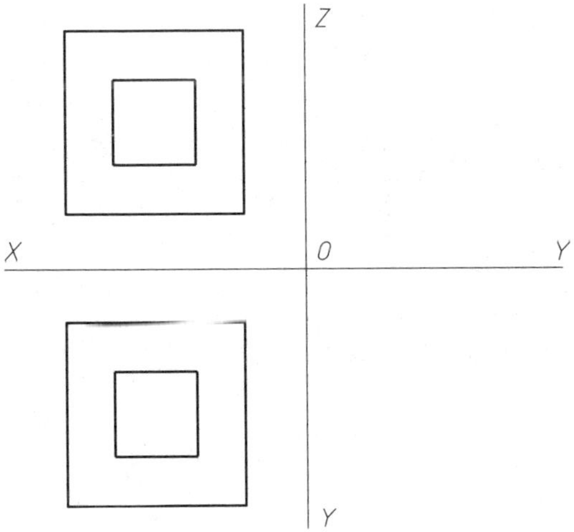

Z

X　O　Y

Y

（4）

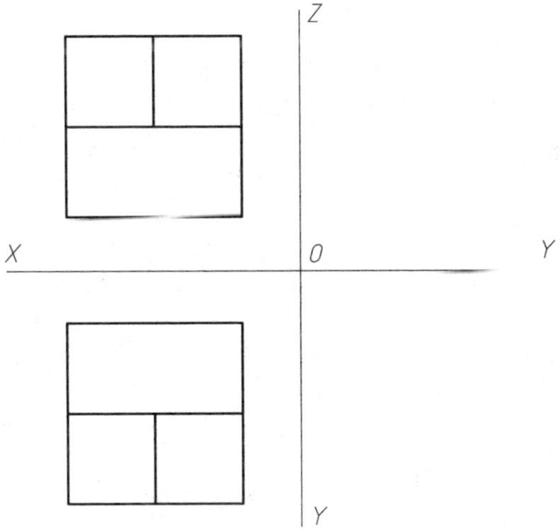

Z

X　O　Y

Y

班级　　学号　　姓名

2–6 根据两视图，补画第三视图

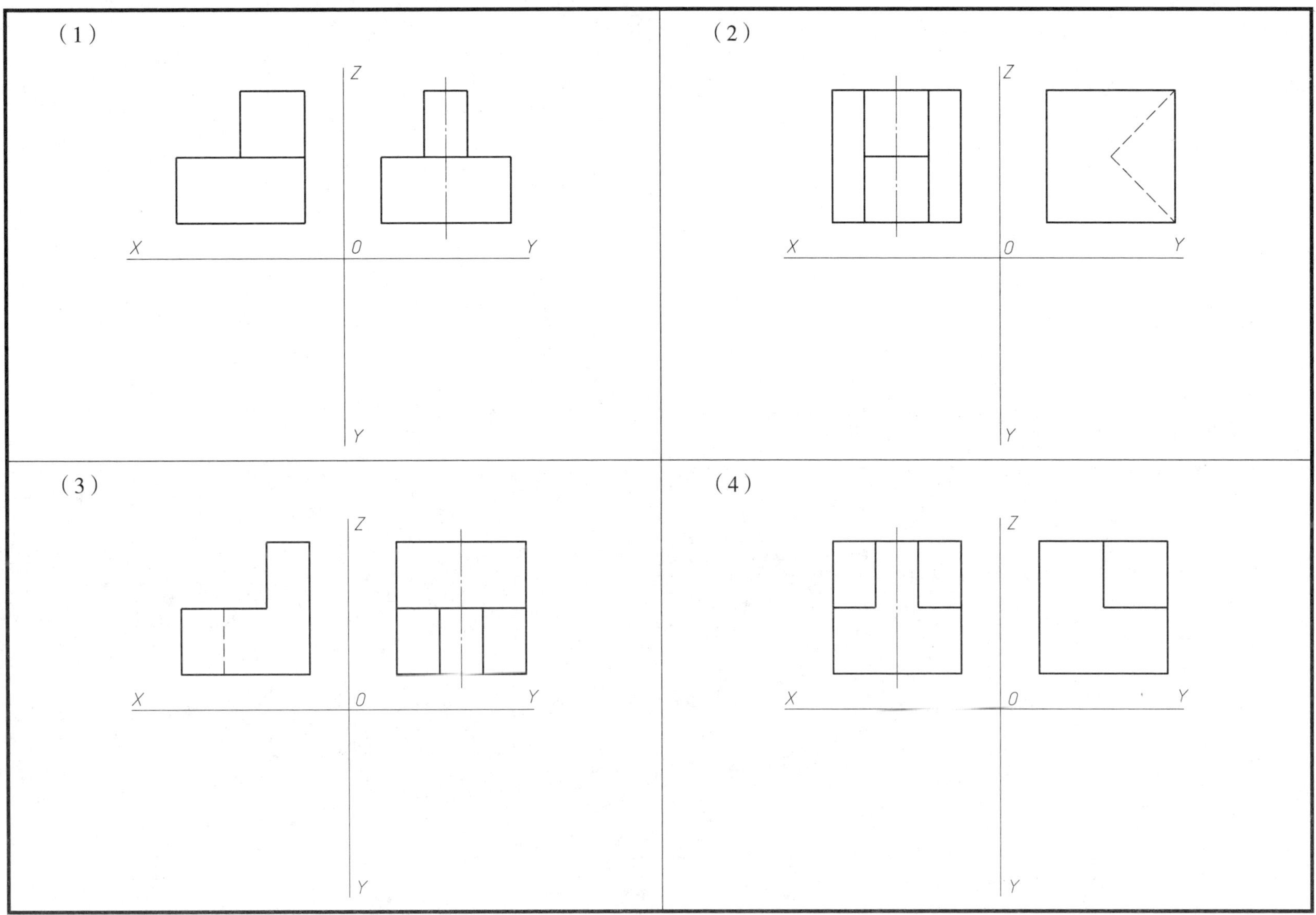

班级　　　　学号　　　　姓名

2-7 根据两视图，补画第三视图

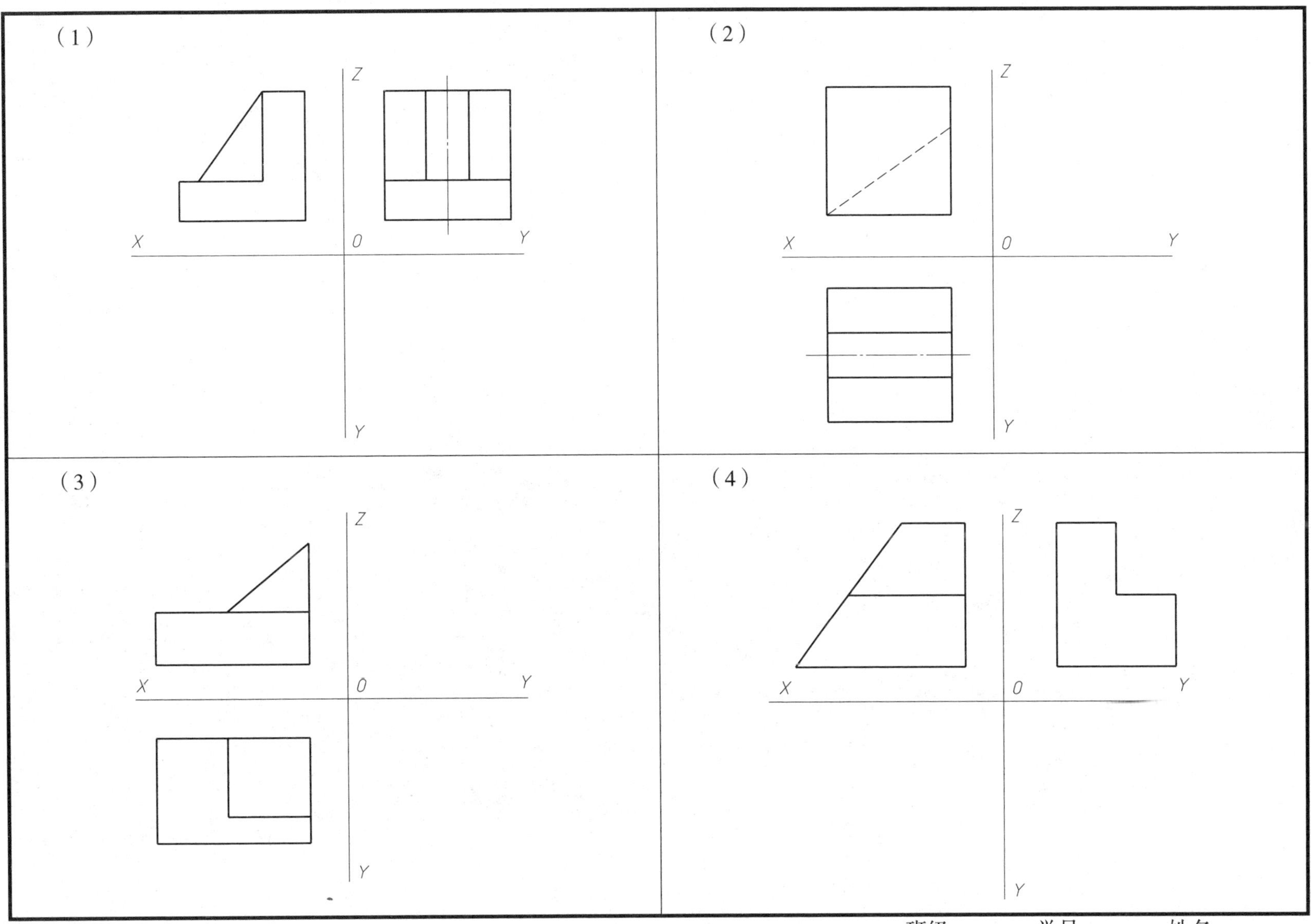

班级 学号 姓名

2-8 根据两视图，补画第三视图

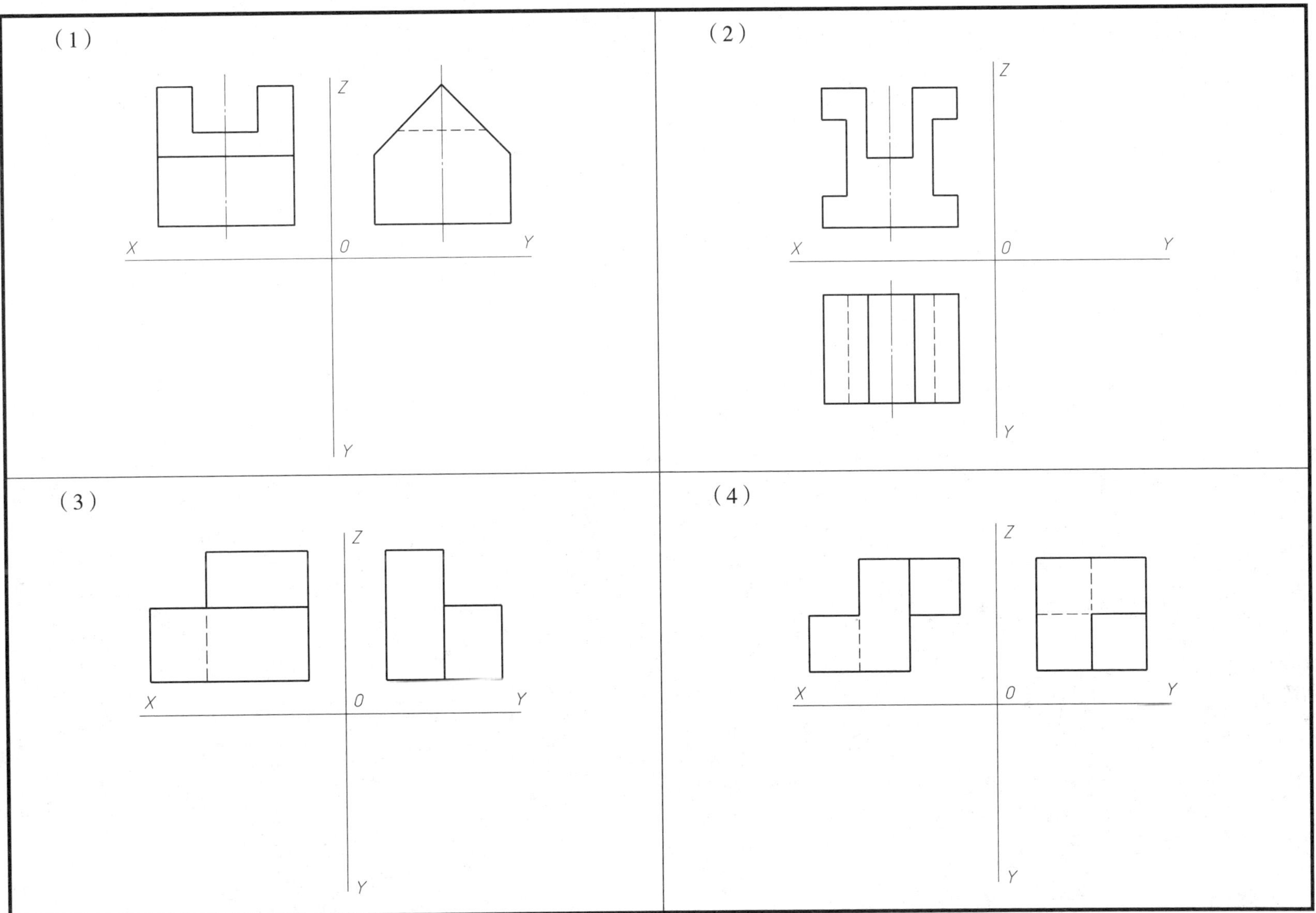

班级 学号 姓名

2-9　点的投影

（1）已知点 A 到侧投影面的距离为 30 mm，到正投影面的距离为 16 mm，到水平投影面的距离为 24 mm，绘制点 A 的三面投影（同步训练）

（2）根据点 A、B、C 的两面投影，求作其第三投影（同步训练）

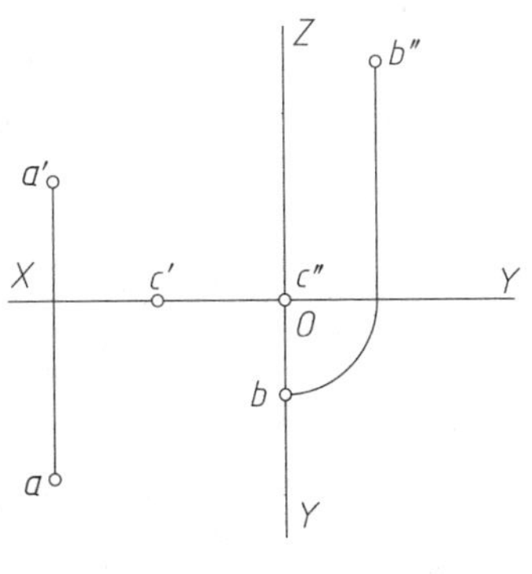

（3）求点 A、B 的第三投影，并比较两点的相对位置

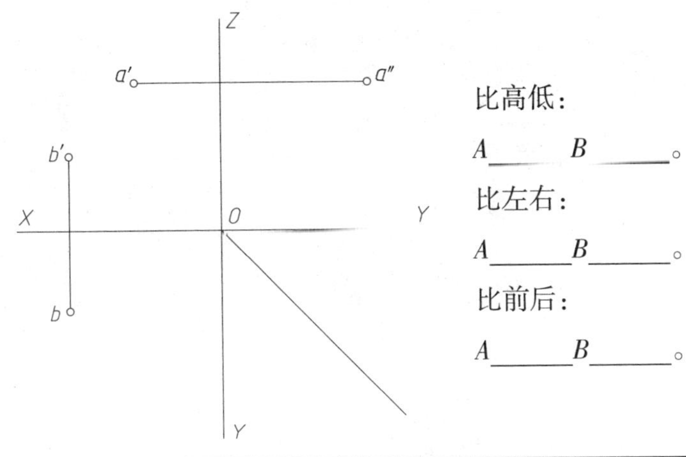

比高低：

A______B______。

比左右：

A______B______。

比前后：

A______B______。

（4）已知点 E 是点 D 在主视图上的重影点，求两点的未知投影

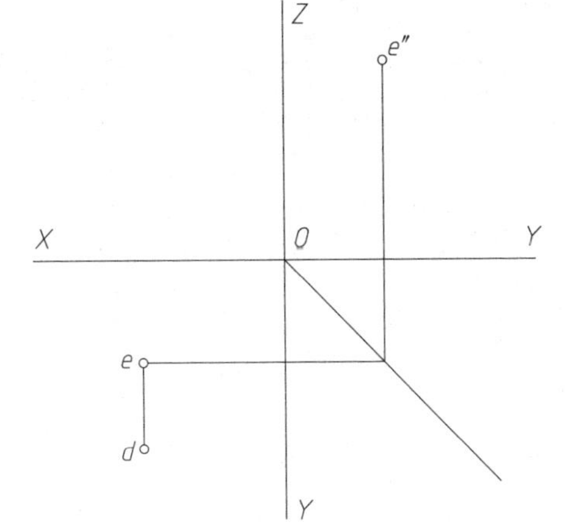

班级　　　　学号　　　　姓名

2–10　参照立体图补画第三视图，并求其表面上点的未知投影

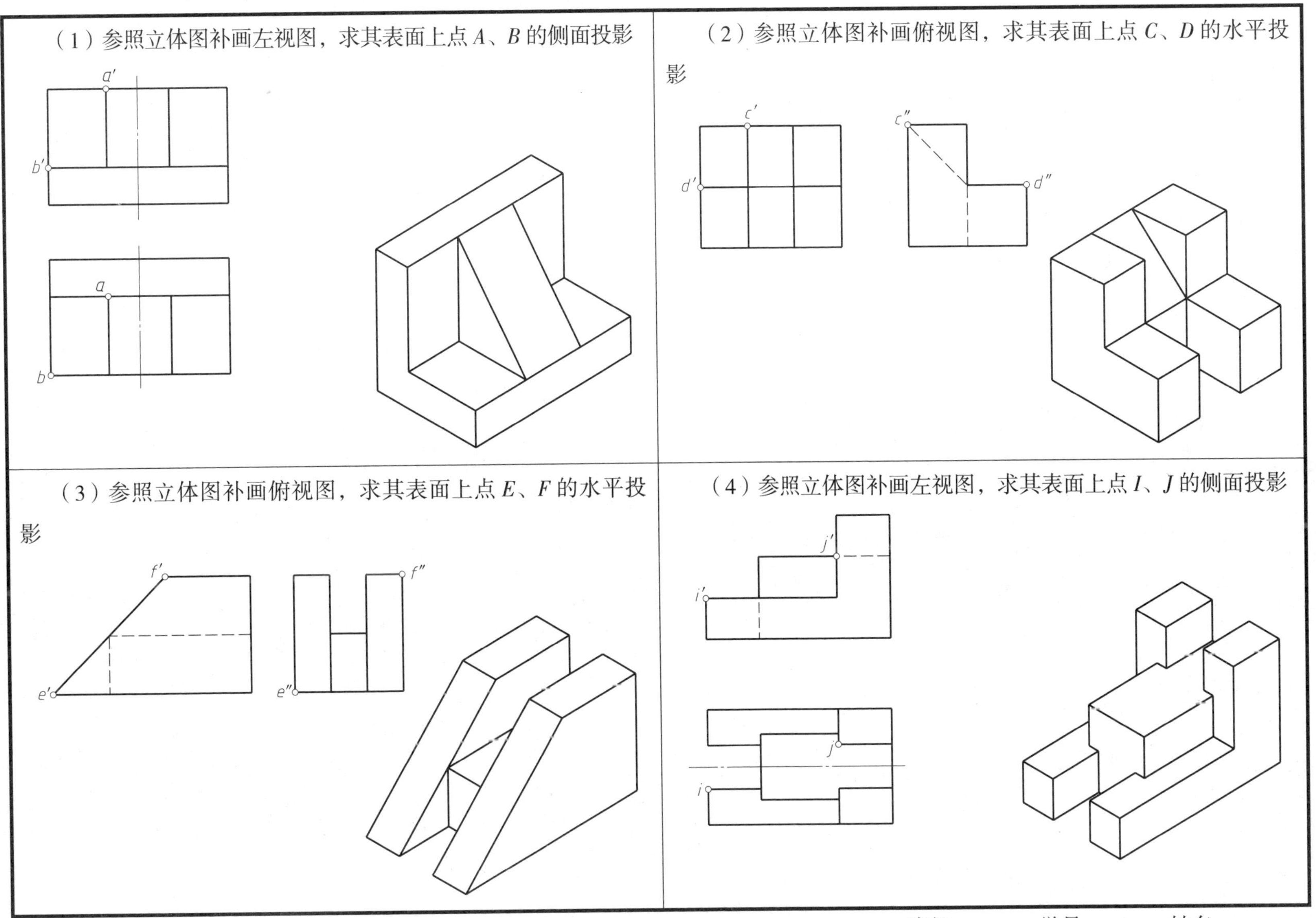

班级　　　　学号　　　　姓名

2–11　直线的投影

（1）补画线段 *AB* 的侧面投影，并填空

1）线段 *AB* 与三投影面的位置关系：与正投影面______，与水平投影面______，与侧投影面______。

2）判断线段 *AB* 的种类：线段 *AB* 为______线。

3）反映线段 *AB* 实长的投影是______投影和______投影。

（2）补画线段 *EF* 的正面投影，求作点 *M* 的未知投影，并填空

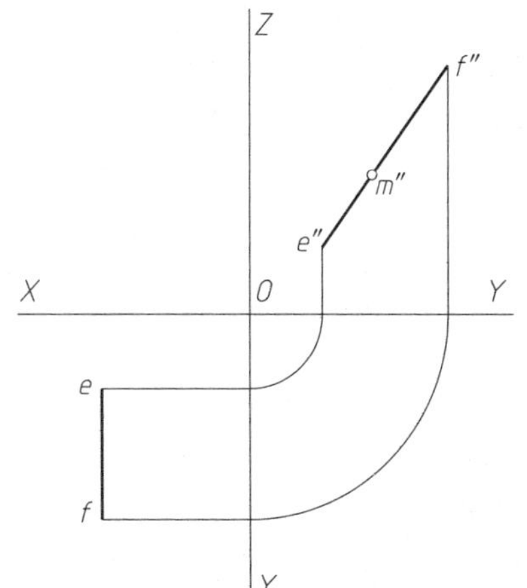

1）线段 *EF* 与三投影面的位置关系：与正投影面______，与水平投影面______，与侧投影面______。

2）判断线段 *EF* 的种类：线段 *EF* 为________线。

3）反映线段 *EF* 实长的投影是________投影。

（3）补画线段 *CD* 的侧面投影，求作点 *N* 的未知投影，并填空

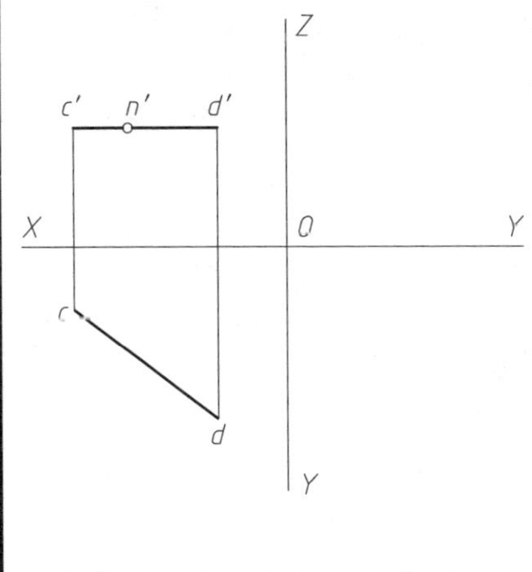

1）线段 *CD* 与三投影面的位置关系：与正投影面______，与水平投影面______，与侧投影面______。

2）判断线段 *CD* 的种类：线段 *CD* 为______线。

3）反映线段 *CD* 实长的投影是________投影。

（4）补画线段 *AB* 的水平投影，求作点 *C* 的未知投影，并填空（同步训练）

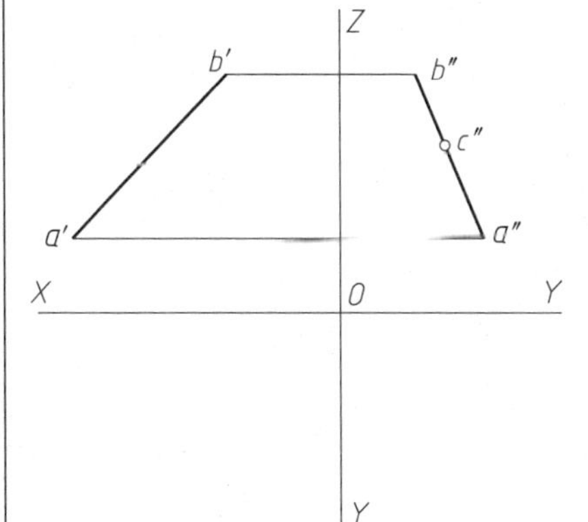

1）线段 *AB* 与三投影面的位置关系：与正投影面______，与水平投影面______，与侧投影面______。

2）判断线段 *AB* 的种类：线段 *AB* 为______线。

班级　　　学号　　　姓名

2-12　在三视图上找出标注字母的棱线的未知投影并描粗，填空说明直线的种类

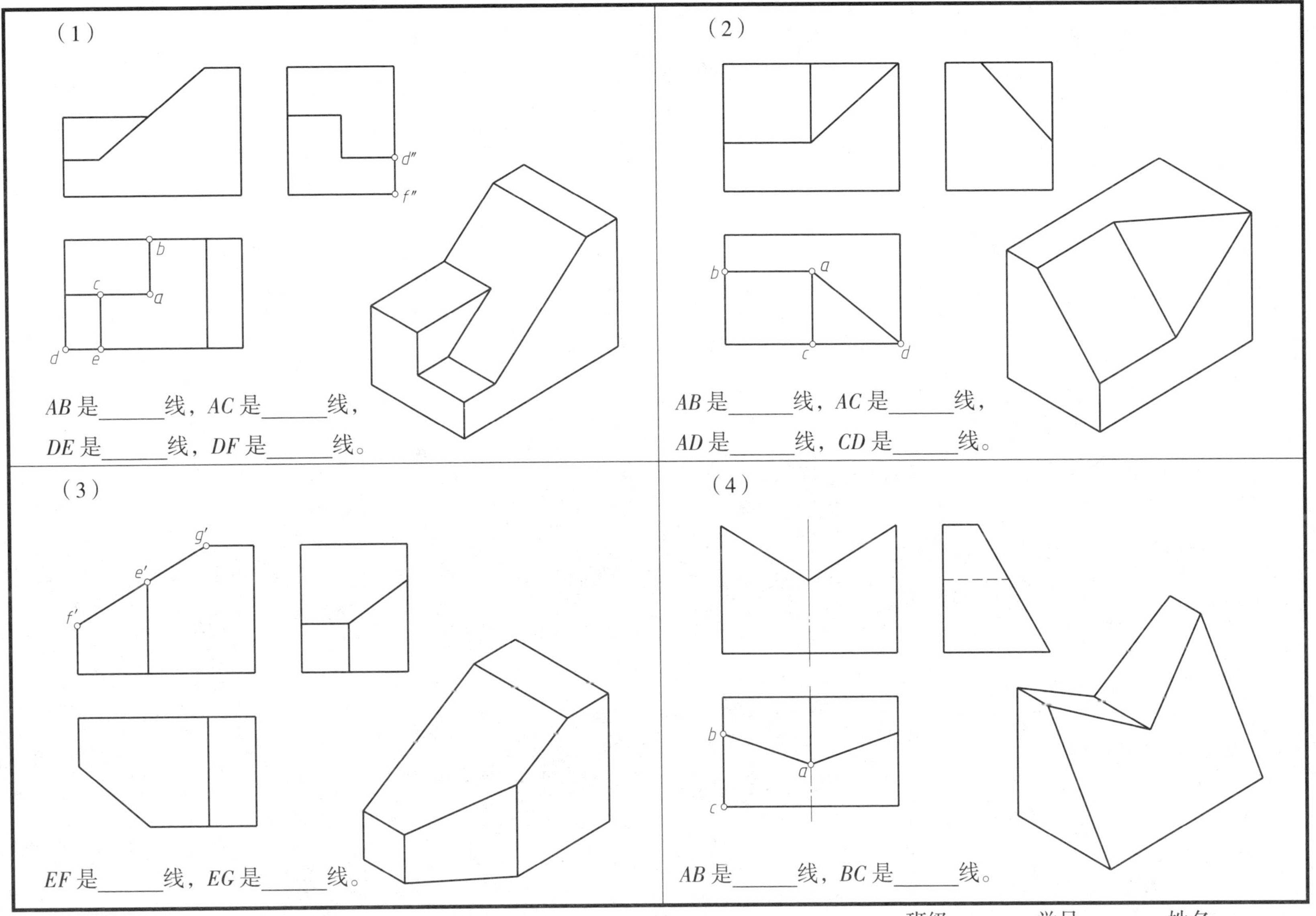

班级　　　　学号　　　　姓名

2-13 平面的投影

（1）补画平面 *ABCD* 的正面投影，并填空

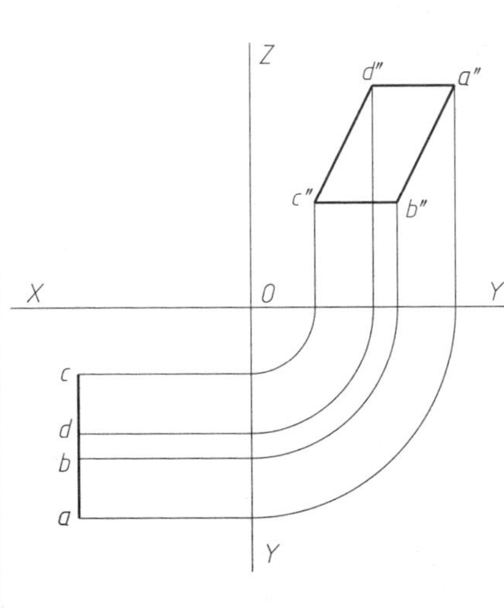

1）平面 *ABCD* 与三投影面的位置关系：与正投影面______，与水平投影面______，与侧投影面______。

2）判断平面 *ABCD* 的种类：平面 *ABCD* 为______面。

3）在平面 *ABCD* 的三面投影中，反映实形的投影是______投影，具有积聚性的投影是______投影和______投影。

（2）补画平面 *ABCDE* 的侧面投影，并填空

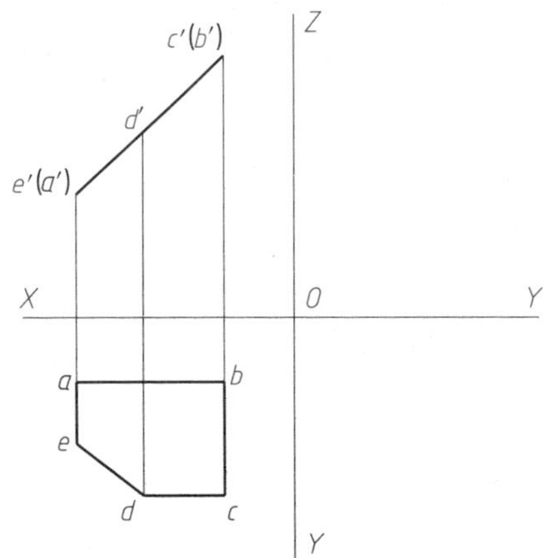

1）平面 *ABCDE* 与三投影面的位置关系：与正投影面______，与水平投影面______，与侧投影面______。

2）判断平面 *ABCDE* 的种类：平面 *ABCDE* 为______面。

3）在平面 *ABCDE* 的三面投影中，具有积聚性的投影是______投影。

（3）补画平面 *ABC* 的侧面投影，求其表面上点 *D* 的未知投影，并填空

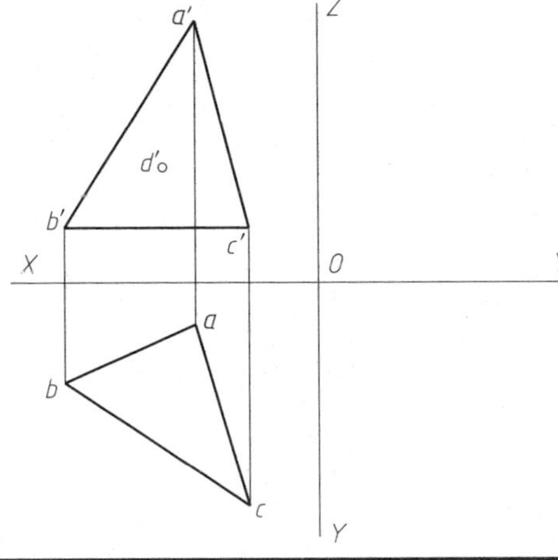

1）平面 *ABC* 与三投影面的位置关系：与正投影面______，与水平投影面______，与侧投影面______。

2）判断平面 *ABC* 的种类：平面 *ABC* 为______平面。

（4）补画平面 *EFG* 的水平投影，求其表面上点 *K* 的未知投影，并填空

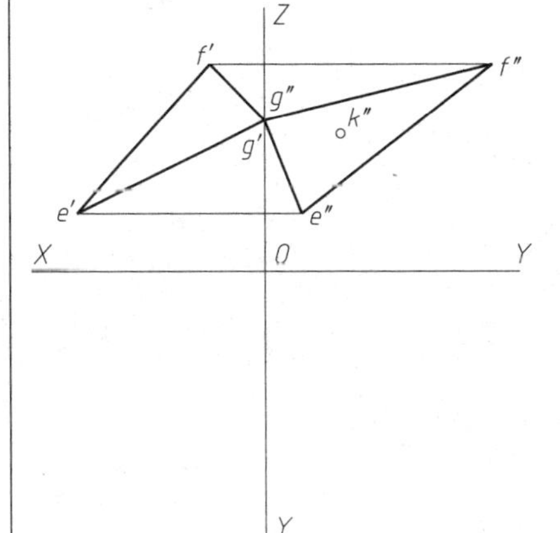

1）平面 *EFG* 与三投影面的位置关系：与正投影面______，与水平投影面______，与侧投影面______。

2）判断平面 *EFG* 的种类：平面 *EFG* 为______面。

班级 学号 姓名

2–14　在三视图上标出平面的投影，并填空

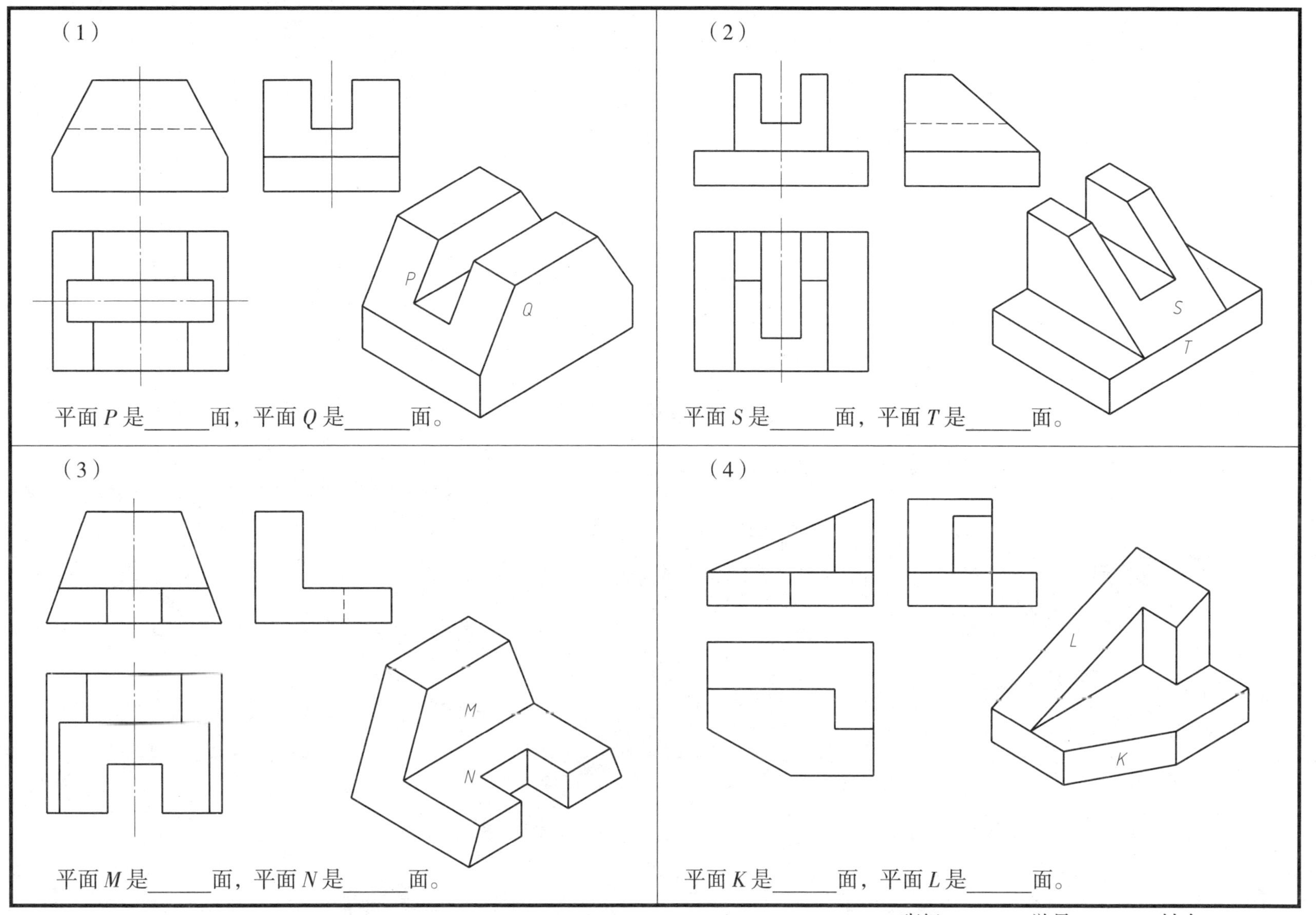

班级　　　　学号　　　　姓名

2-15 绘制基本几何体的三视图，并标注尺寸（同步训练）

（1）绘制正六棱柱的三视图（底面正六边形外接圆直径为 24 mm，高为 12 mm），并标注尺寸

（2）绘制正四棱锥的三视图（底面正方形的边长为 21 mm，锥高为 25 mm），并标注尺寸

（3）绘制圆柱的三视图（底面圆的直径为 24 mm，圆柱的高为 21 mm），并标注尺寸

（4）绘制圆锥的三视图（底面圆的直径为 24 mm，圆锥的高为 27 mm），并标注尺寸

班级 学号 姓名

2-16　基本几何体的三视图及尺寸标注

（1）绘制球的三视图，并标注尺寸（直径为 25 mm，同步训练）

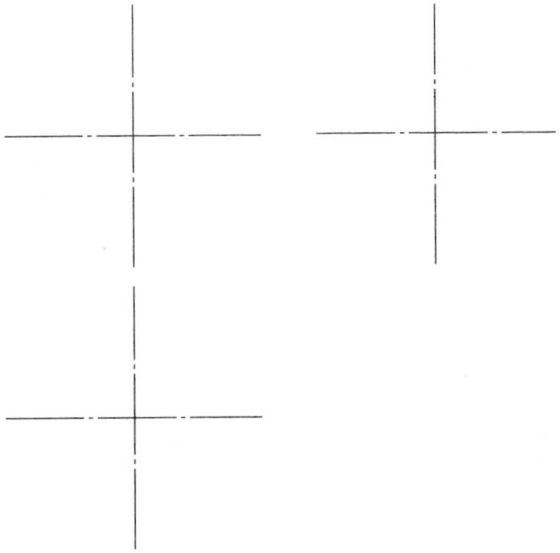

（2）绘制圆环的三视图，并标注尺寸（母线圆直径为 8 mm，母线圆心轨迹圆直径为 25 mm，同步训练）

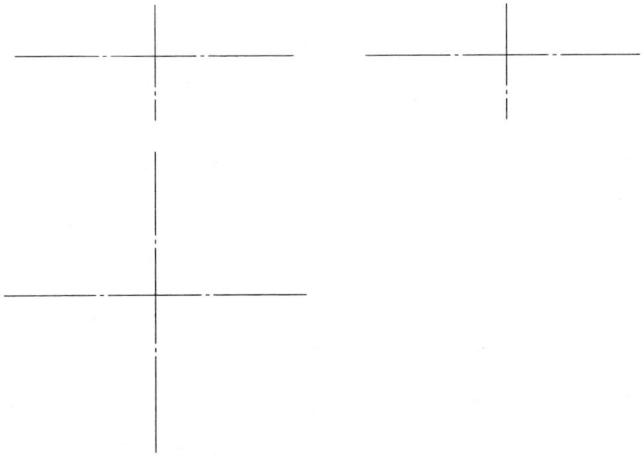

（3）补画 1/4 四棱锥的俯视图，并标注尺寸（尺寸从图中量取，取整数）

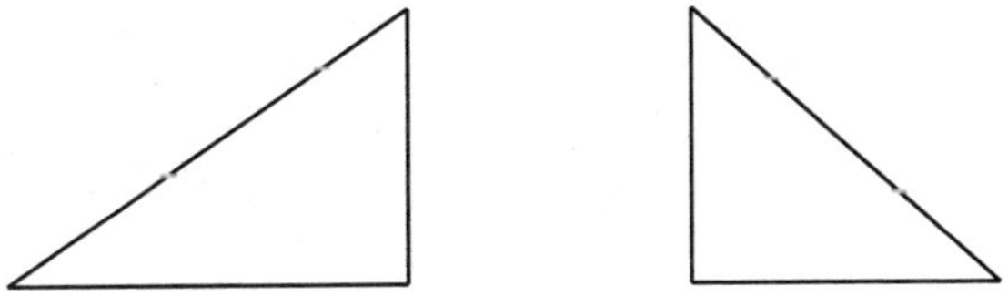

（4）补画正五棱柱的俯视图，并标注尺寸（尺寸从图中量取，取整数）

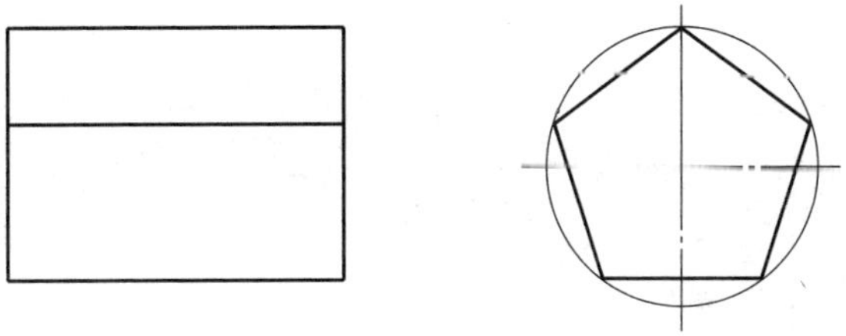

班级　　　　学号　　　　姓名

2–17 根据两视图补画第三视图，并标注尺寸（尺寸从图中量取，取整数）

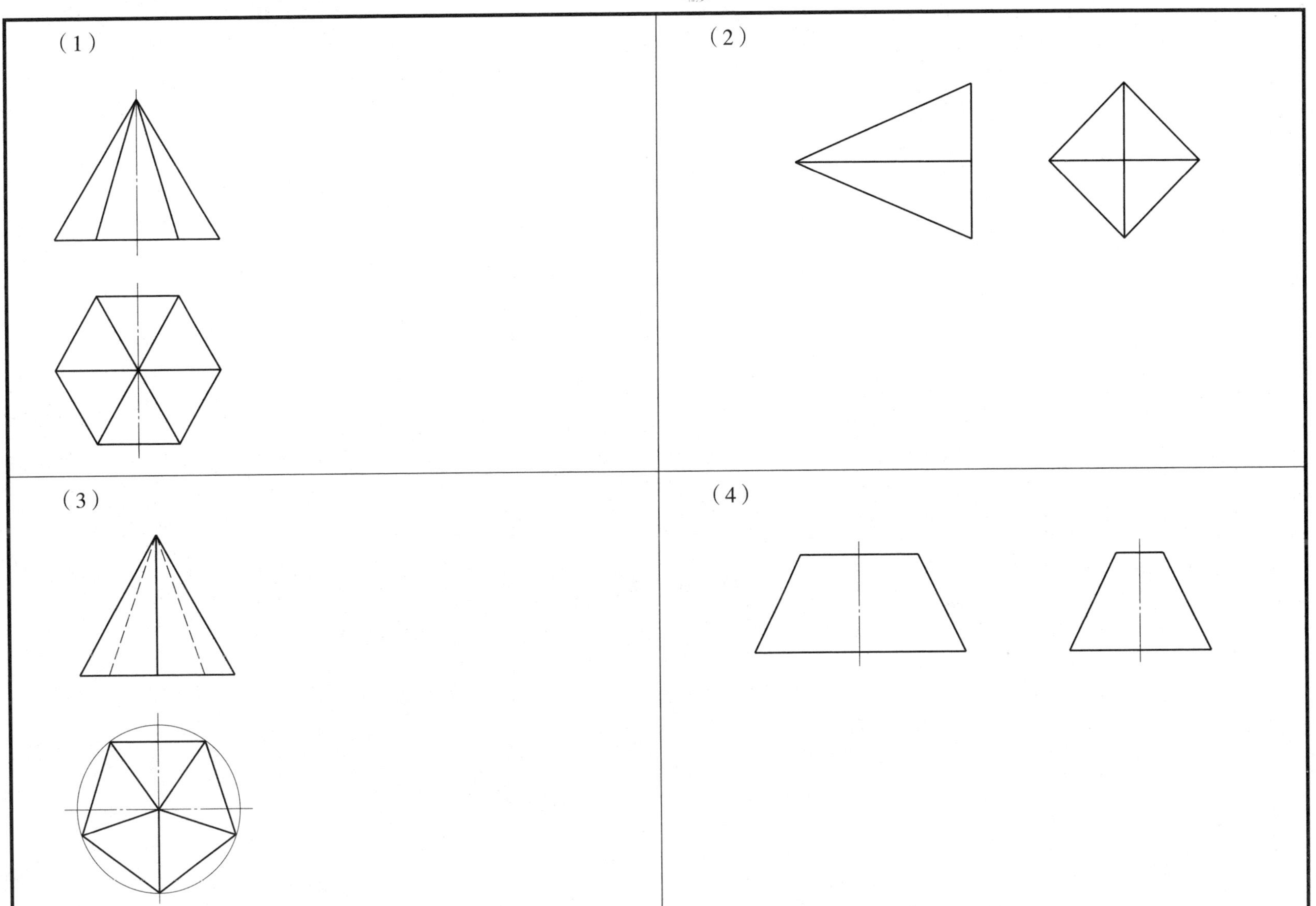

班级　　　　学号　　　　姓名

2-18 根据两视图补画第三视图，并标注尺寸（尺寸从图中量取，取整数）

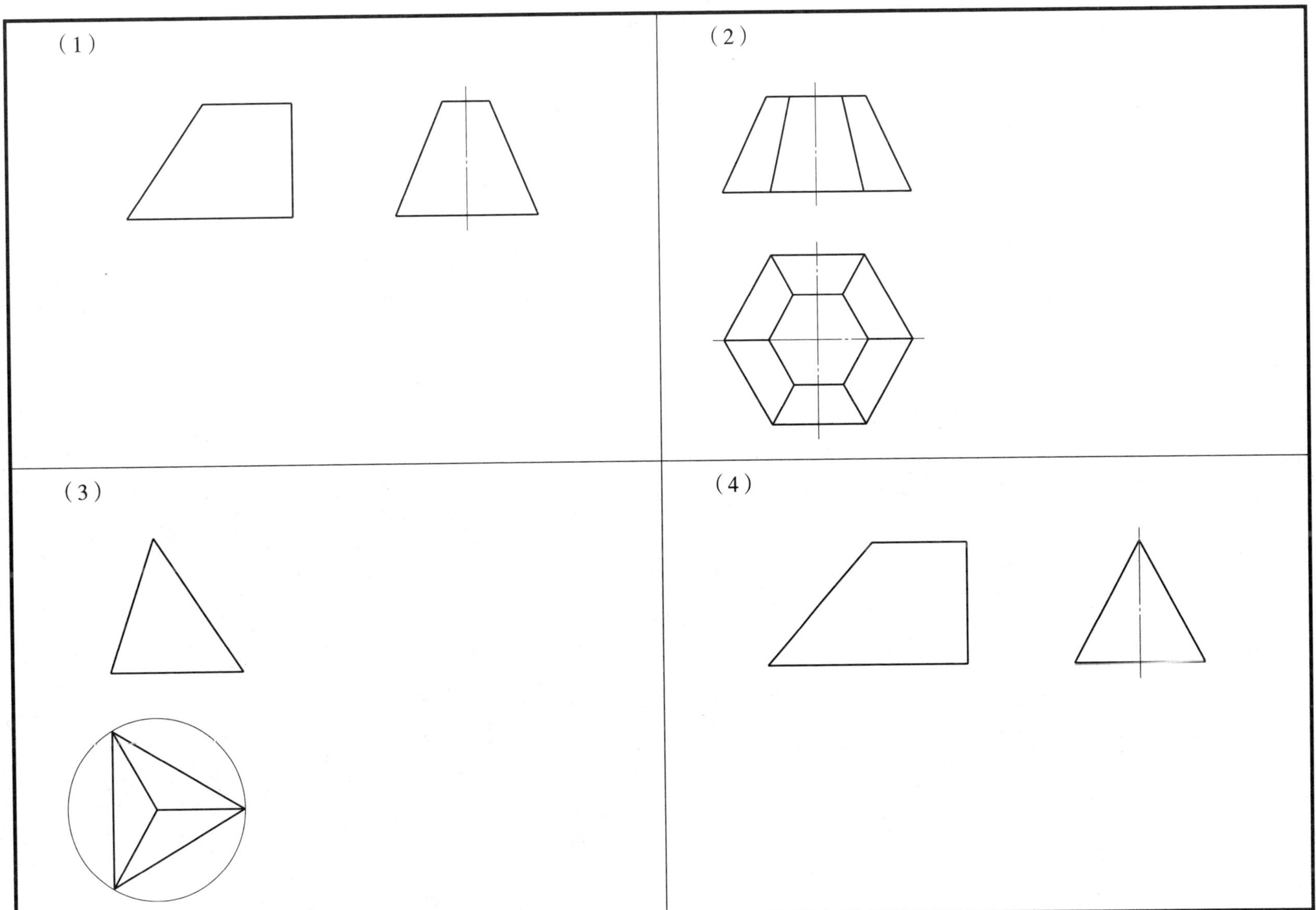

班级　　　　学号　　　　姓名

2-19　根据两视图补画第三视图，并标注尺寸（尺寸从图中量取，取整数）

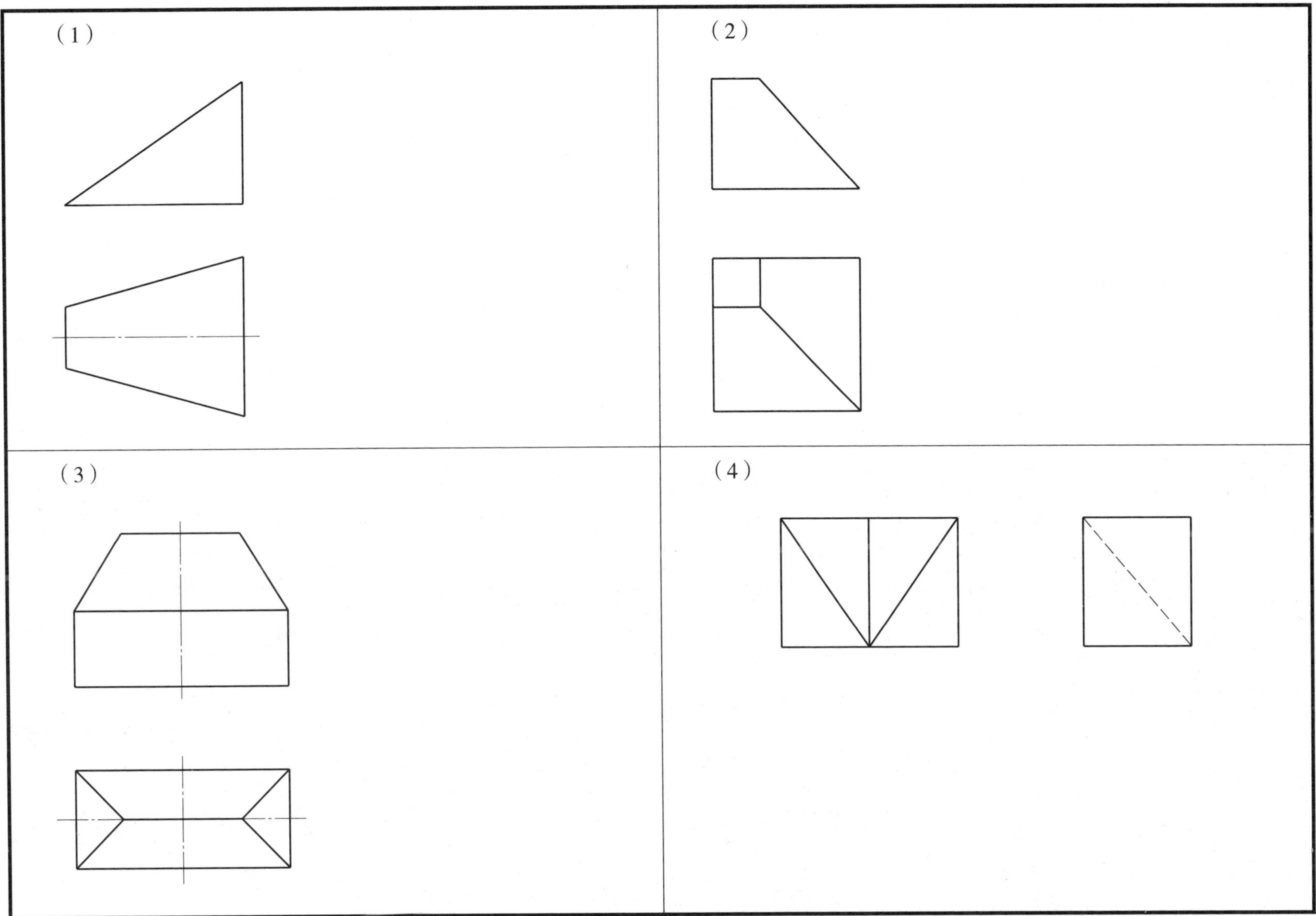

班级　　　　学号　　　　姓名

2–20 根据两视图补画第三视图，并标注尺寸（尺寸从图中量取，取整数）

（1）

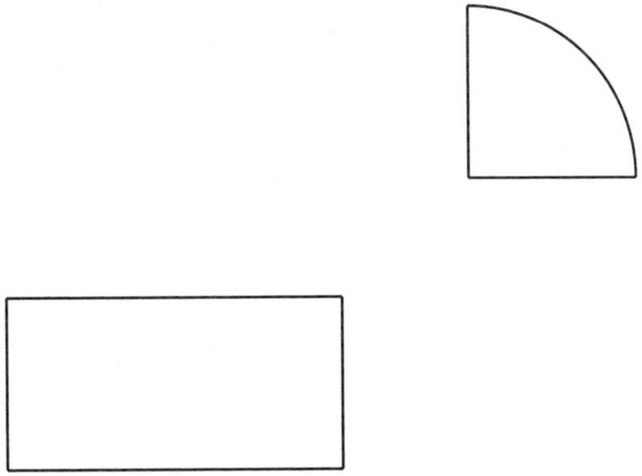

（2）

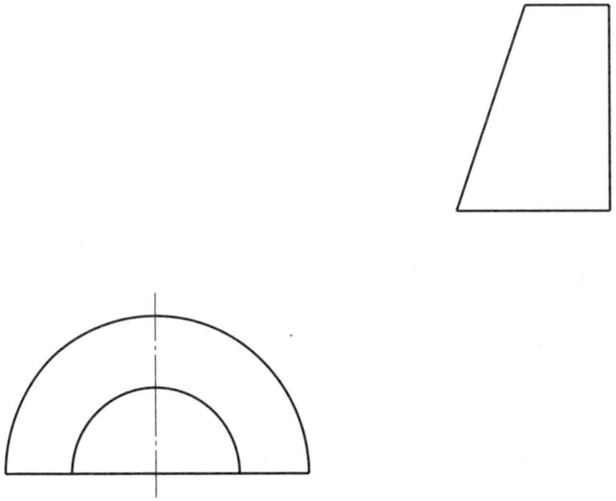

（3）

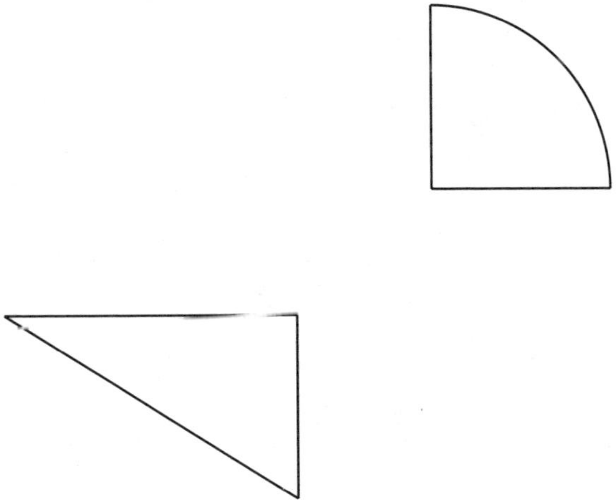

（4）

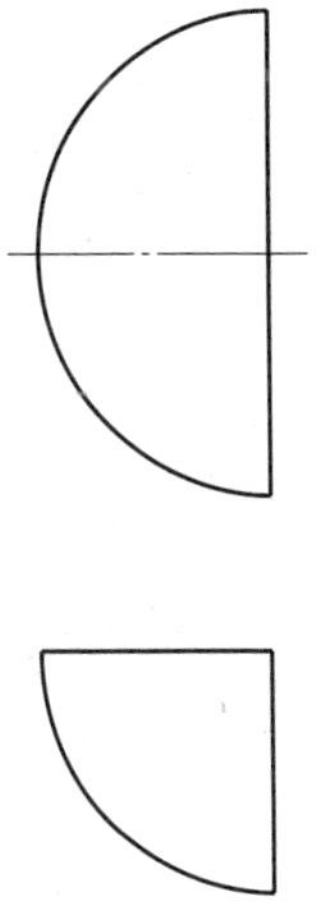

班级　　　　学号　　　　姓名

2–21　根据两视图补画第三视图，并标注尺寸（尺寸从图中量取，取整数）

（1）

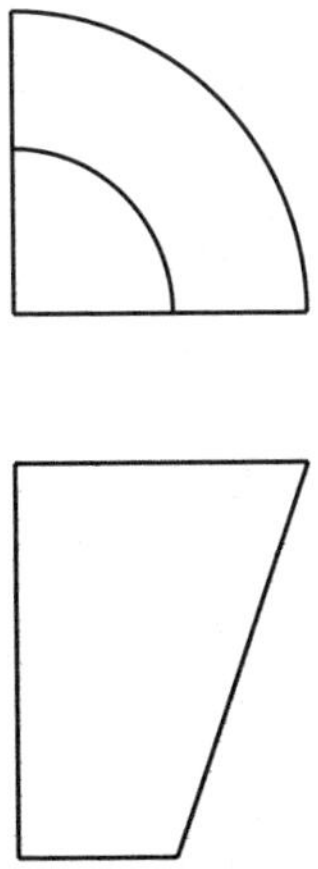

（2）

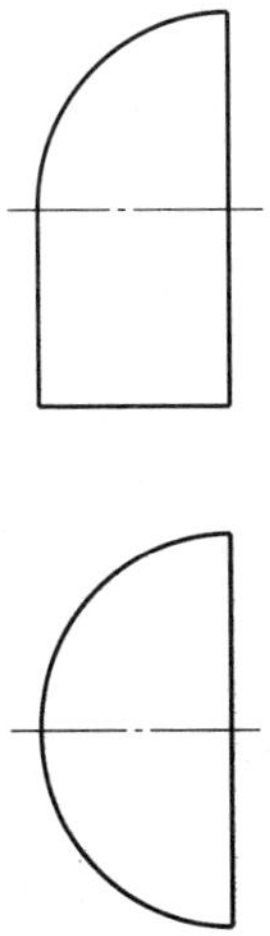

（3）

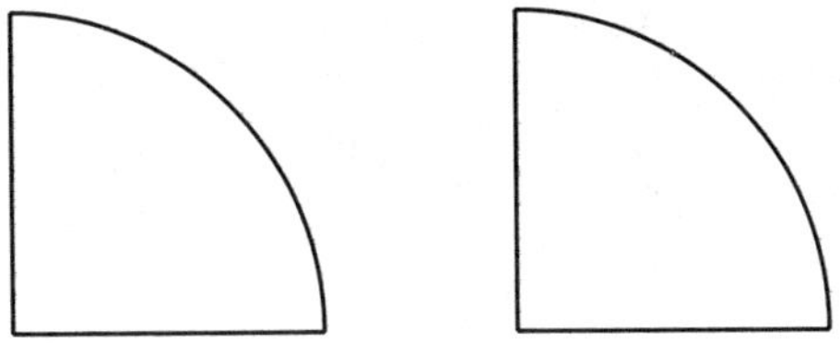

（4）

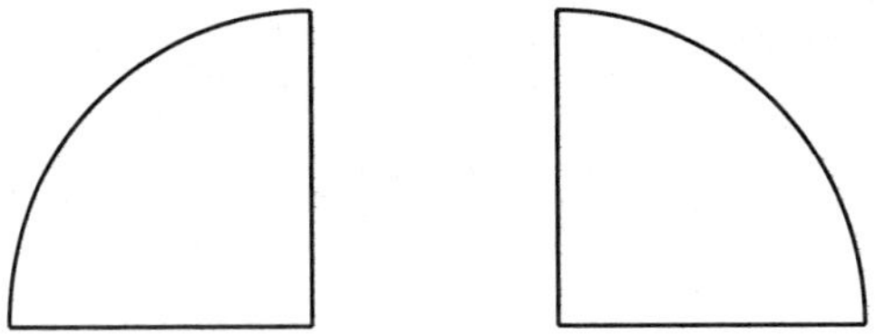

班级　　　　学号　　　　姓名

2–22　根据两视图补画第三视图，并标注尺寸（尺寸从图中量取，取整数）

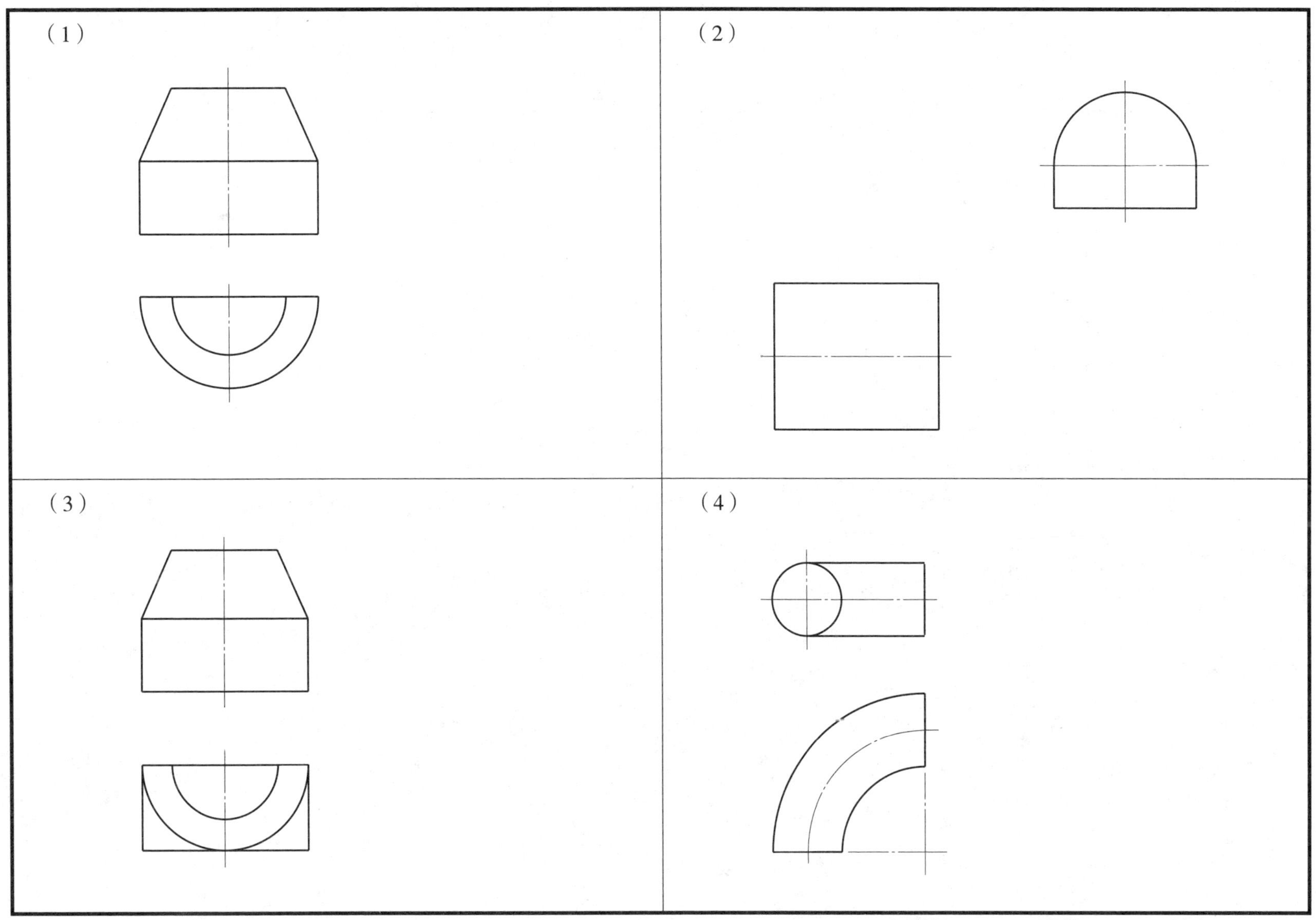

班级　　　　学号　　　　姓名

模块三 轴 测 图

3–1 看懂两视图，绘制正等轴测图（尺寸从图中量取，取整数，同步训练）

（1）绘制长方体的正等轴测图

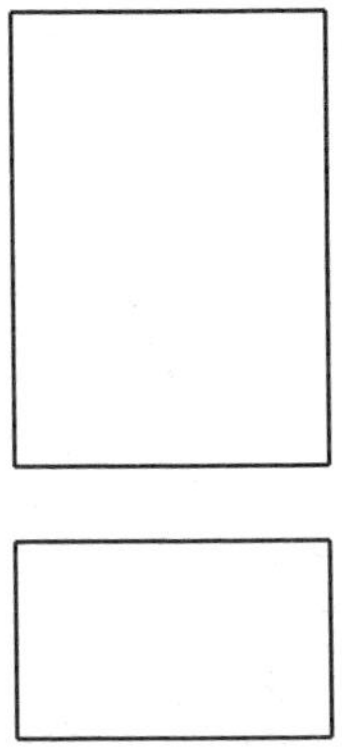

（2）绘制棱台座的正等轴测图

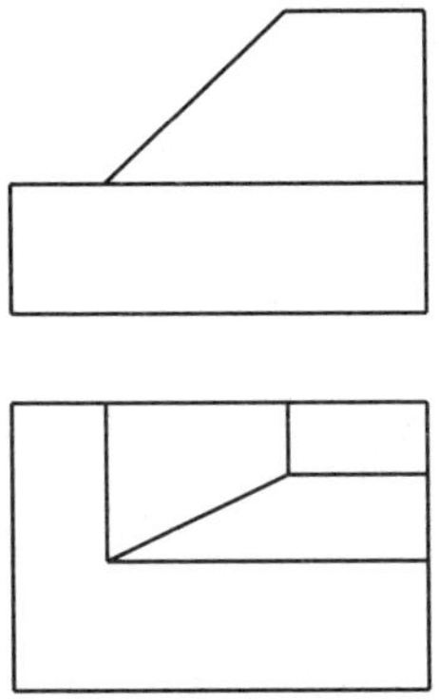

（3）绘制正六棱柱的正等轴测图

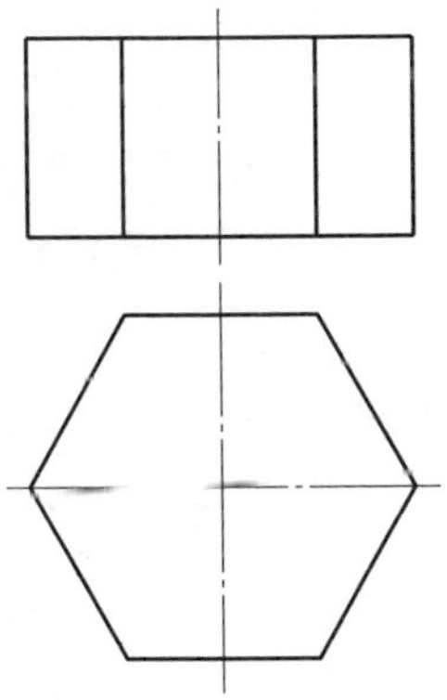

（4）绘制圆柱的正等轴测图

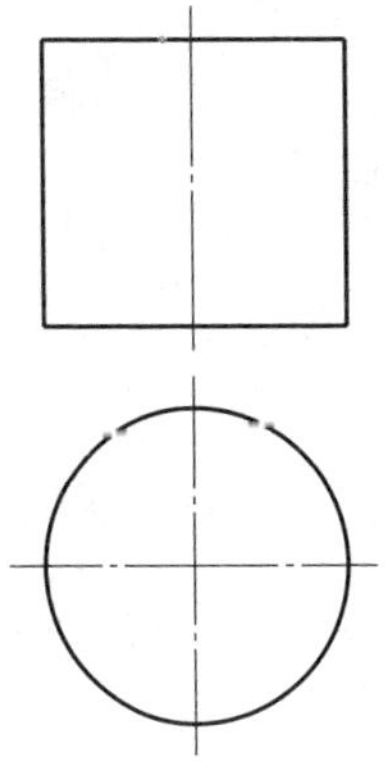

班级　　　　学号　　　　姓名

3-2 看懂两视图，绘制正等轴测图（尺寸从图中量取，取整数）

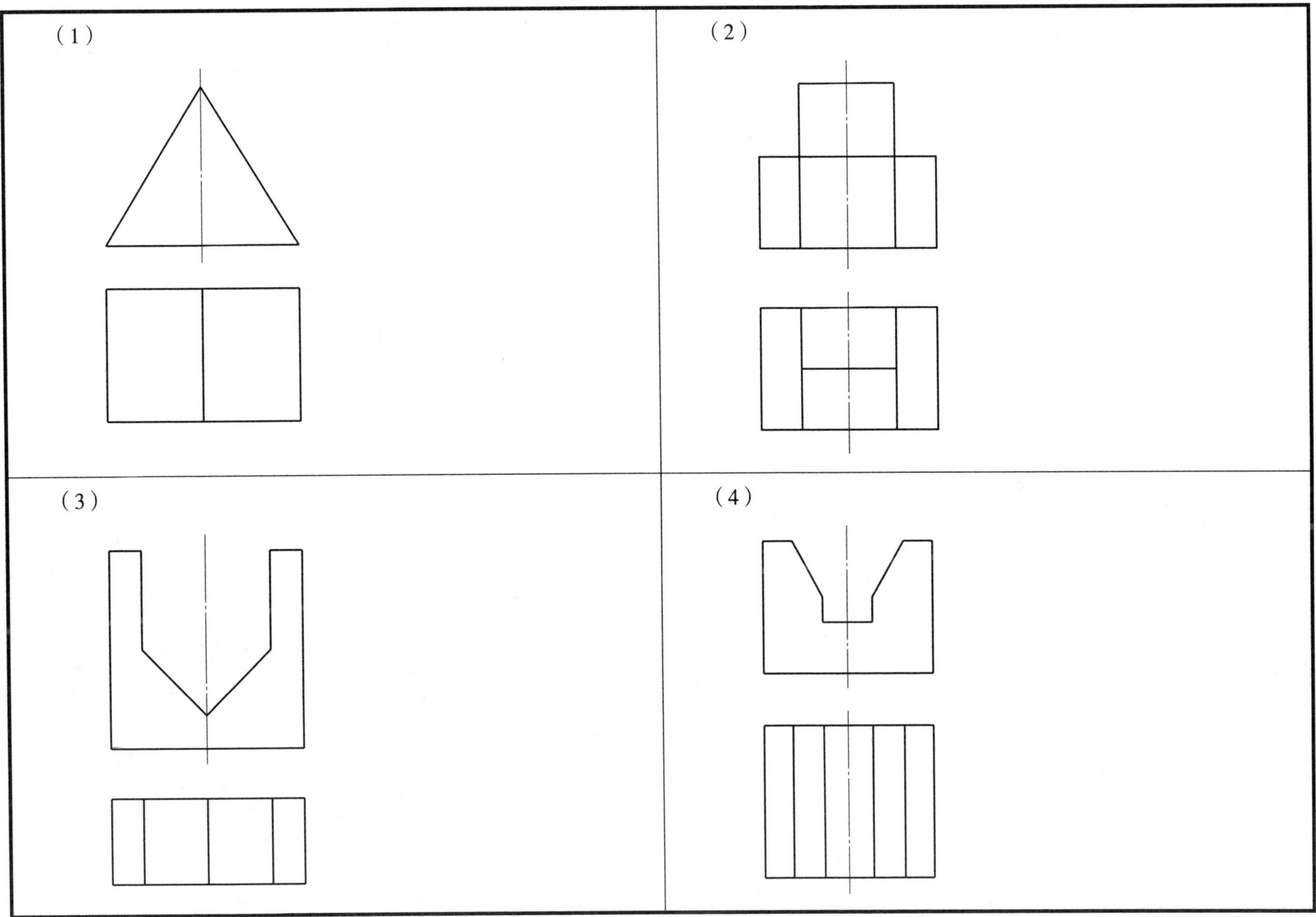

班级　　　　学号　　　　姓名

3-3 看懂两视图，绘制正等轴测图（尺寸从图中量取，取整数，同步训练）

（1）绘制锥台座的正等轴测图

（2）绘制支架的正等轴测图

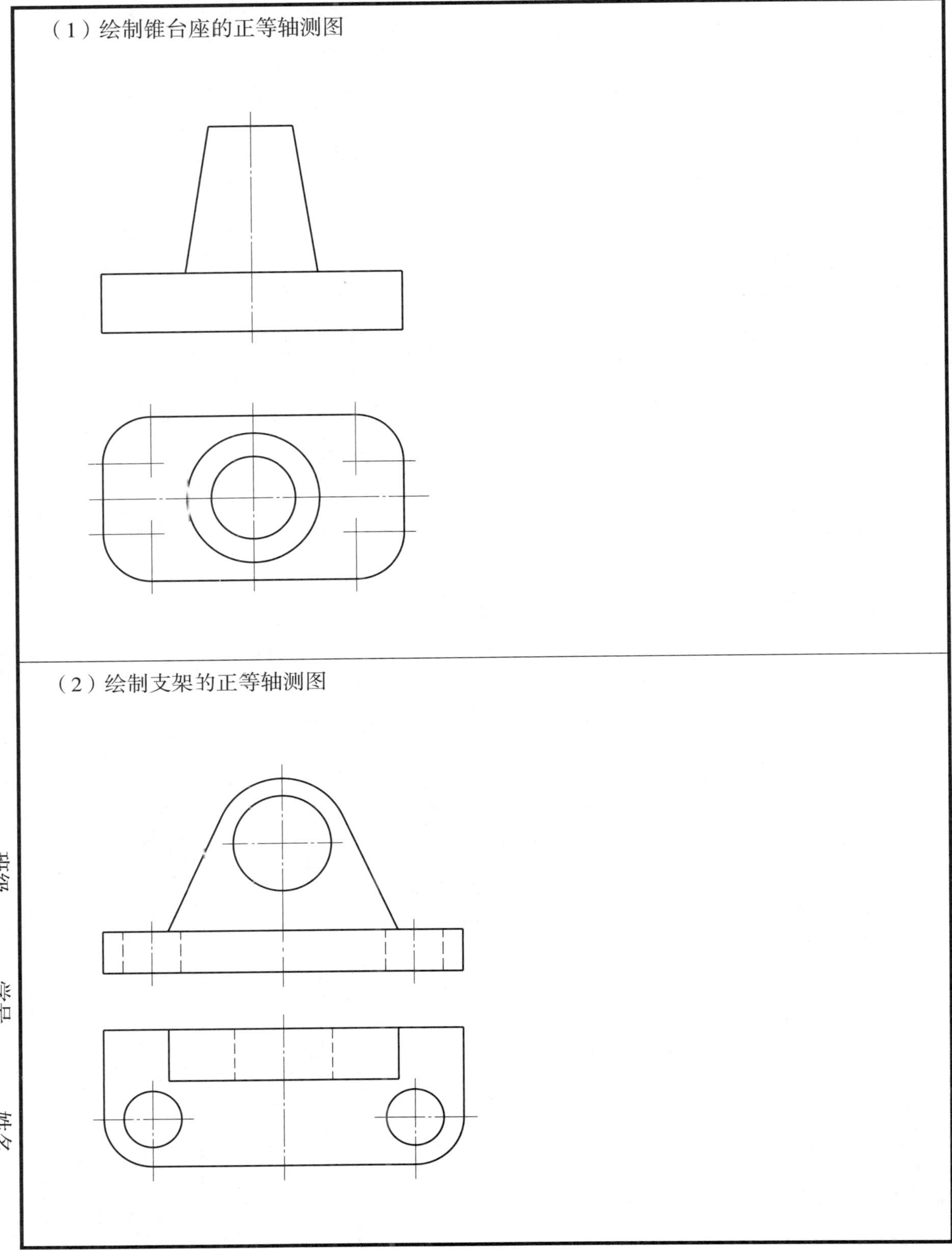

班级　　　　学号　　　　姓名

3–4　看懂两视图，补画第三视图，并绘制正等轴测图（尺寸从图中量取，取整数）

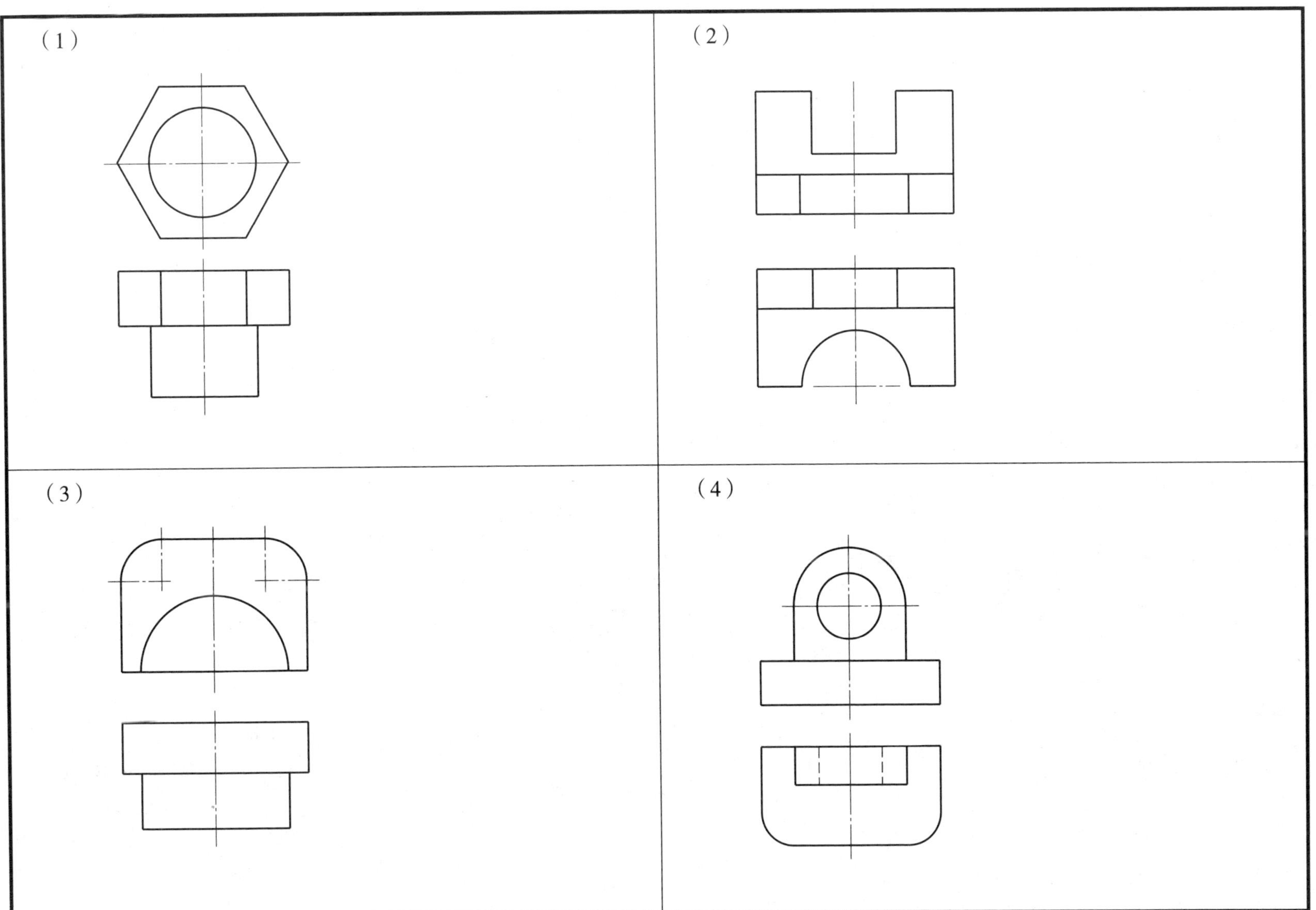

班级　　　　学号　　　　姓名

3–5　看懂两视图，补画第三视图，并绘制正等轴测图（尺寸从图中量取，取整数）

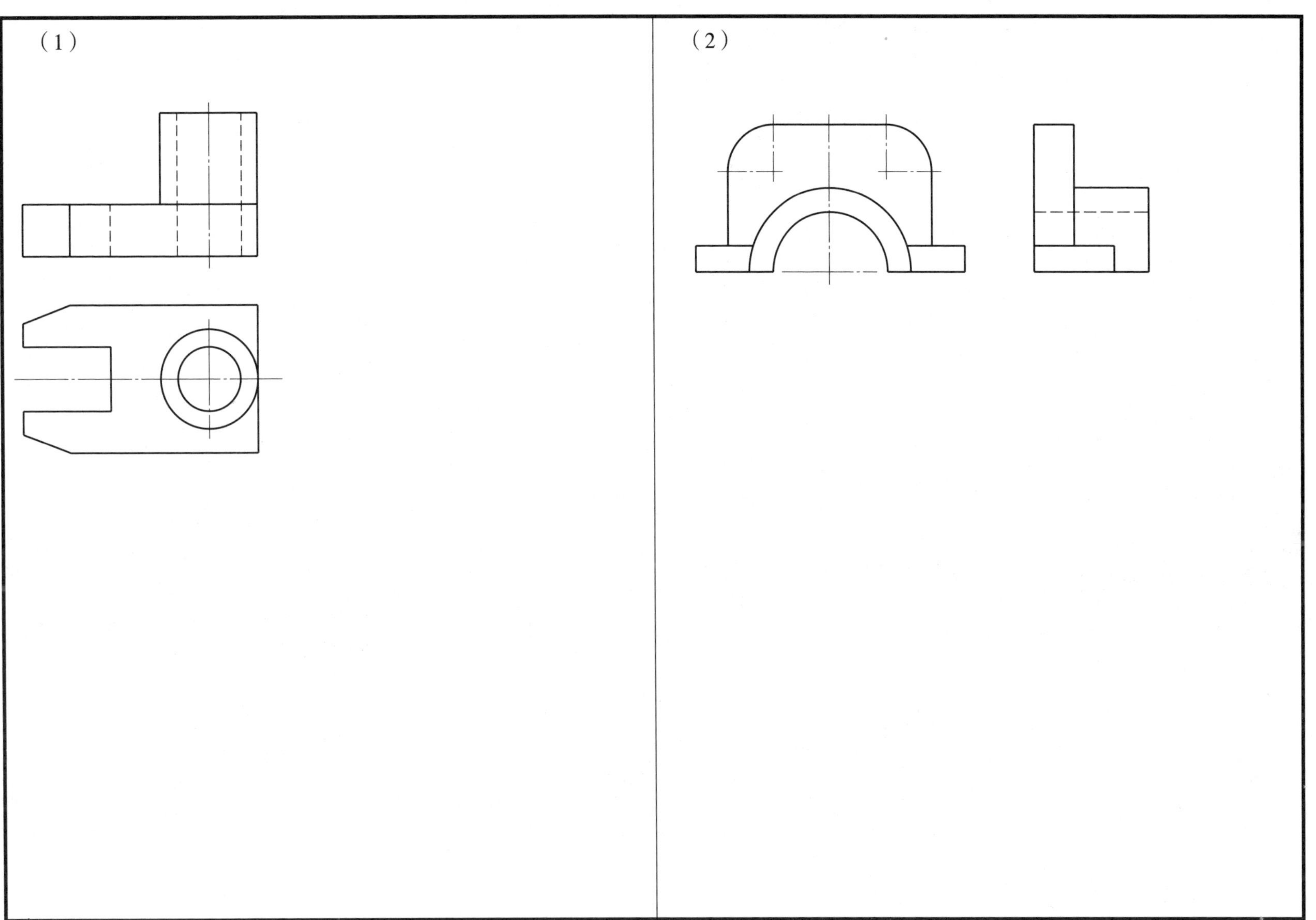

班级　　　　学号　　　　姓名

3-4　已知两视图，补画第三视图，并绘制正等轴测图（尺寸从图中量取，取整数）

3–6 看懂两视图，绘制斜二等轴测图（尺寸从图中量取，取整数，同步训练）

（1）绘制端盖的斜二等轴测图

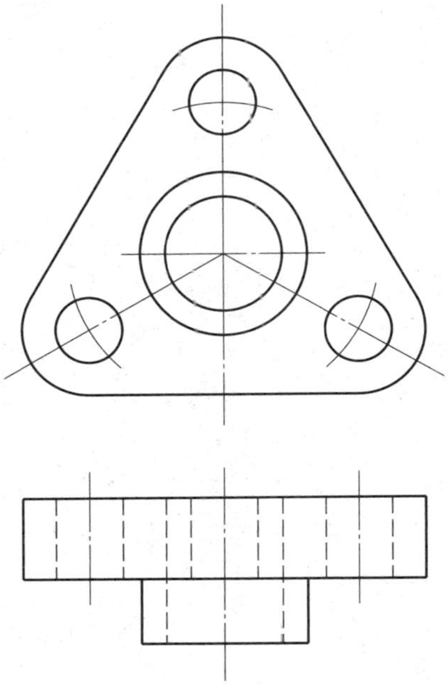

（2）绘制支承座的斜二等轴测图

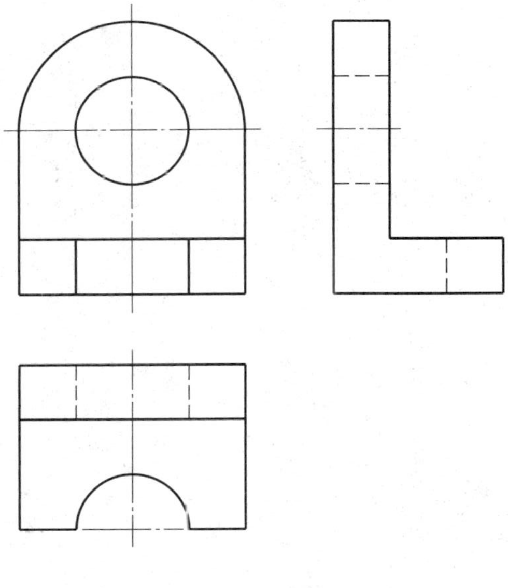

班级　　学号　　姓名

3–7　看懂两视图，绘制斜等轴测图（尺寸从图中量取，取整数）

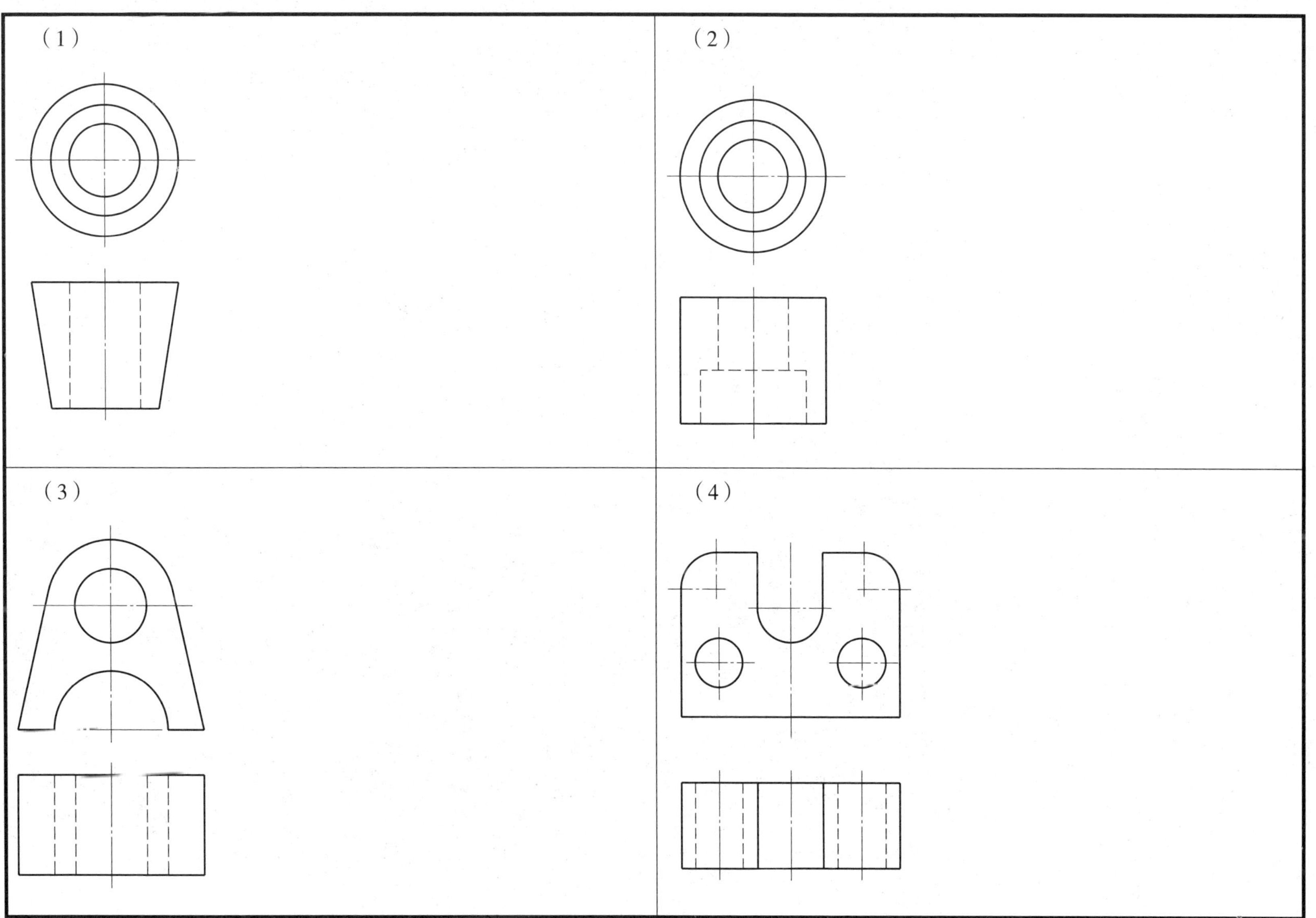

班级　　　　学号　　　　姓名

3-8 看懂两视图，绘制斜等轴测图（尺寸从图中量取，取整数）

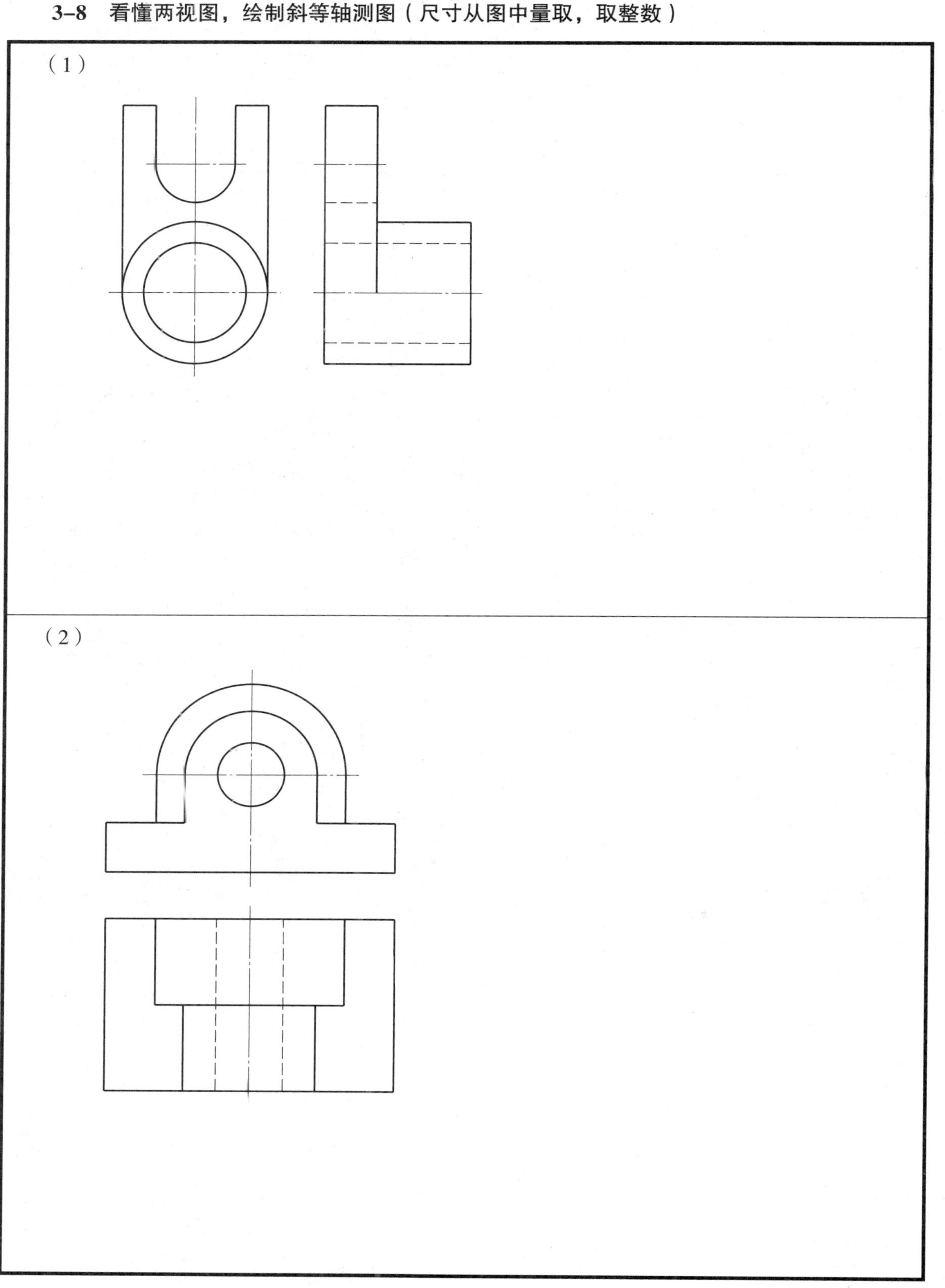

班级　　　　学号　　　　姓名

模块四　截交线与相贯线

4–1　求作立体表面上点的投影（同步训练）

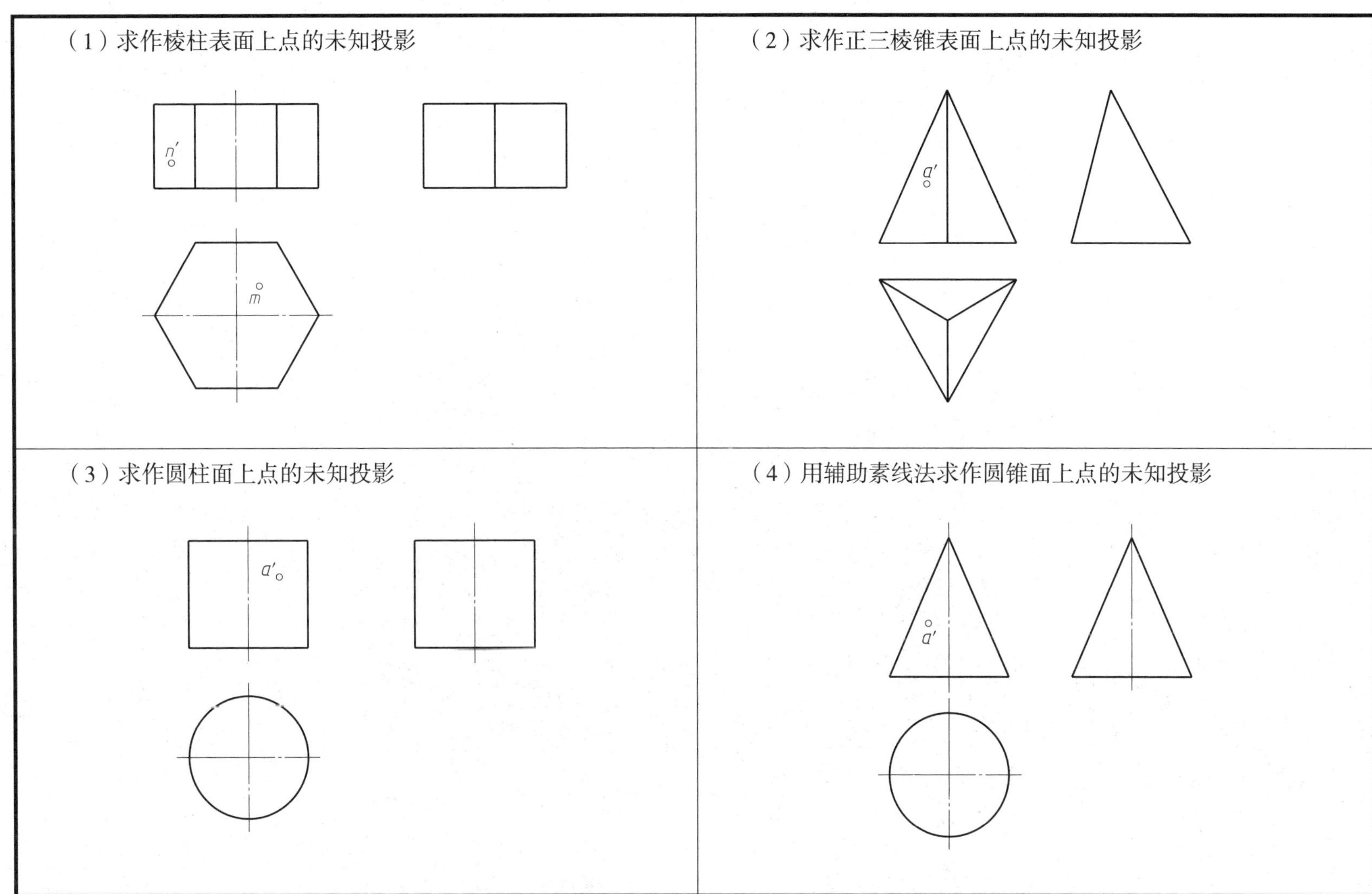

班级　　　　学号　　　　姓名

4-2 求作立体表面上点的投影

（1）用辅助平面法求作圆锥面上点的未知投影（同步训练）

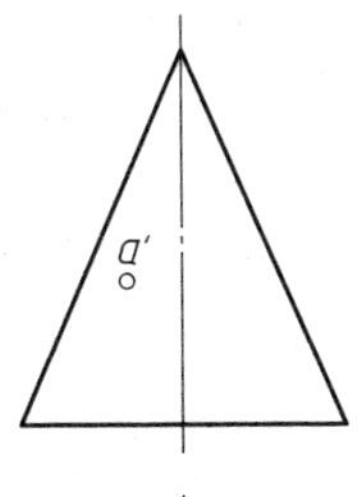

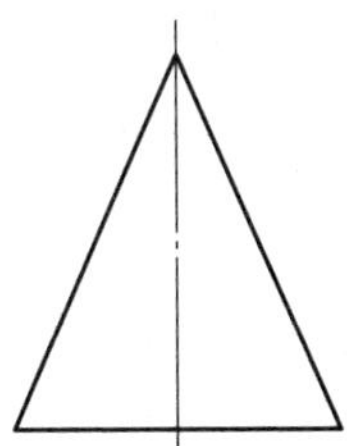

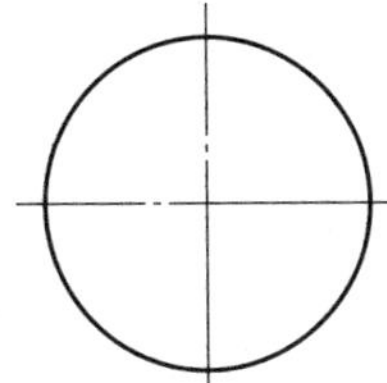

（2）求作球面上点的未知投影（同步训练）

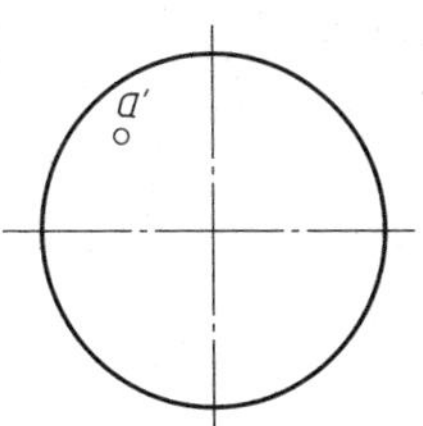

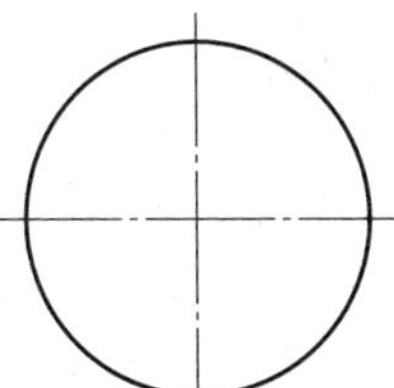

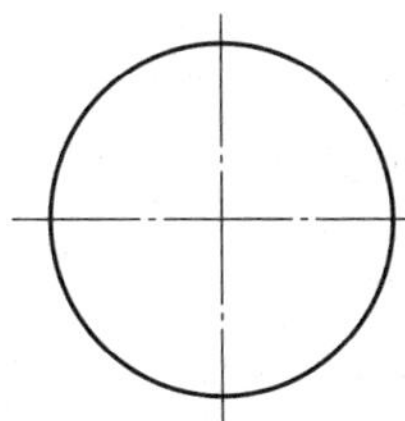

（3）求作圆环面上点的未知投影（同步训练）

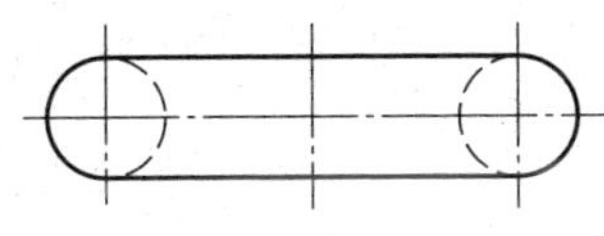

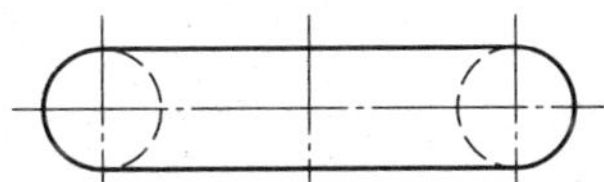

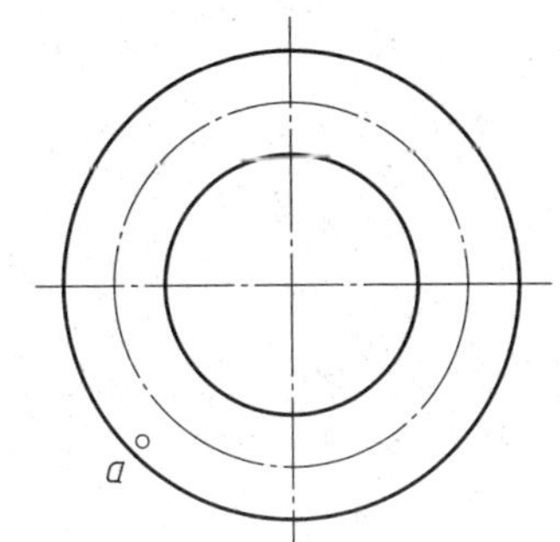

（4）求作球面上点的未知投影

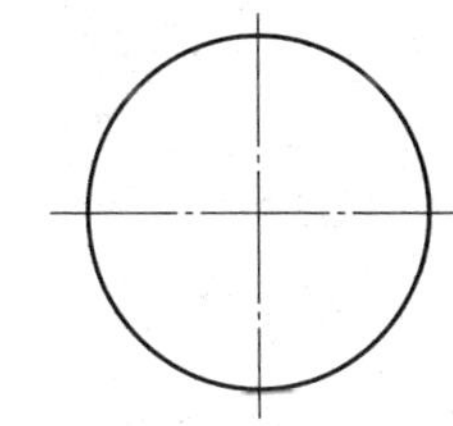

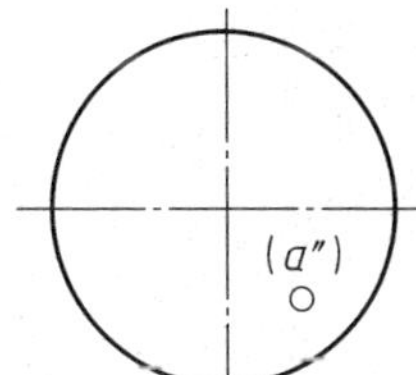

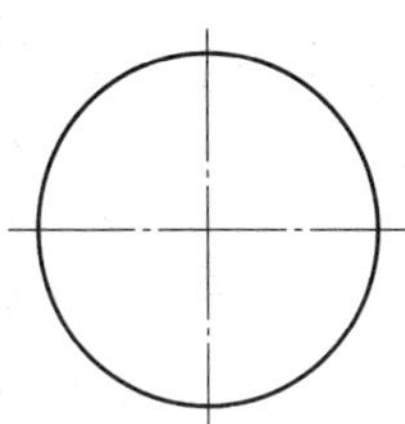

班级　　　　学号　　　　姓名

4-3 求作平面立体上的截交线

（1）补画俯视图上的缺线，并绘制左视图（同步训练）

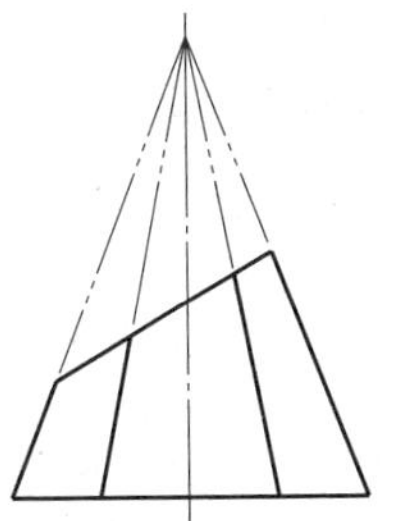

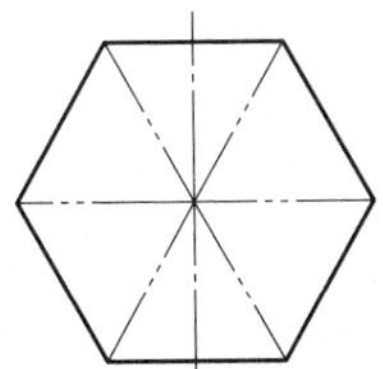

（2）根据主视图、俯视图，绘制左视图（同步训练）

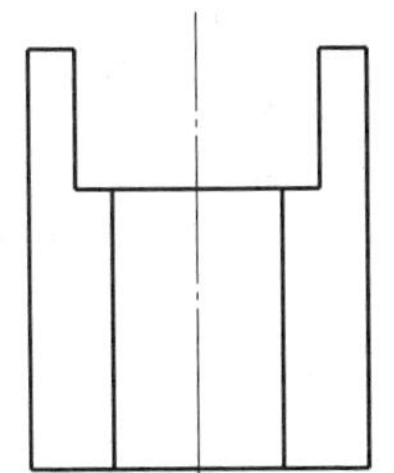

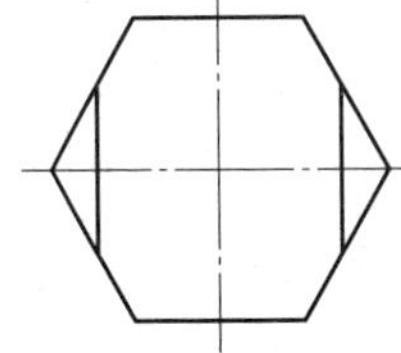

（3）补画左视图上的缺线，并绘制俯视图

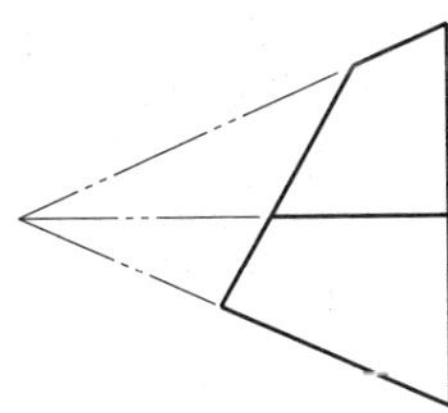

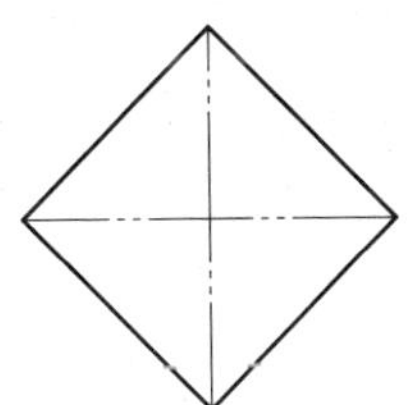

（4）根据主视图、左视图，绘制俯视图

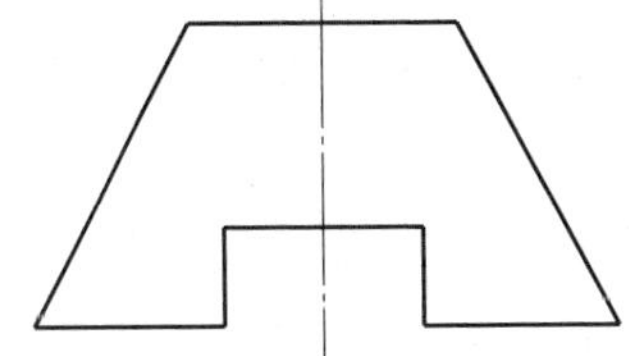

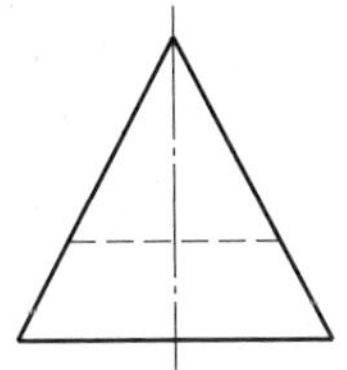

班级　　　　学号　　　　姓名

4-4 求作平面立体上的截交线

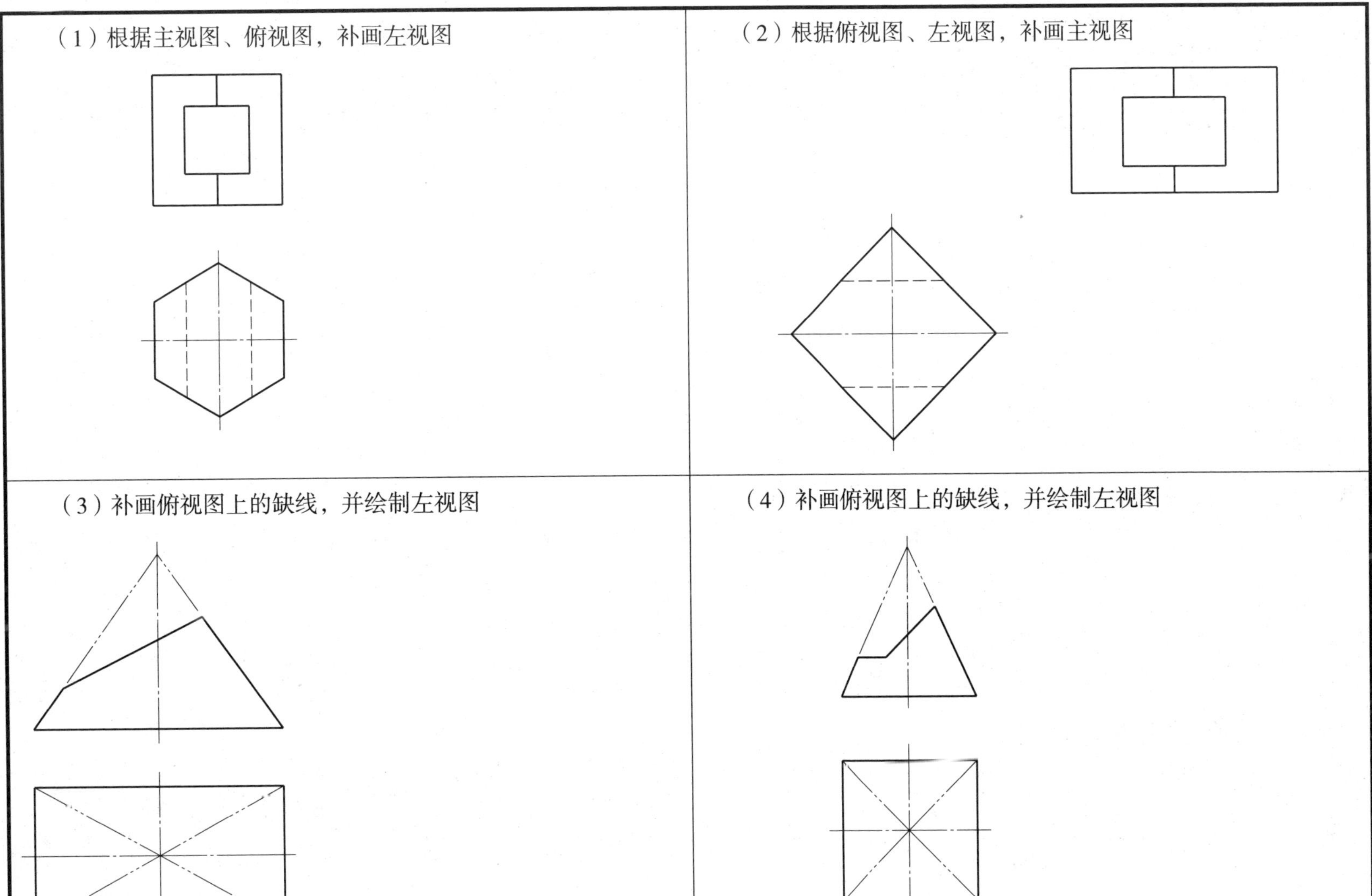

班级　　　学号　　　姓名

4–5 求作曲面立体上的截交线（同步训练）

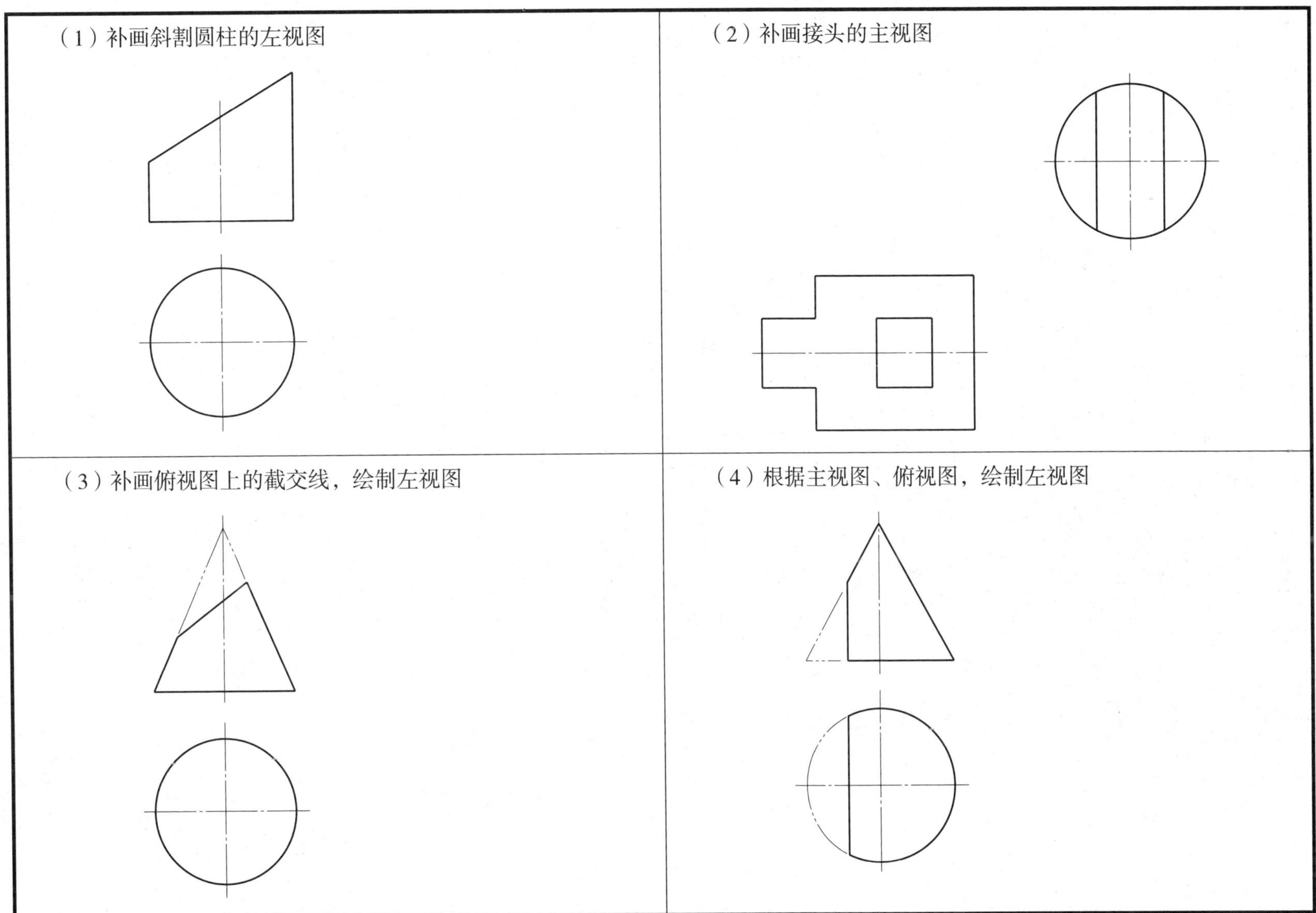

班级　　学号　　姓名

4–6　根据两视图补画第三视图

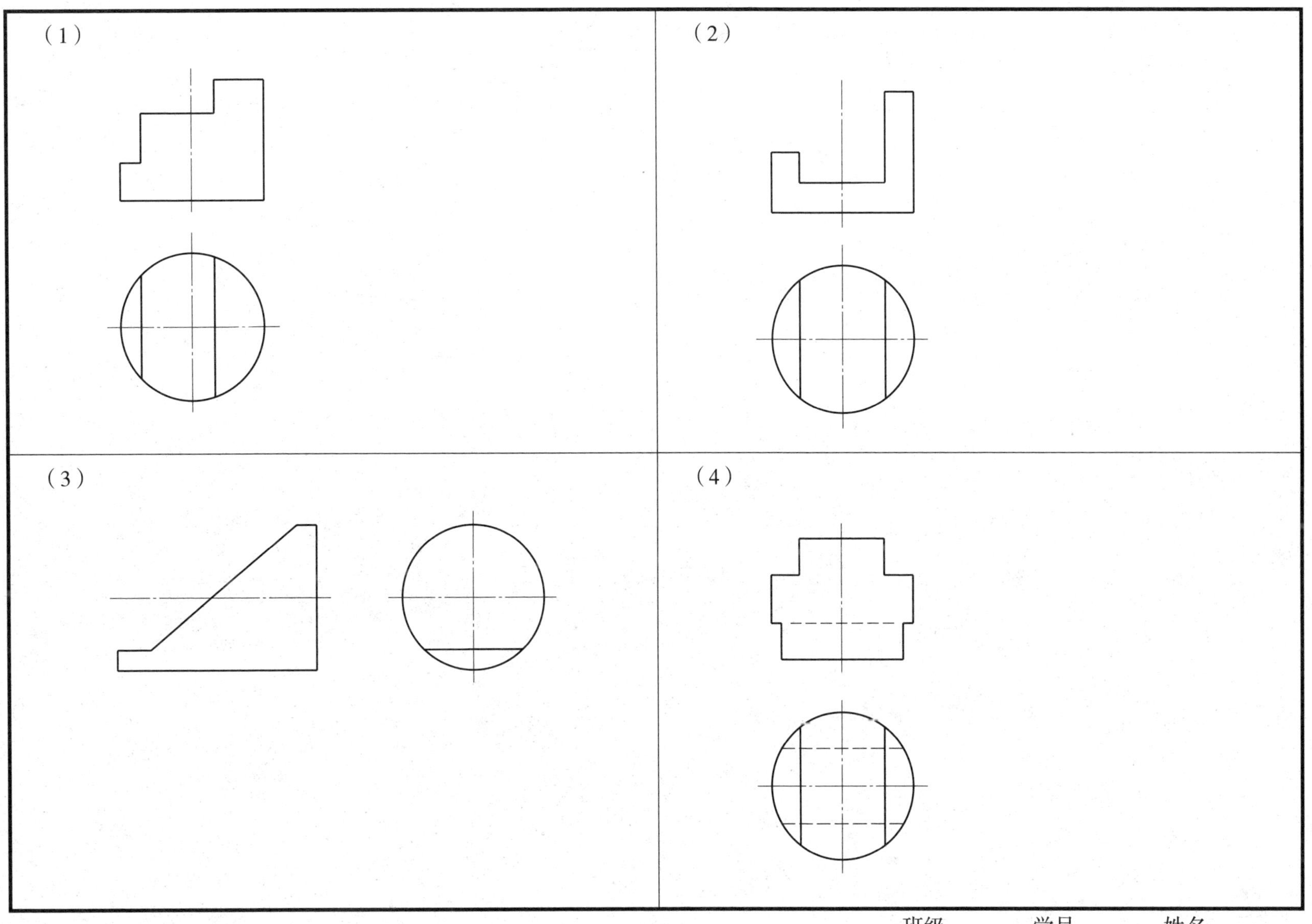

班级　　　　学号　　　　姓名

4–7　根据两视图补画第三视图

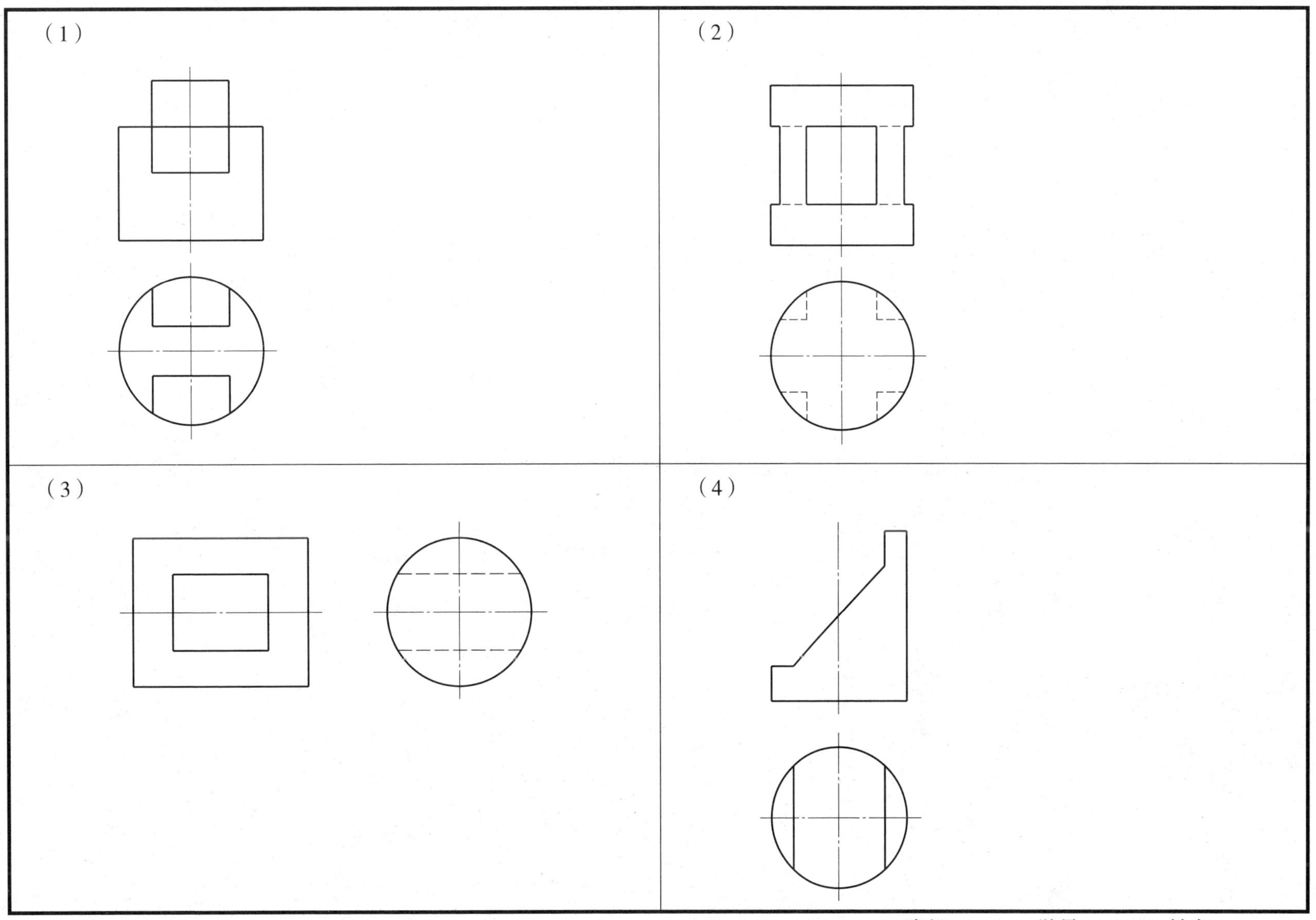

班级　　　　学号　　　　姓名

4-8 根据两视图补画第三视图

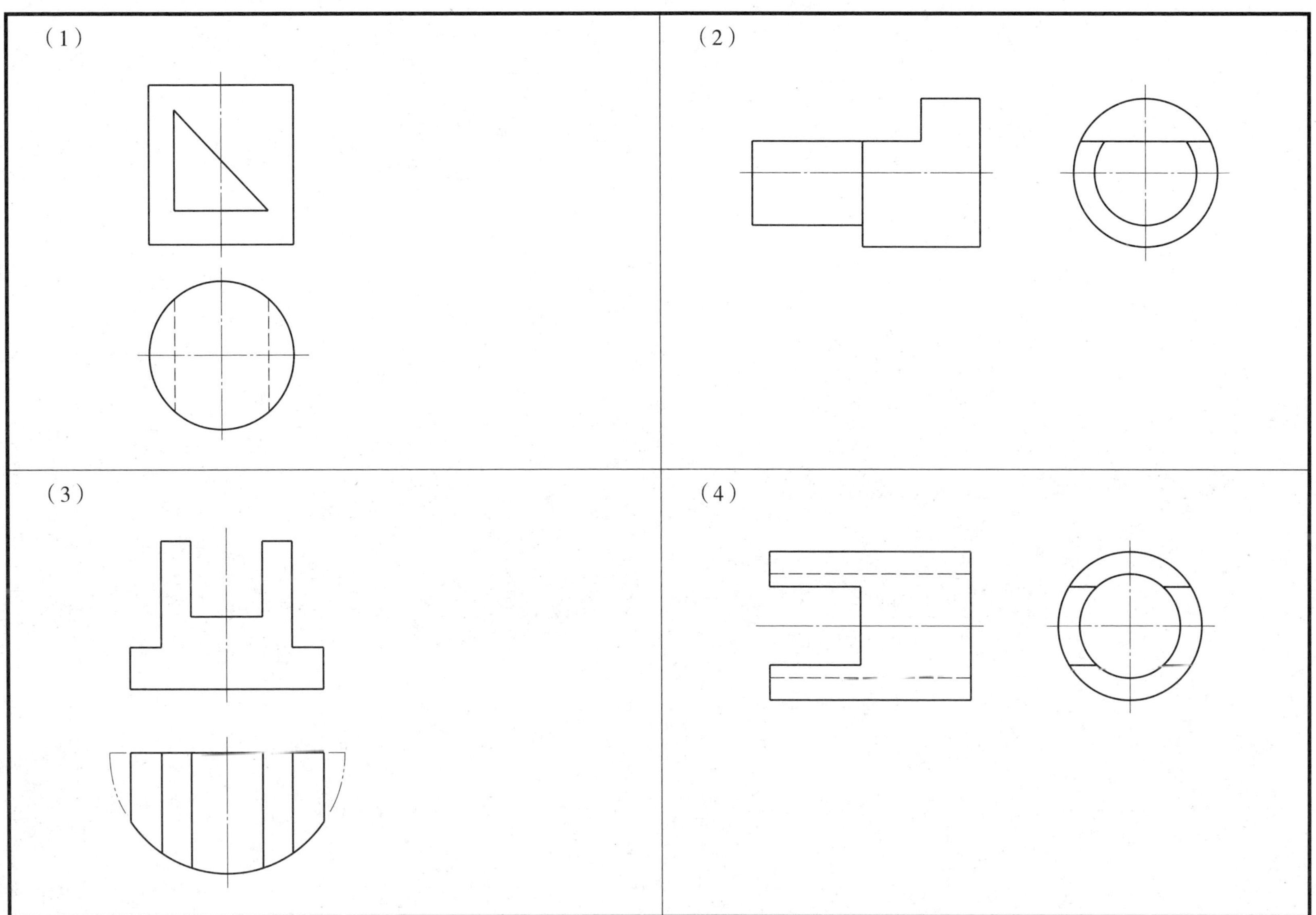

班级　　学号　　姓名

4-9 求作曲面立体上的截交线

（1）补画俯视图上的缺线，绘制左视图

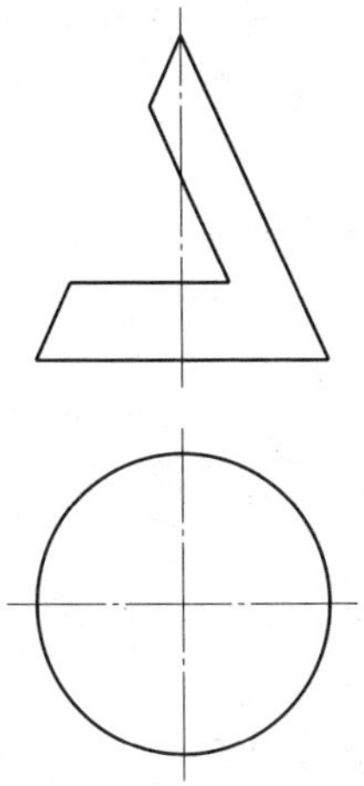

（2）根据主视图、左视图，绘制俯视图

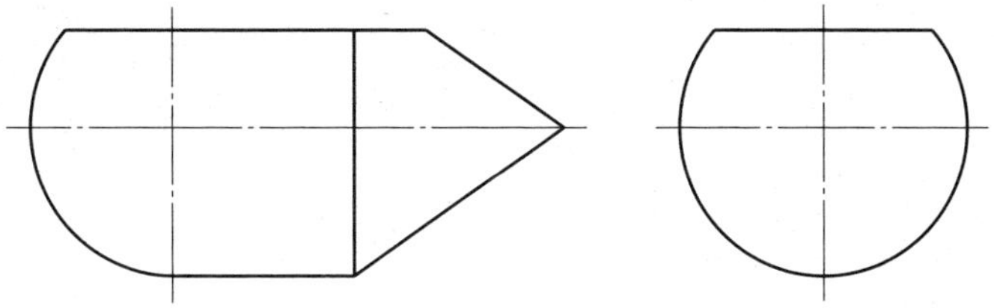

（3）补画左视图上的缺线，绘制俯视图

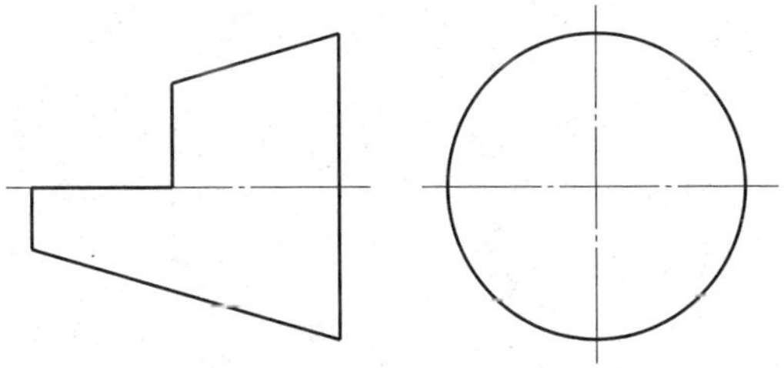

（4）补画俯视图、左视图上的缺线（同步训练）

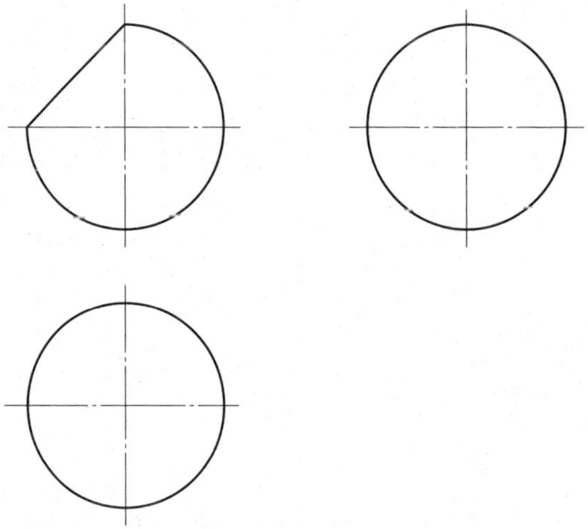

班级　　　　学号　　　　姓名

4-10 求作曲面立体上的截交线

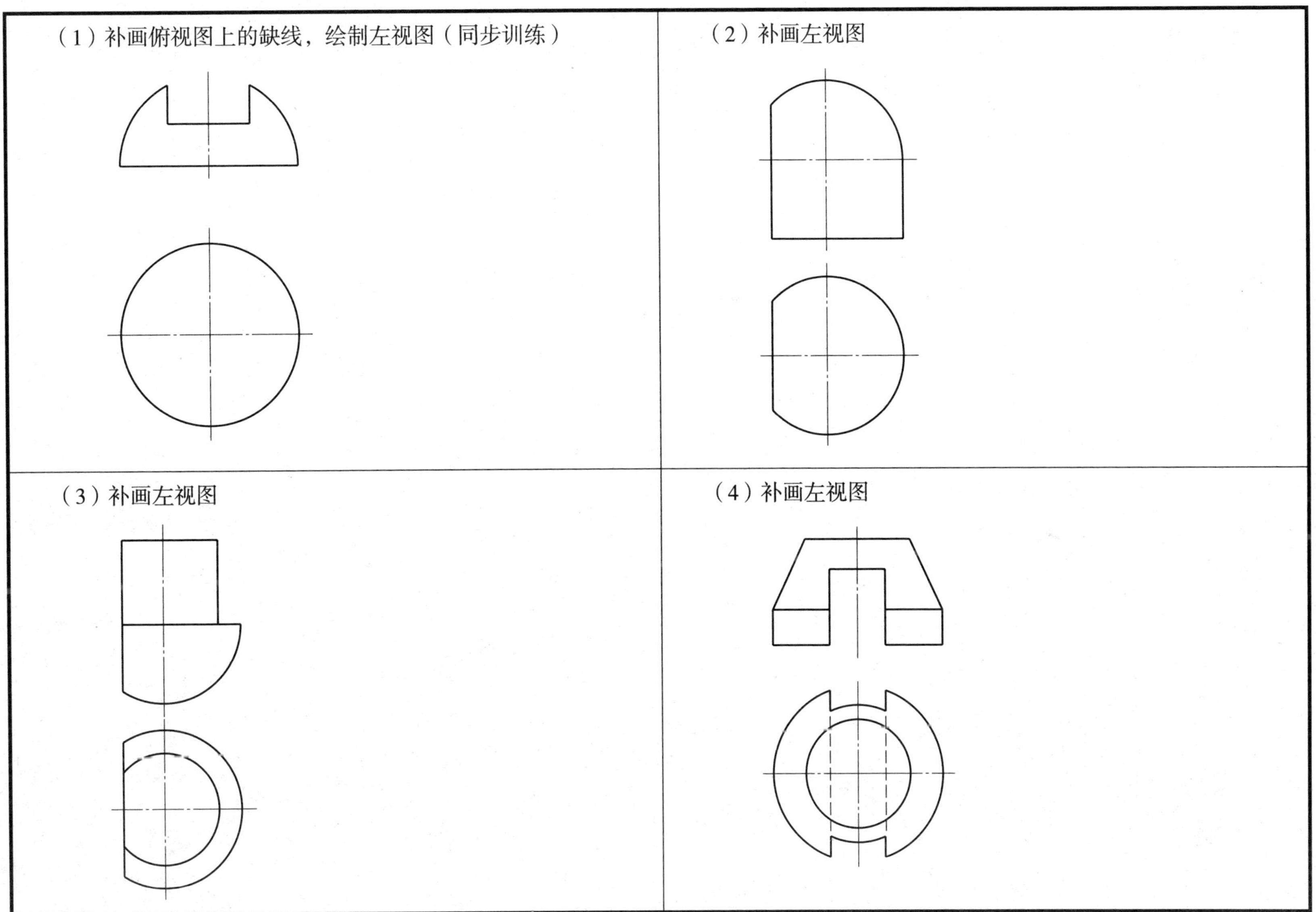

班级　　　　学号　　　　姓名

4–11 求作曲面立体上的截交线

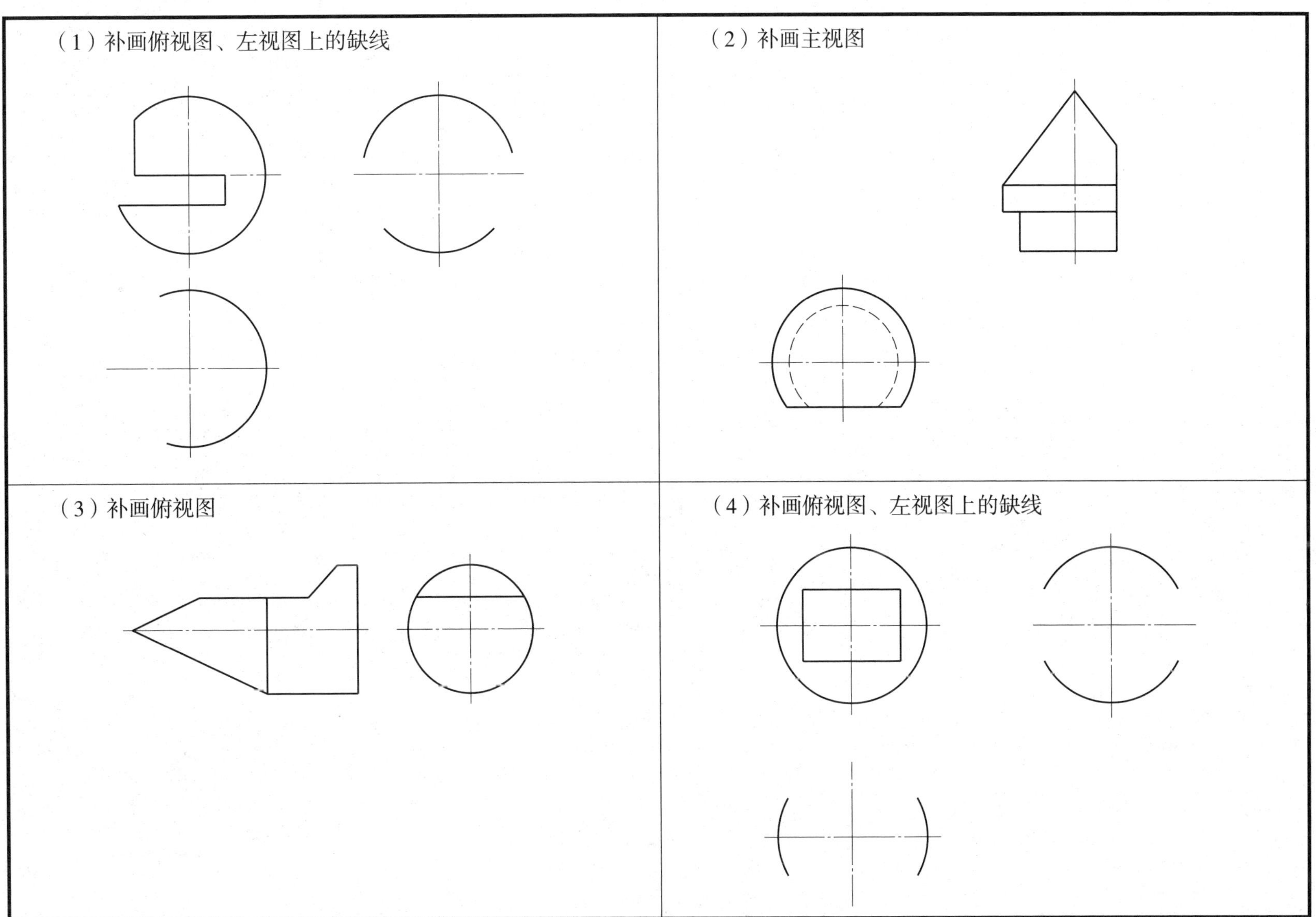

班级　　　　学号　　　　姓名

4–12　求作圆柱相贯线

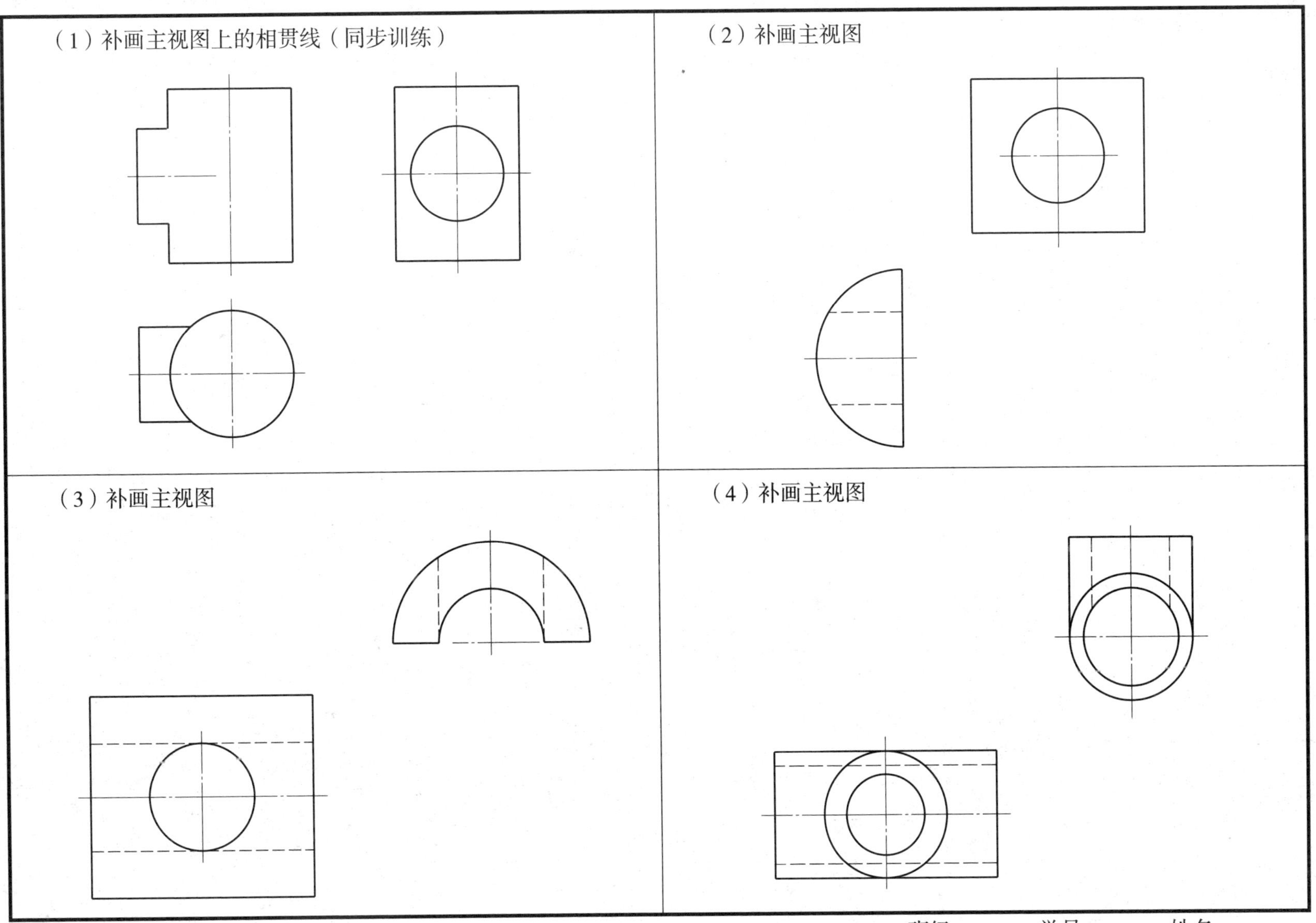

班级　　　　学号　　　　姓名

4–13 根据两视图补画第三视图

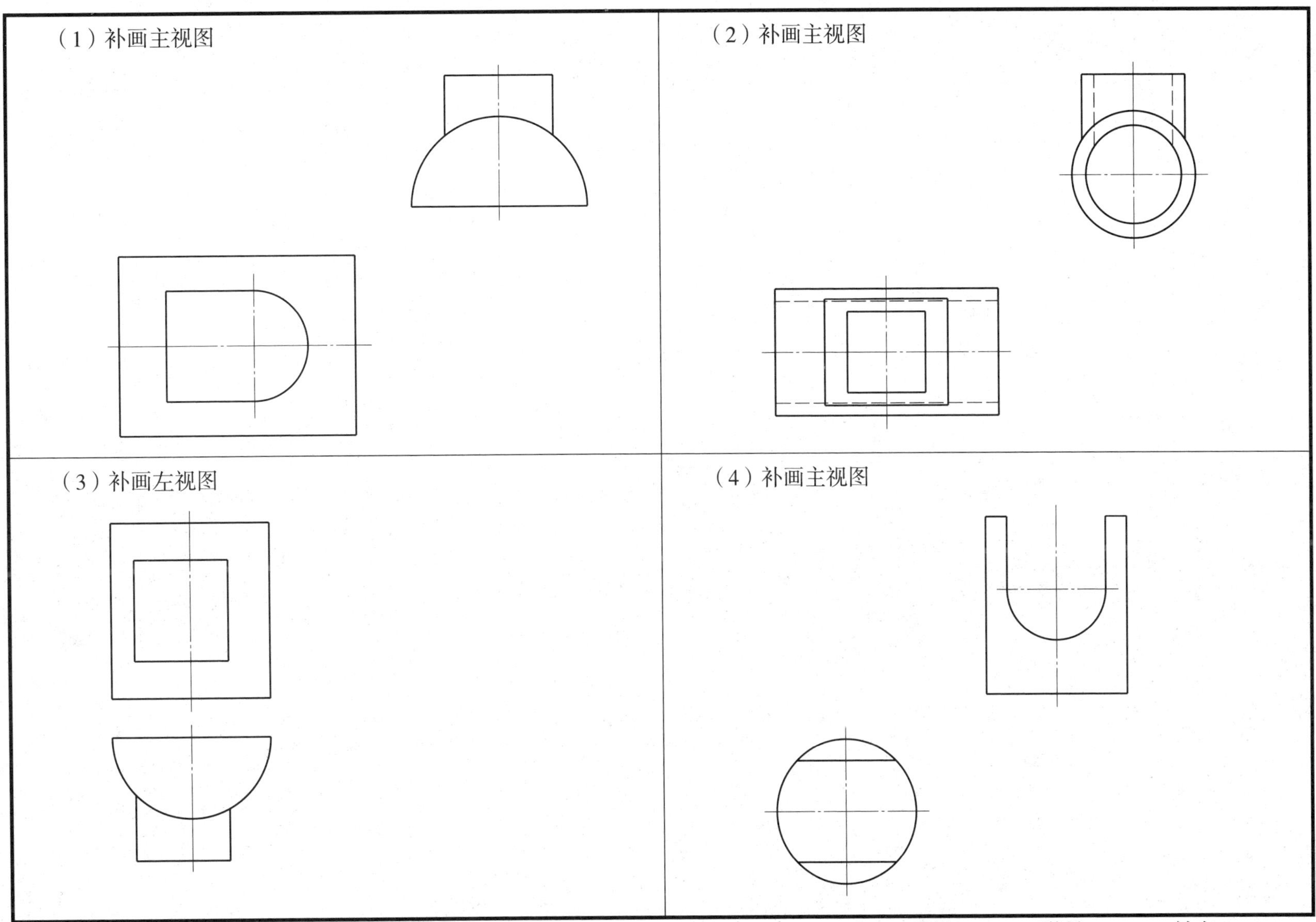

班级　　　　学号　　　　姓名

4–14 根据两视图补画第三视图

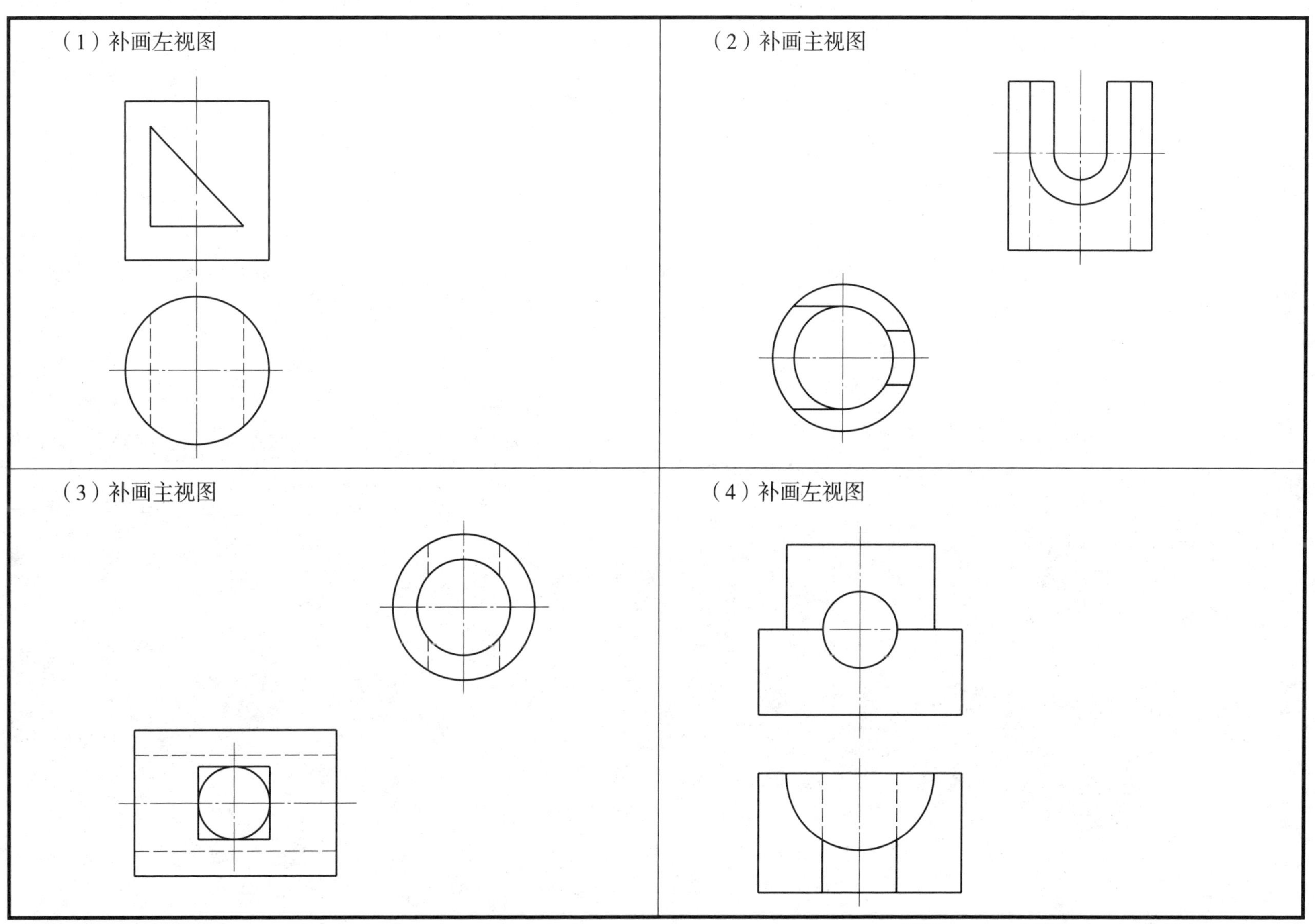

班级　　　学号　　　姓名

4-15 绘制相贯线（同步训练）

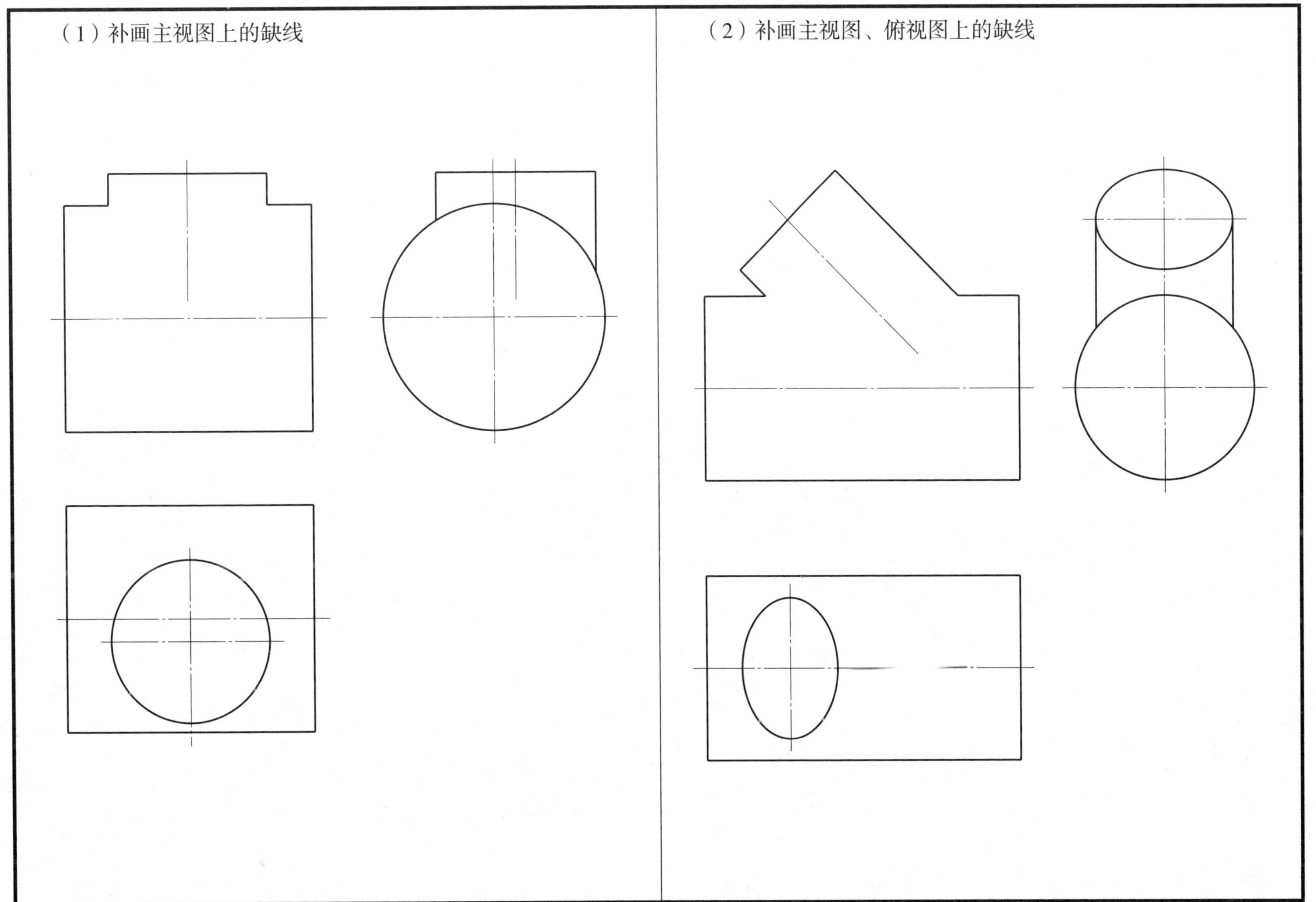

班级　　　　学号　　　　姓名

4–16　补画主视图上的缺线

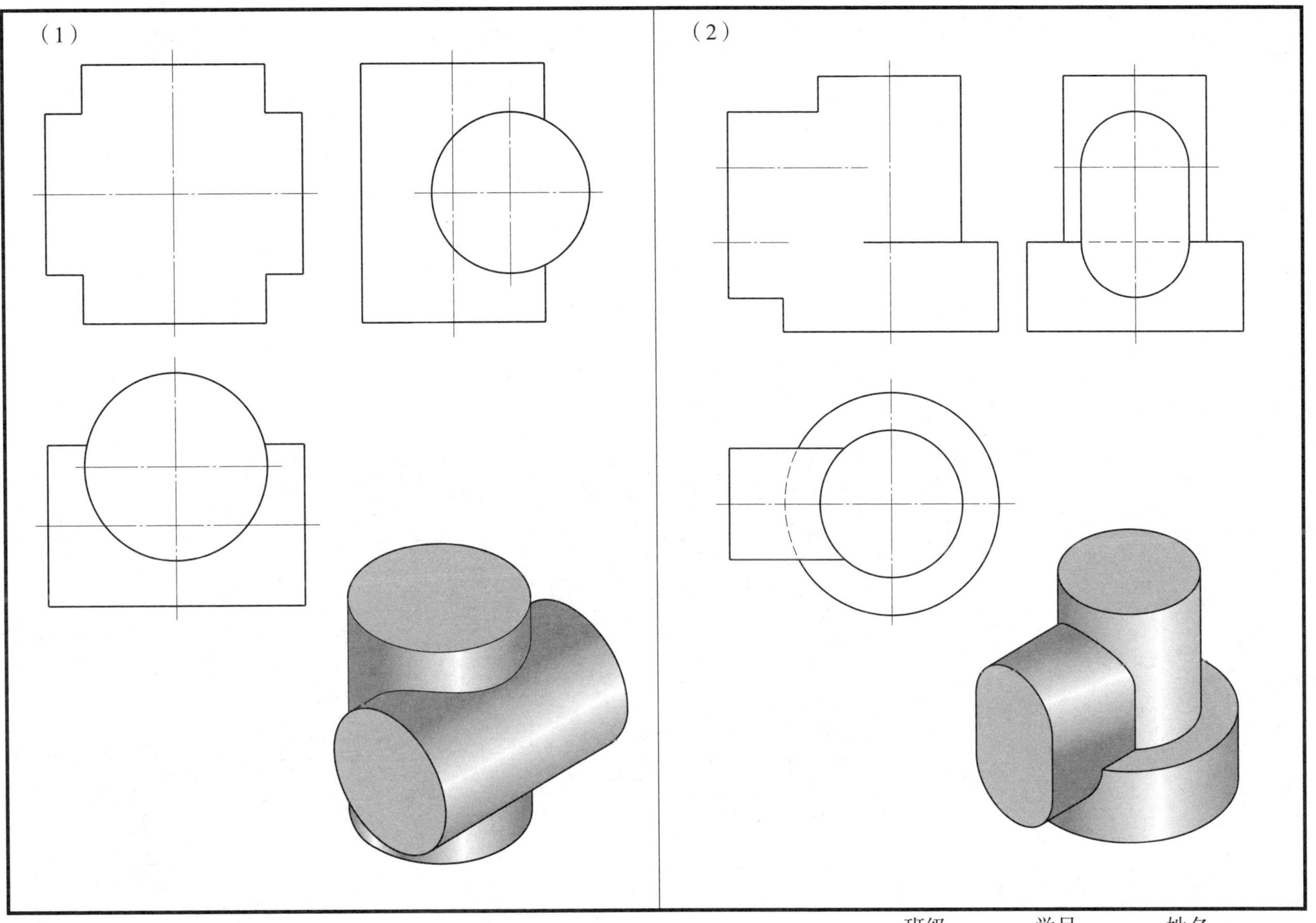

班级　　　　学号　　　　姓名

4–17 绘制圆柱与圆锥正交的相贯线

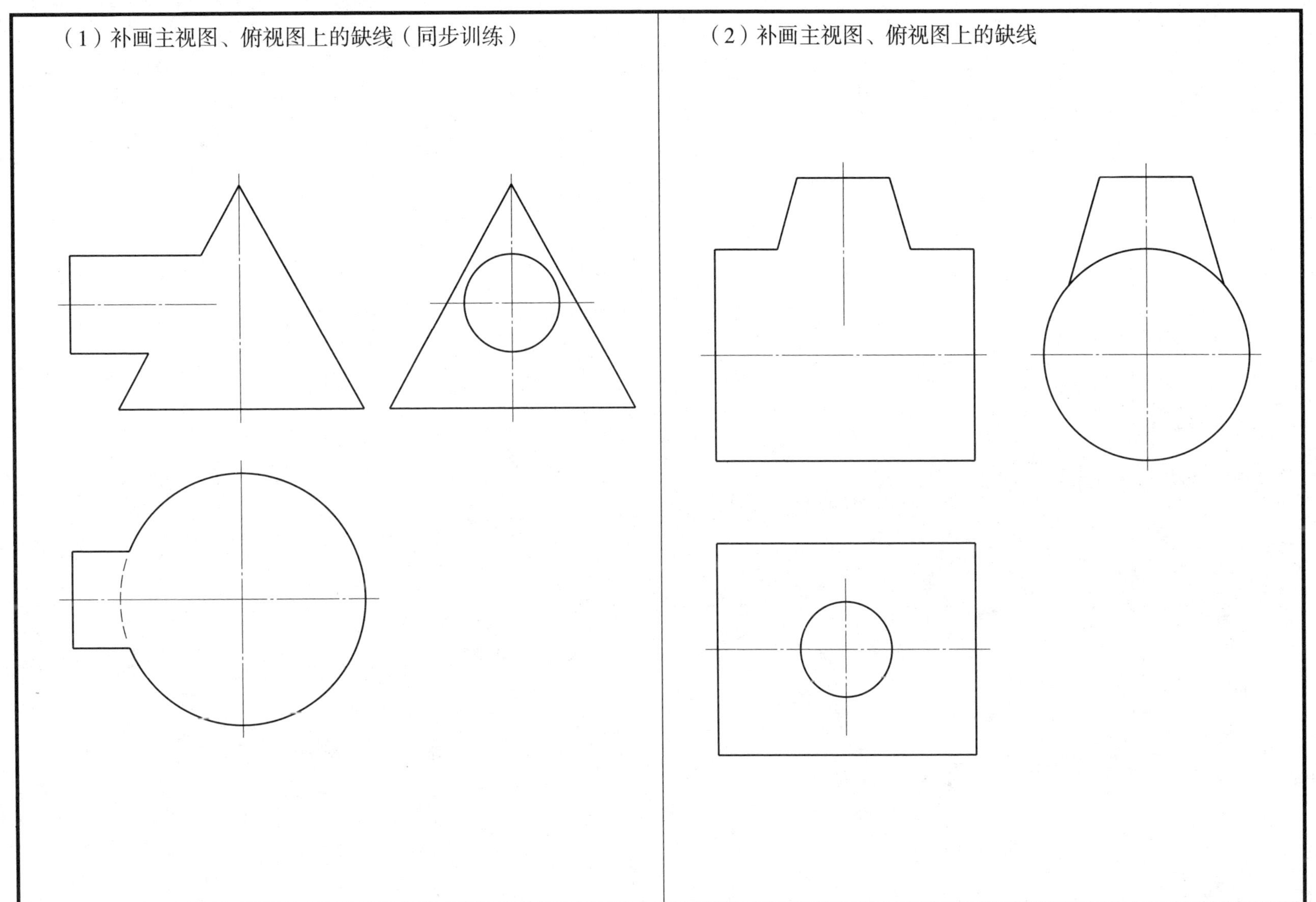

班级　　学号　　姓名

4-18 补画视图上的缺线

（1）补画主视图、左视图上的缺线（同步训练）

（2）补画主视图、左视图上的缺线

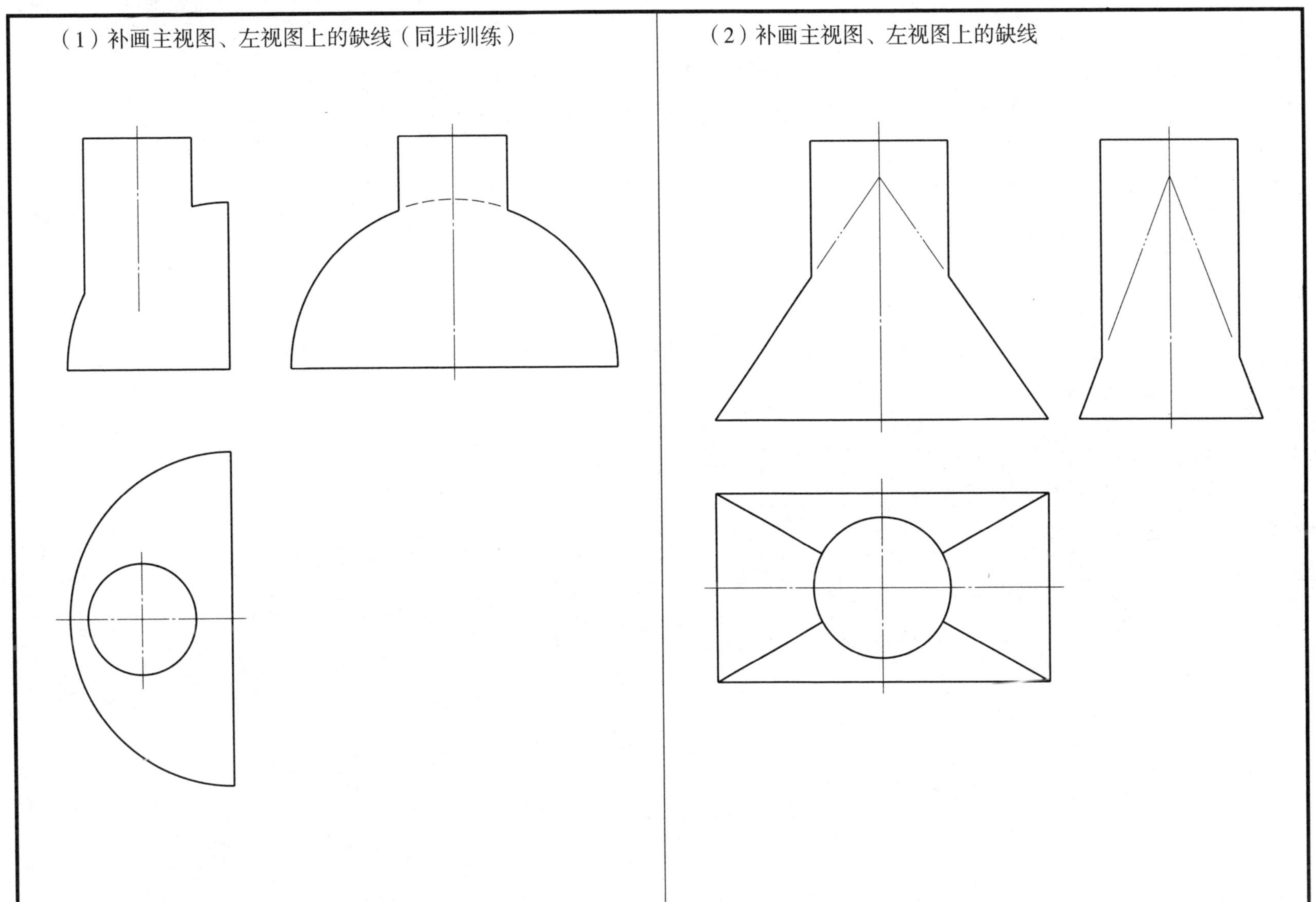

班级　　　　学号　　　　姓名

4-19 补画视图上的缺线

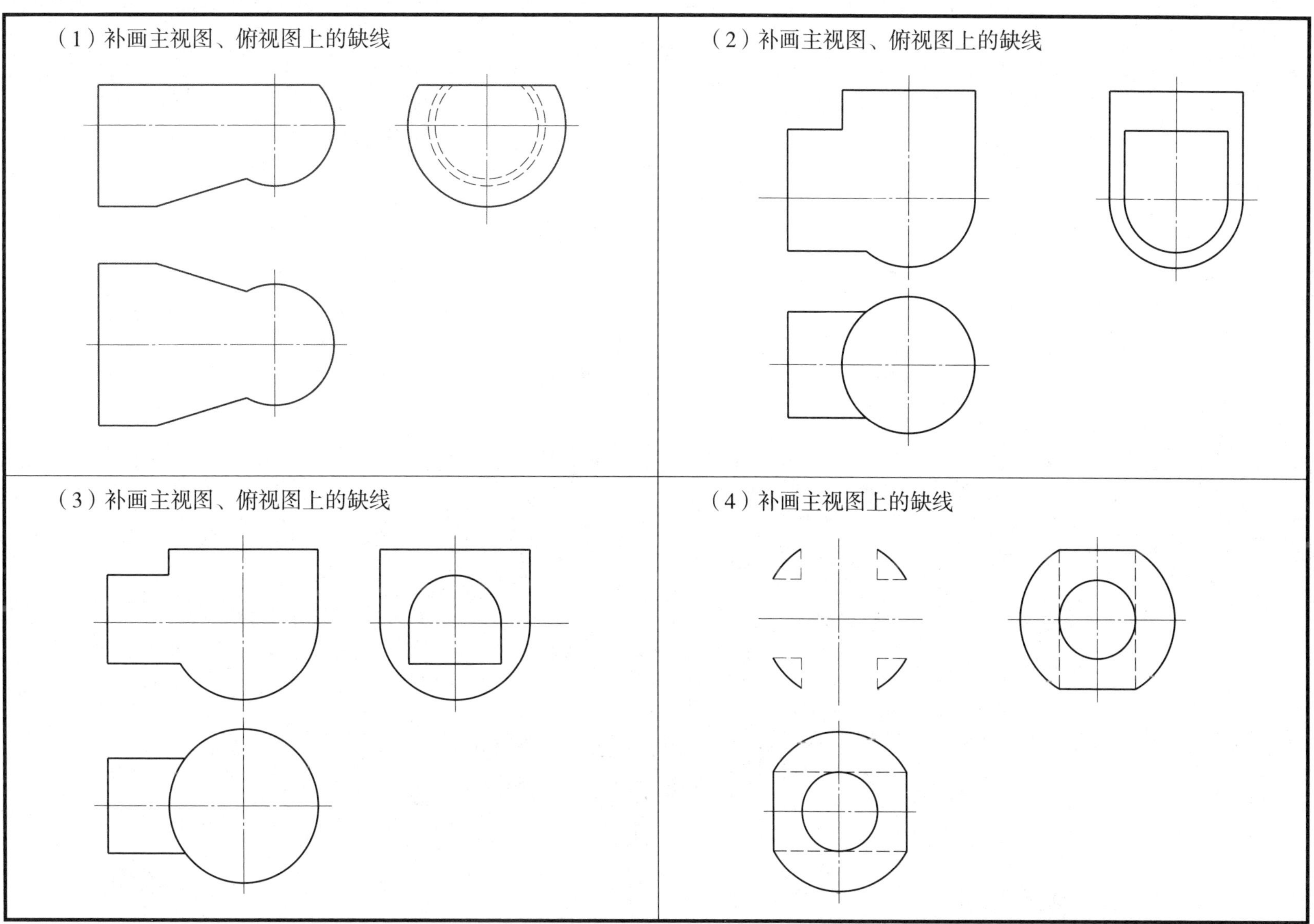

班级　　　　学号　　　　姓名

4-20　补画视图上的缺线

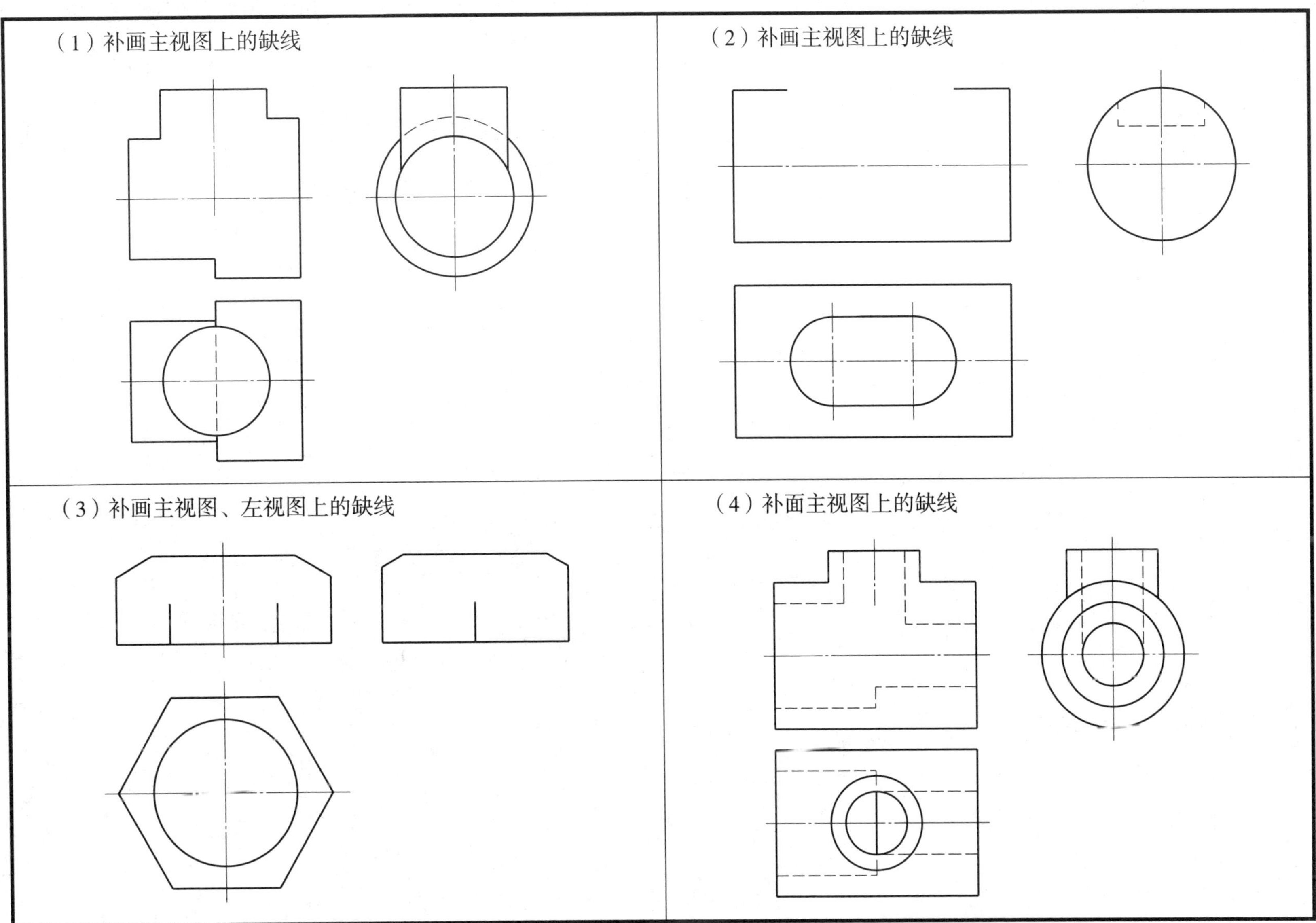

班级　　　学号　　　姓名

模块五　组合体的视图

5-1　补画主视图上的缺线，并绘制左视图

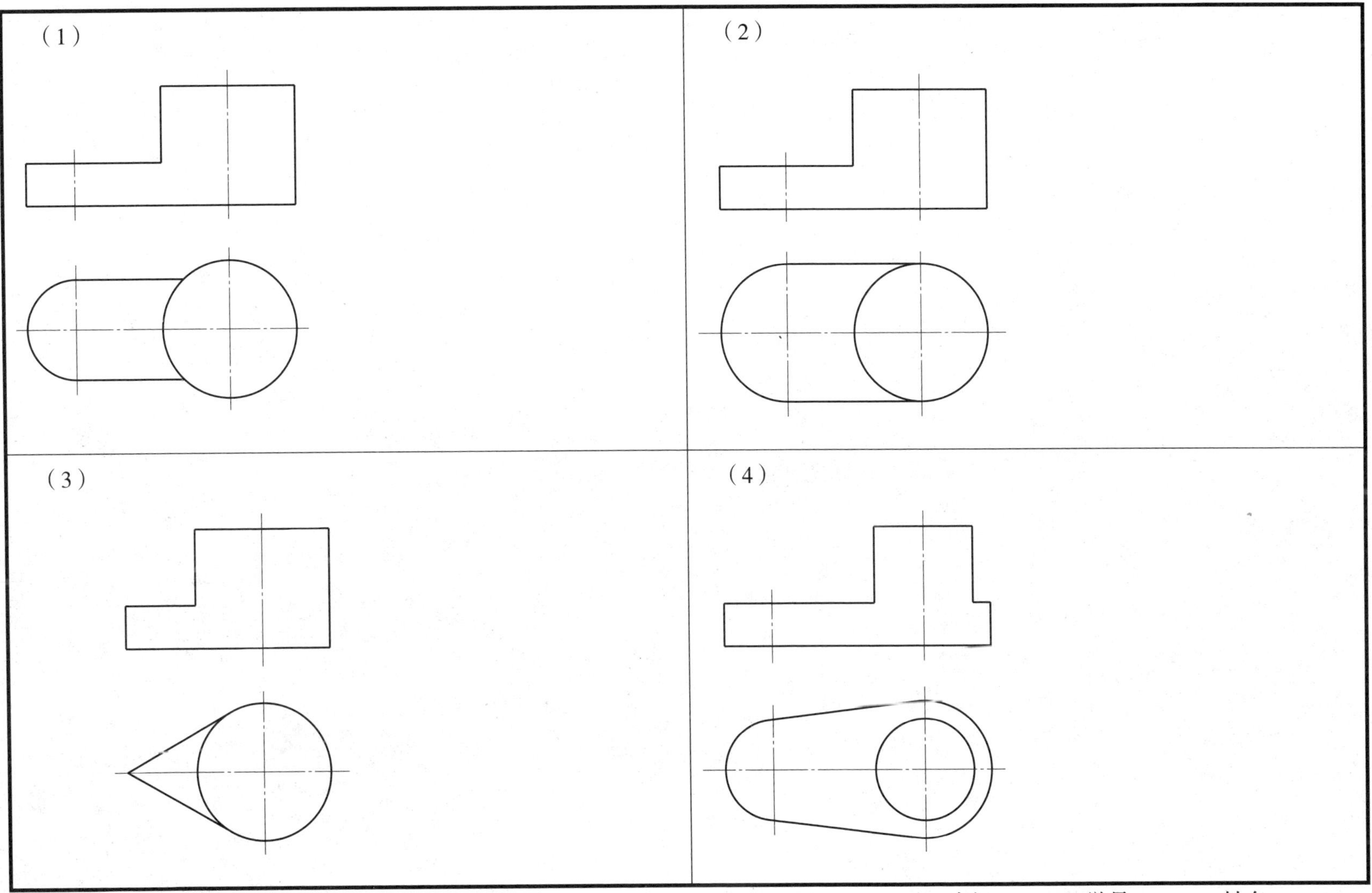

班级　　　　学号　　　　姓名

5-2　补画主视图上的缺线，并绘制左视图

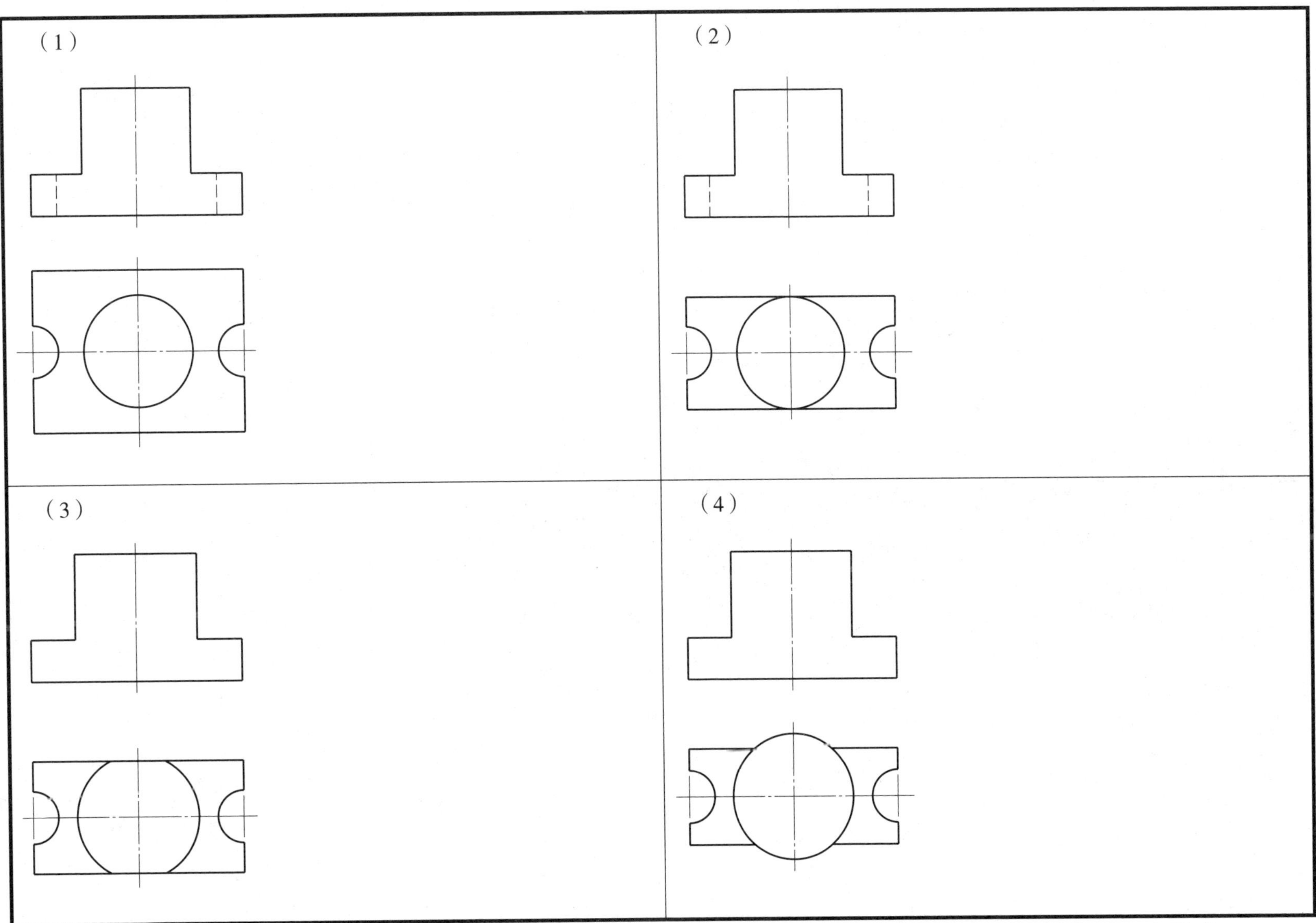

班级　　　　学号　　　　姓名

5–3　根据组合体的正等轴测图绘制三视图（尺寸从图中量取，取整数）

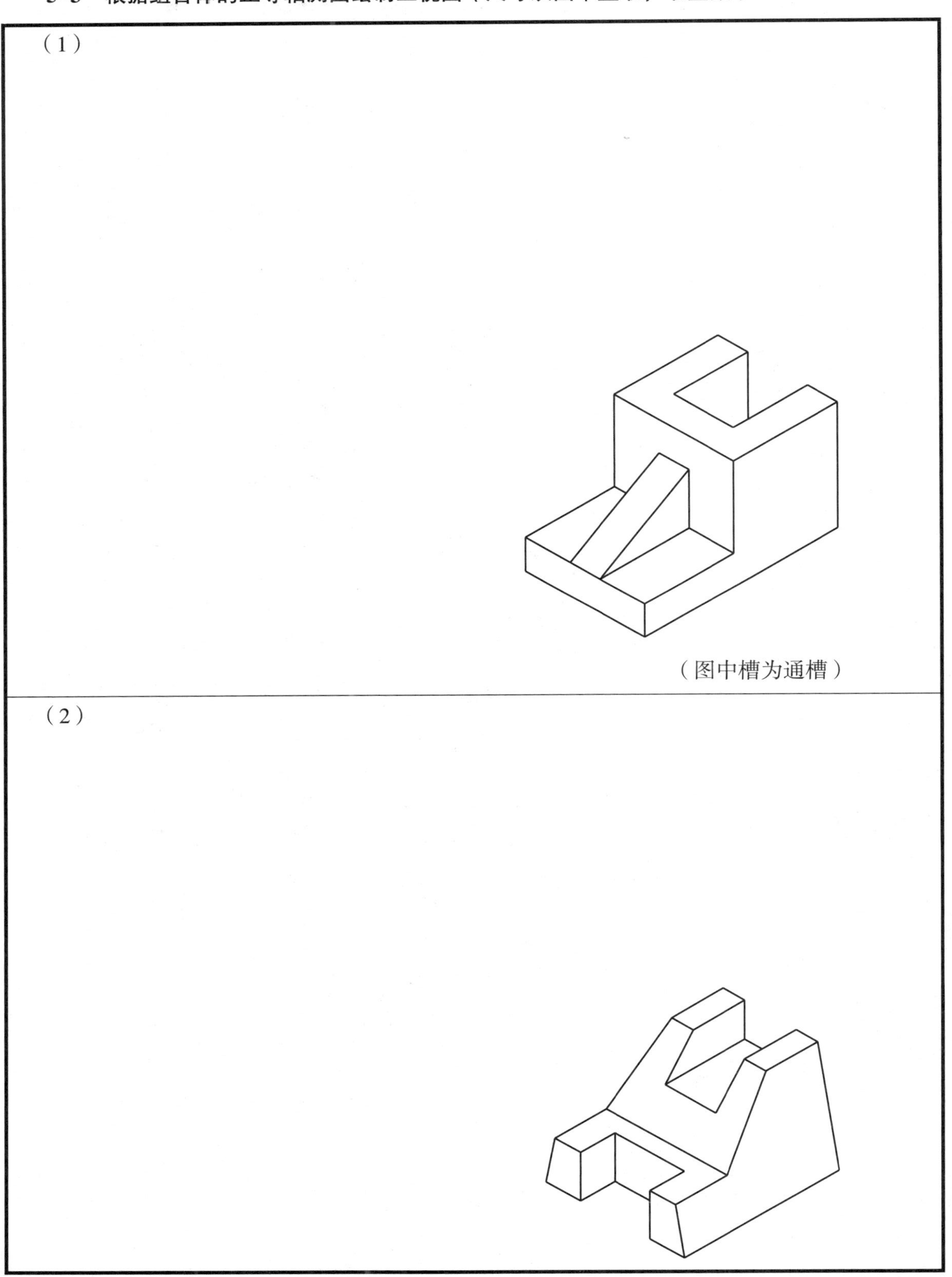

（1）

（图中槽为通槽）

（2）

班级　　　学号　　　姓名

5–4 根据组合体的正等轴测图绘制三视图（尺寸从图中量取，取整数）

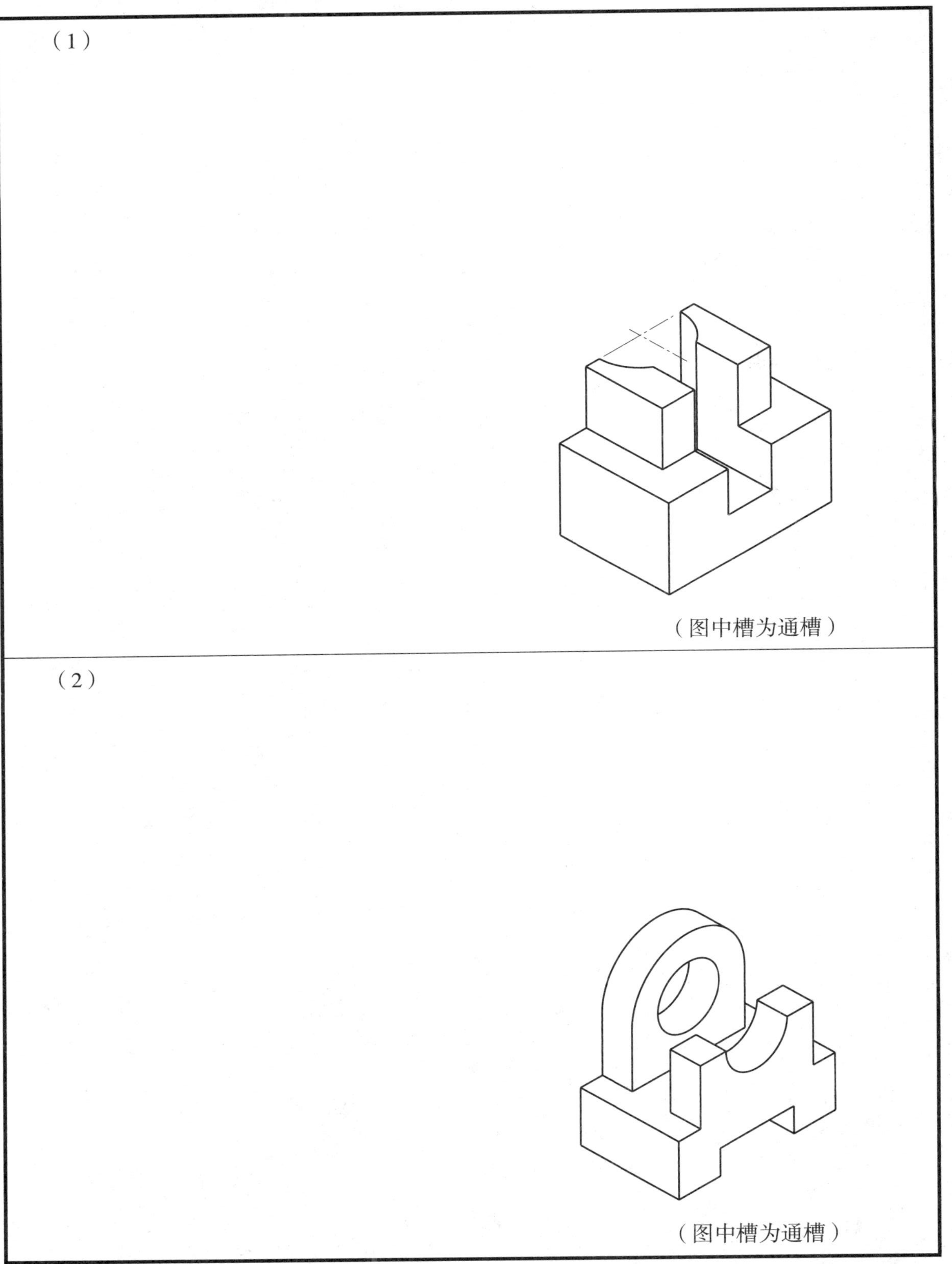

班级　　　　学号　　　　姓名

5-5 根据组合体的正等轴测图绘制三视图（尺寸从图中量取，取整数）

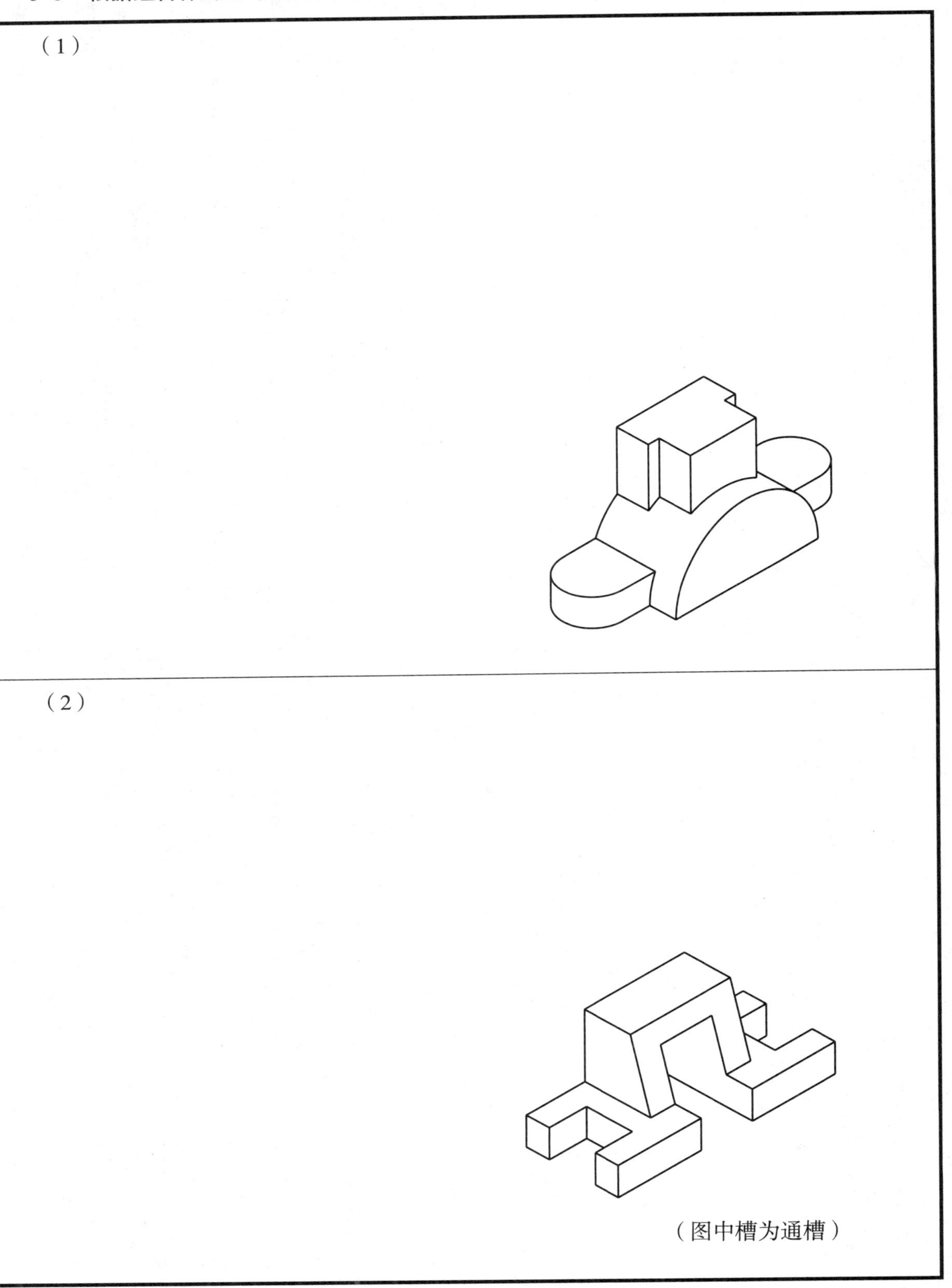

（1）

（2）

（图中槽为通槽）

班级　　学号　　姓名

5–6 根据组合体的正等轴测图绘制三视图（尺寸从图中量取，取整数）

（1）

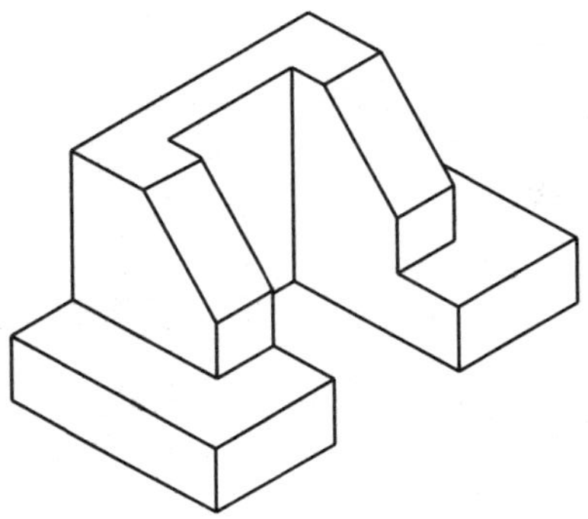

（2）

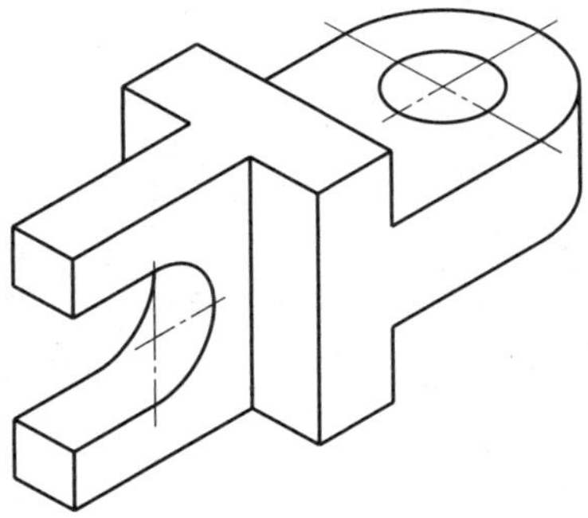

（图中孔为通孔）

班级 学号 姓名

5–7 根据组合体的正等轴测图绘制三视图（尺寸从图中量取，取整数）

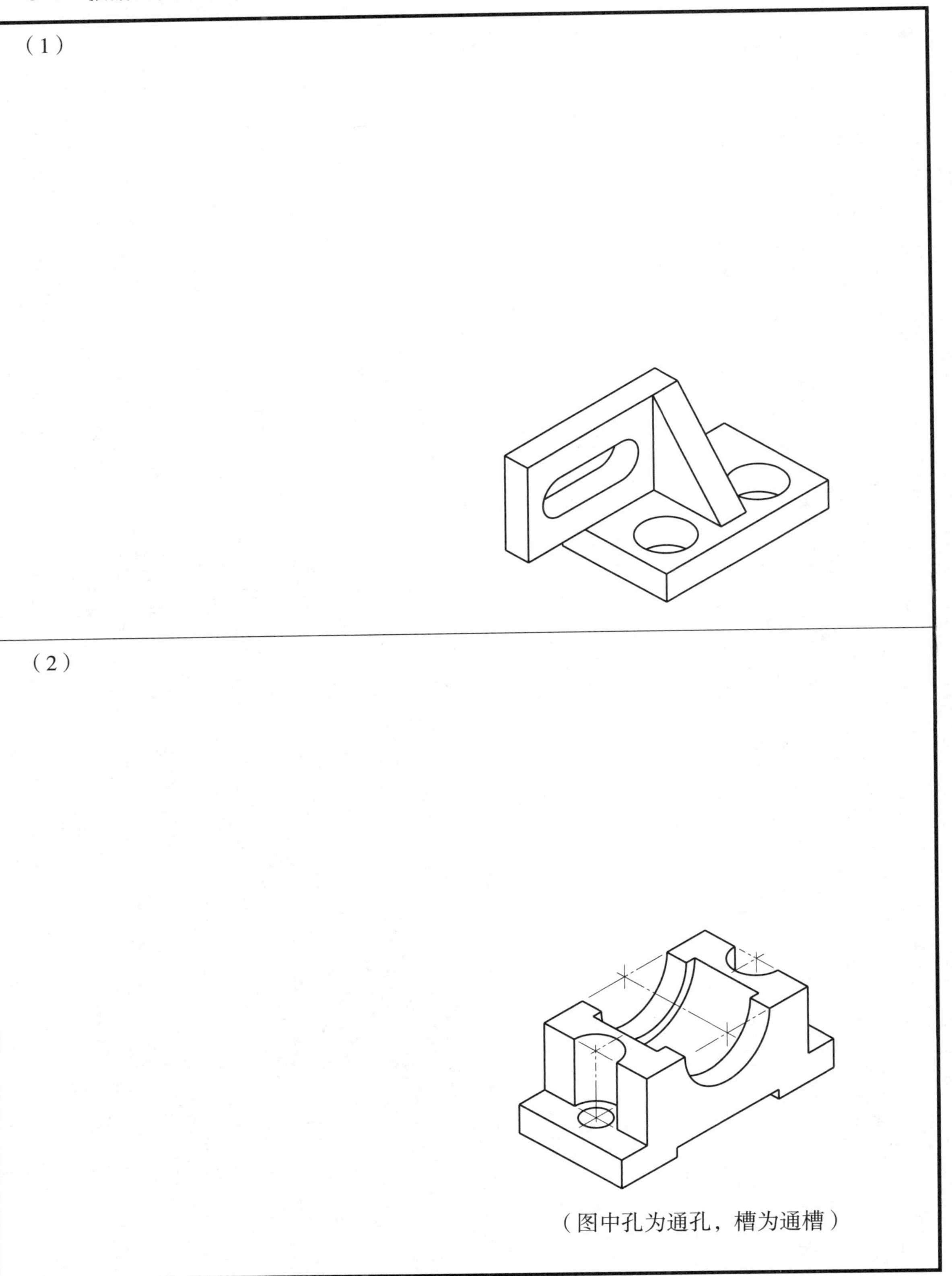

（1）

（2）

（图中孔为通孔，槽为通槽）

班级　　学号　　姓名

5–8　根据组合体的正等轴测图绘制三视图（尺寸从图中量取，取整数）

（1）

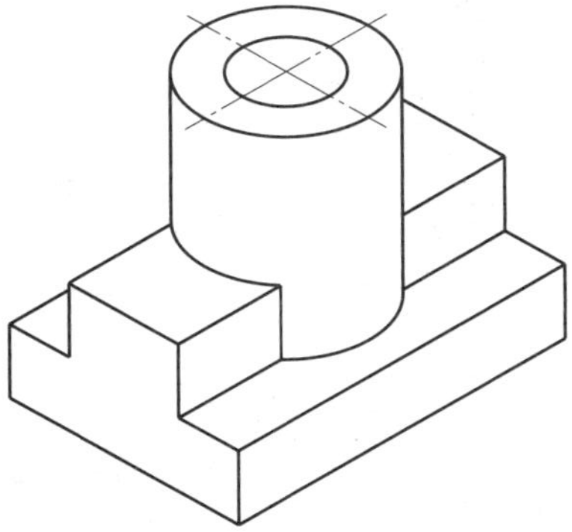

（图中孔为通孔）

（2）

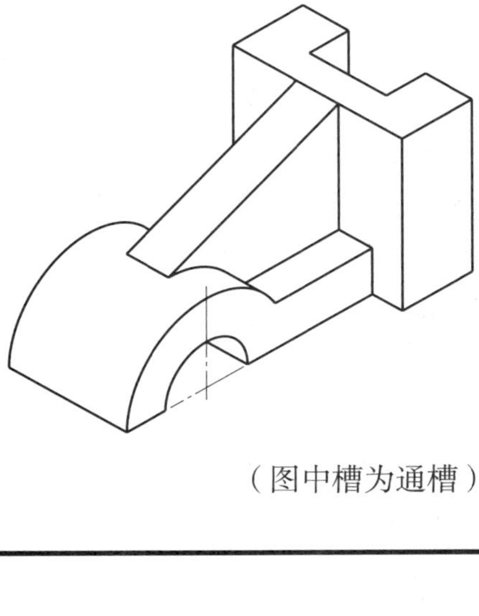

（图中槽为通槽）

班级　　学号　　姓名

5-9　根据组合体的正等轴测图绘制三视图（尺寸从图中量取，取整数）

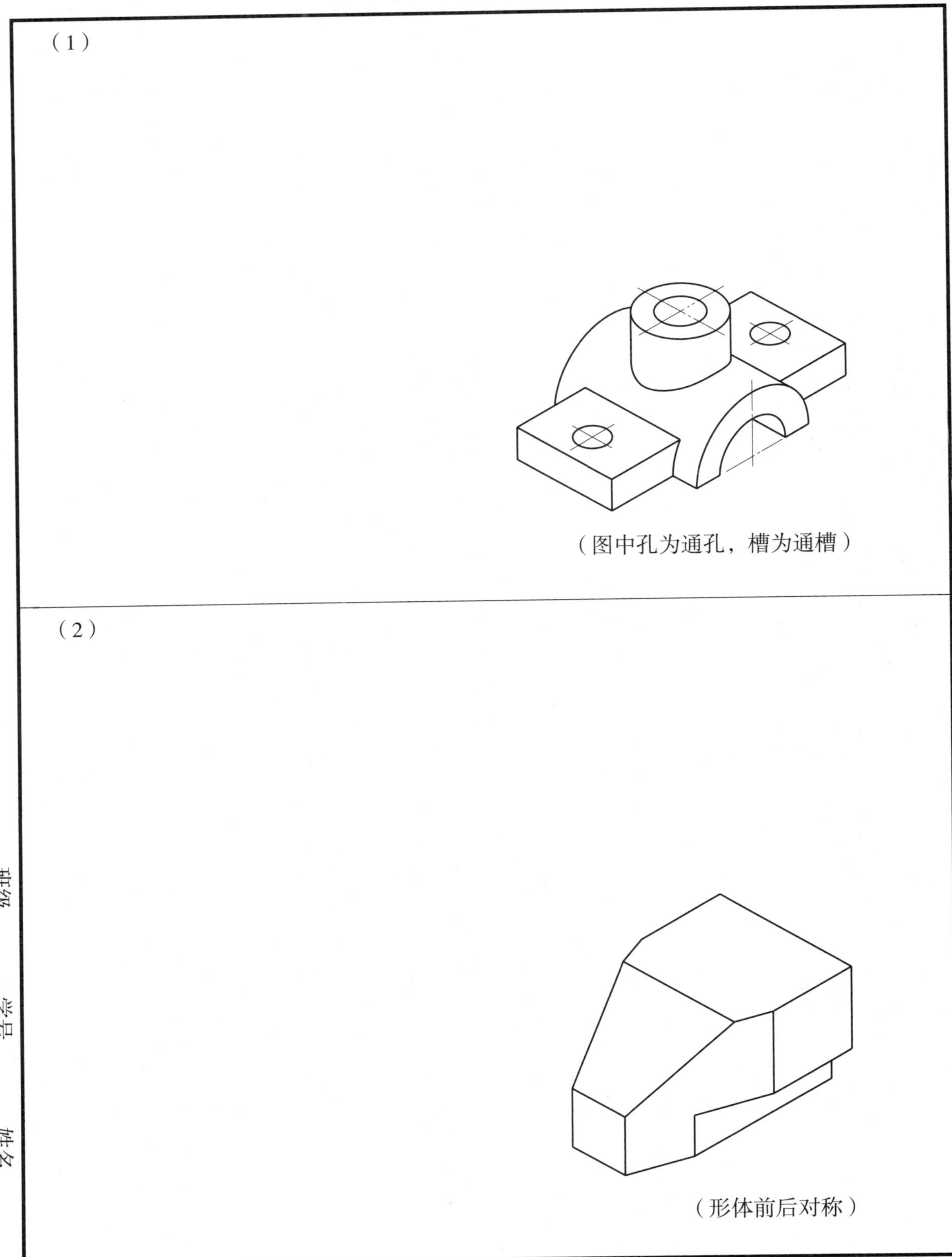

班级　　　　学号　　　　姓名

5-10　补画视图或缺线（同步训练）

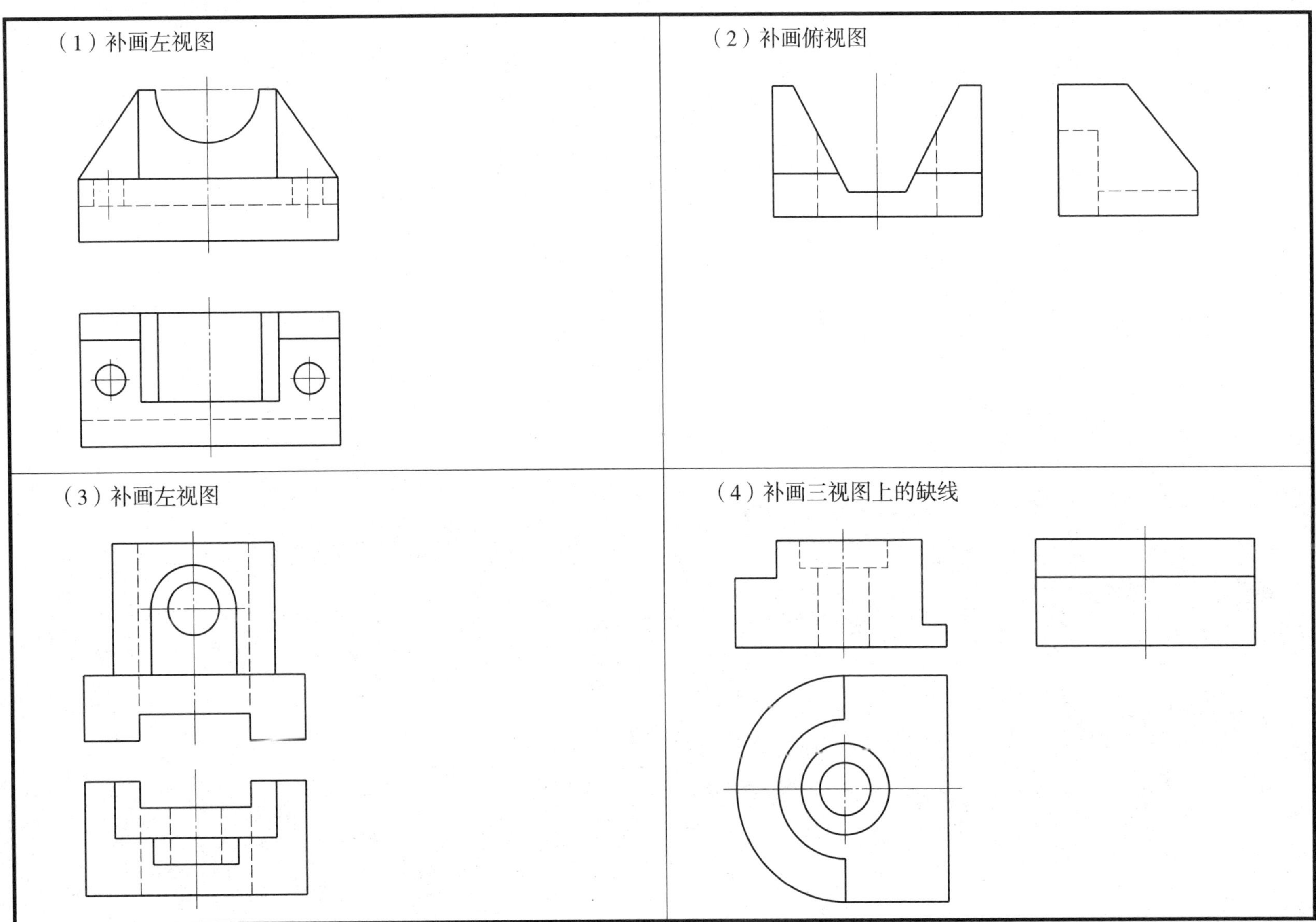

班级　　　　学号　　　　姓名

5-11　根据两视图补画第三视图

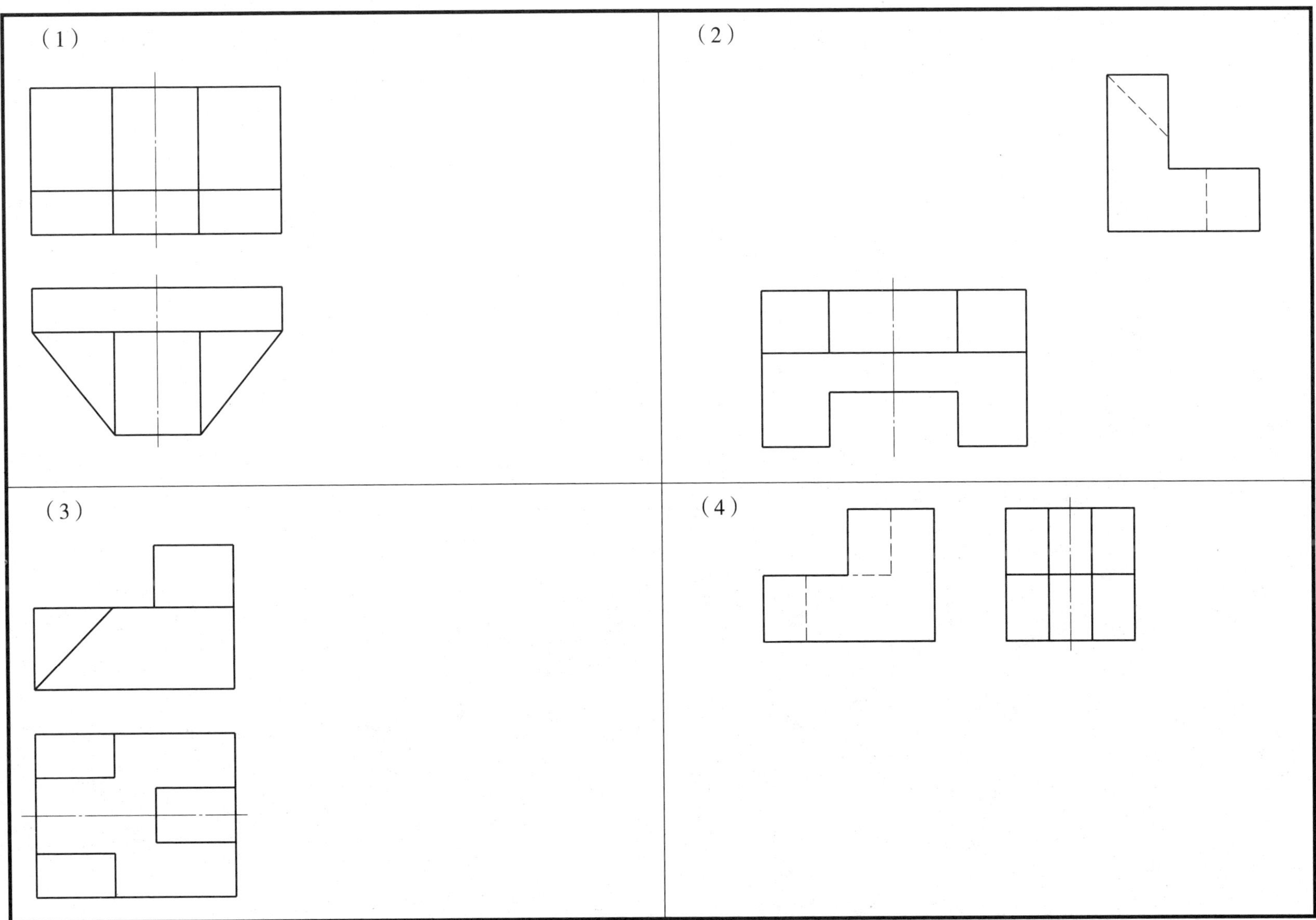

班级　　　　学号　　　　姓名

5-12　根据两视图补画第三视图

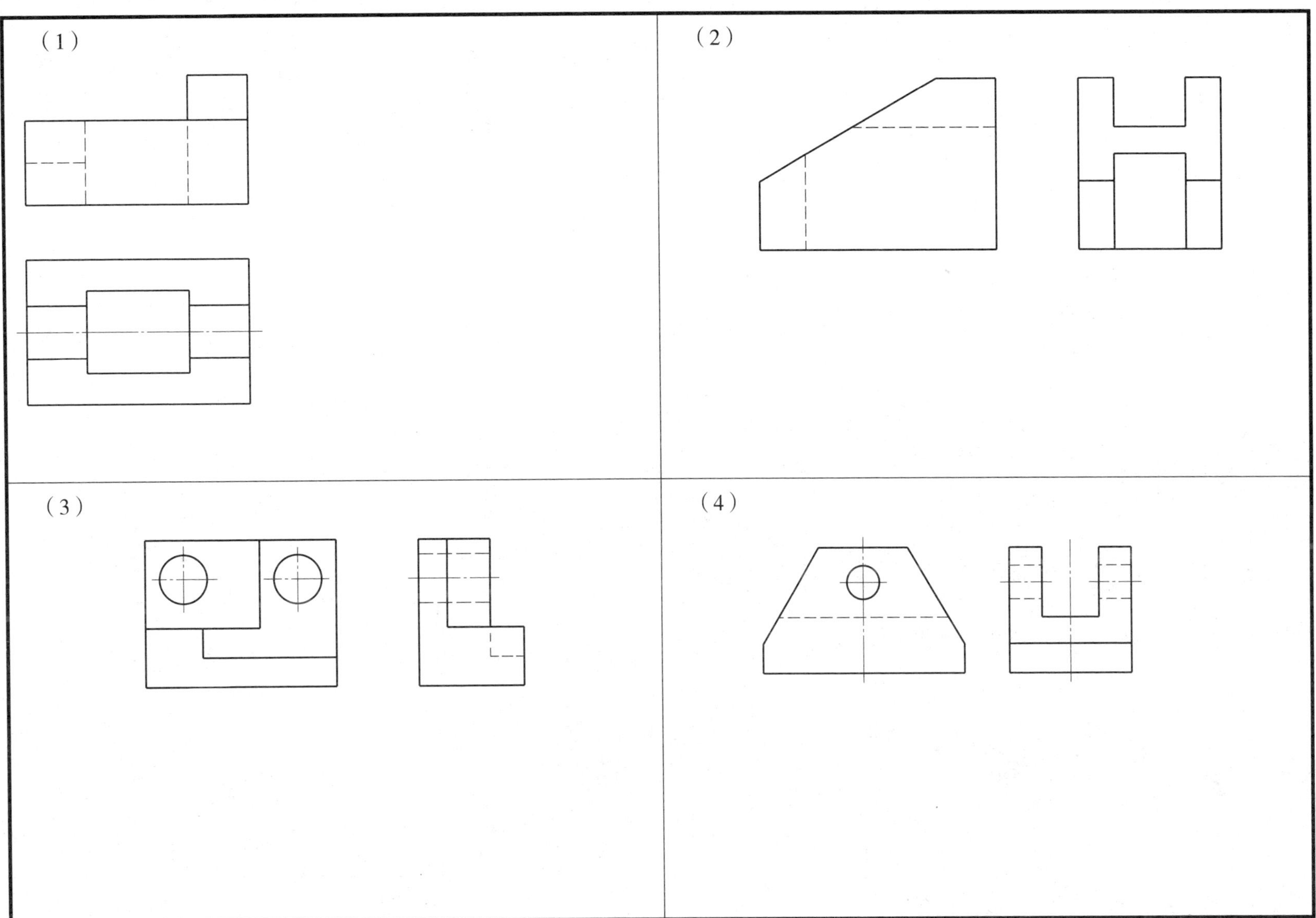

班级　　　　学号　　　　姓名

5–13 根据两视图补画第三视图

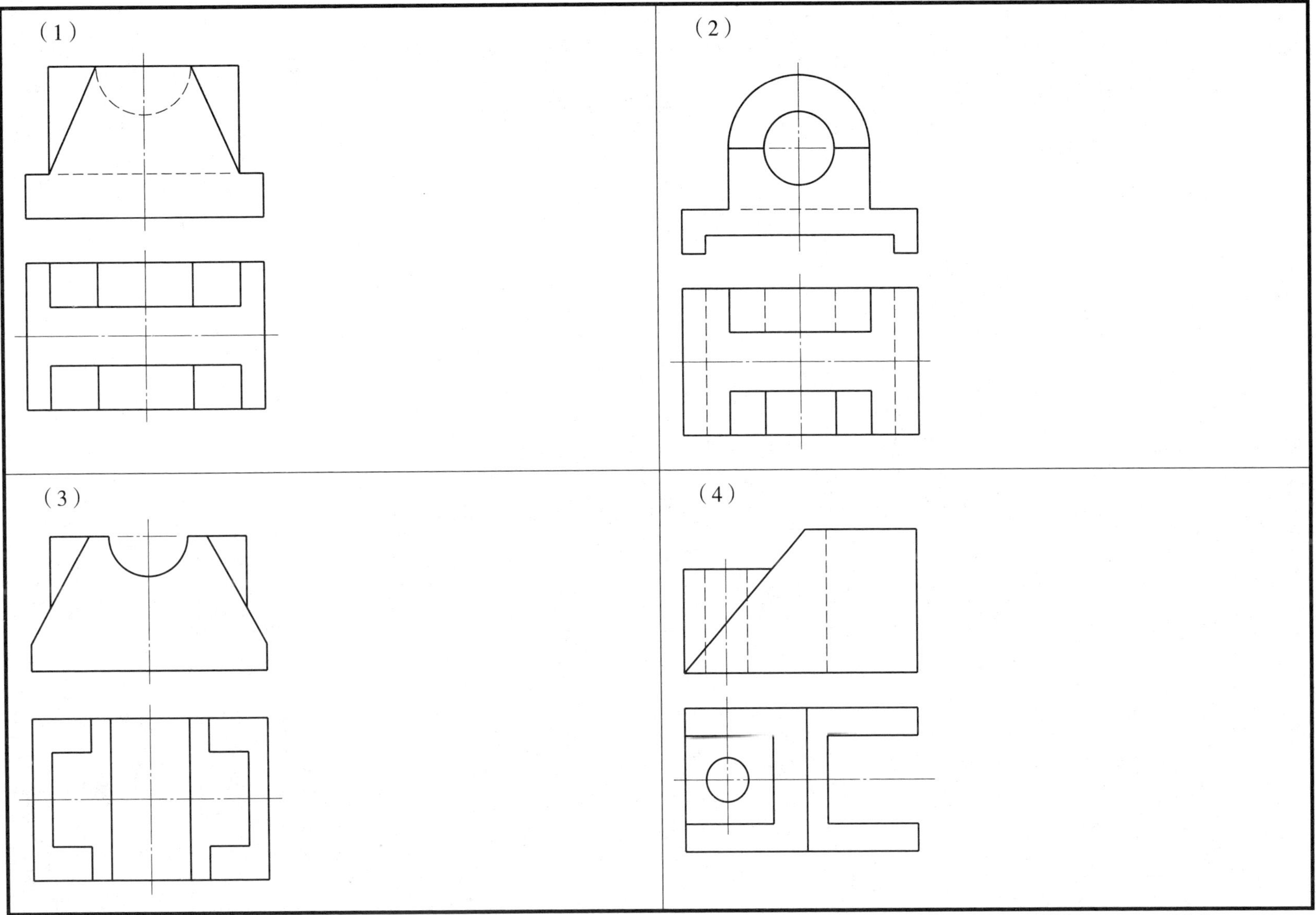

班级　　　　学号　　　　姓名

5-14 补画三视图上的缺线

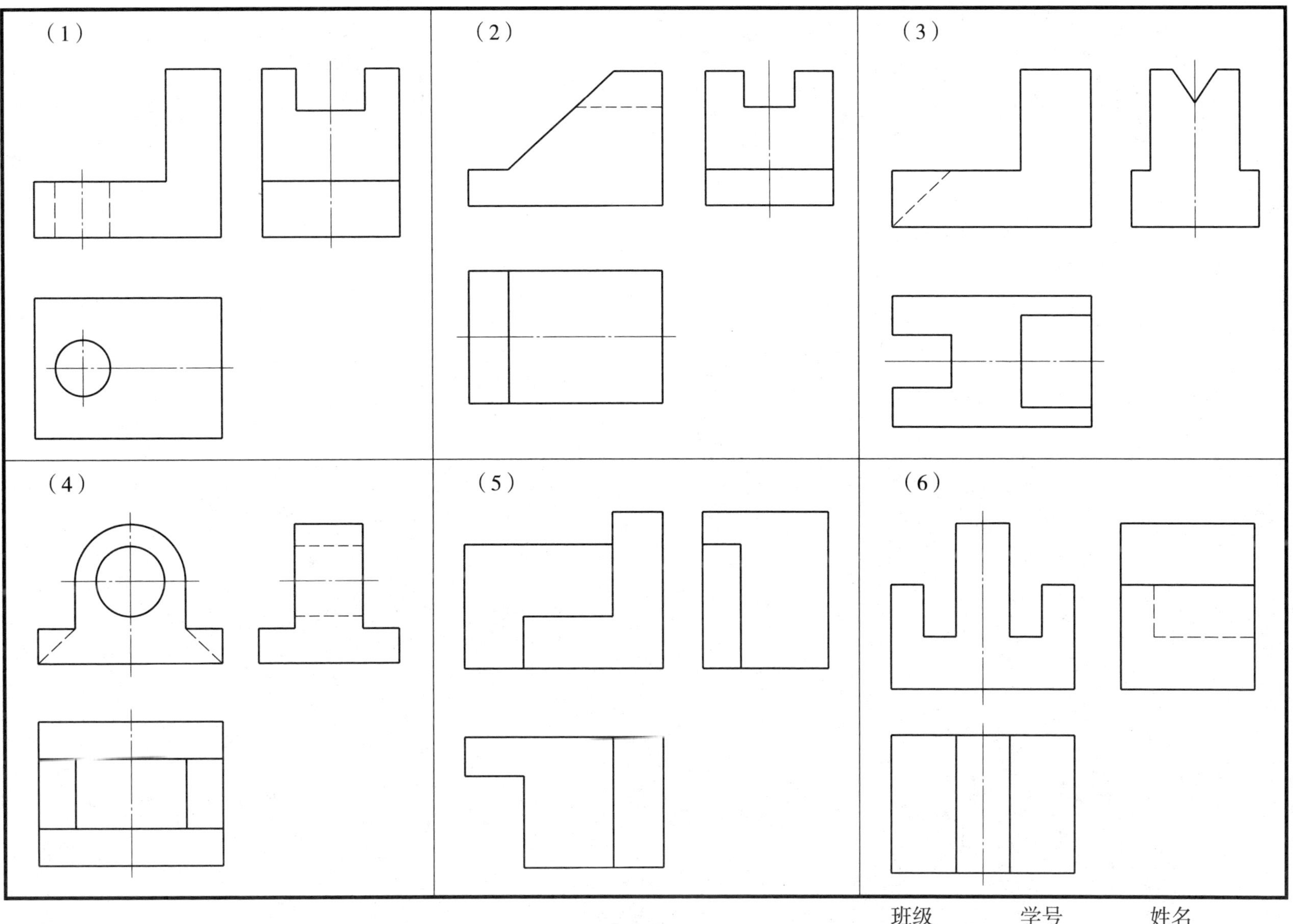

班级 学号 姓名

5-15 根据两视图补画第三视图

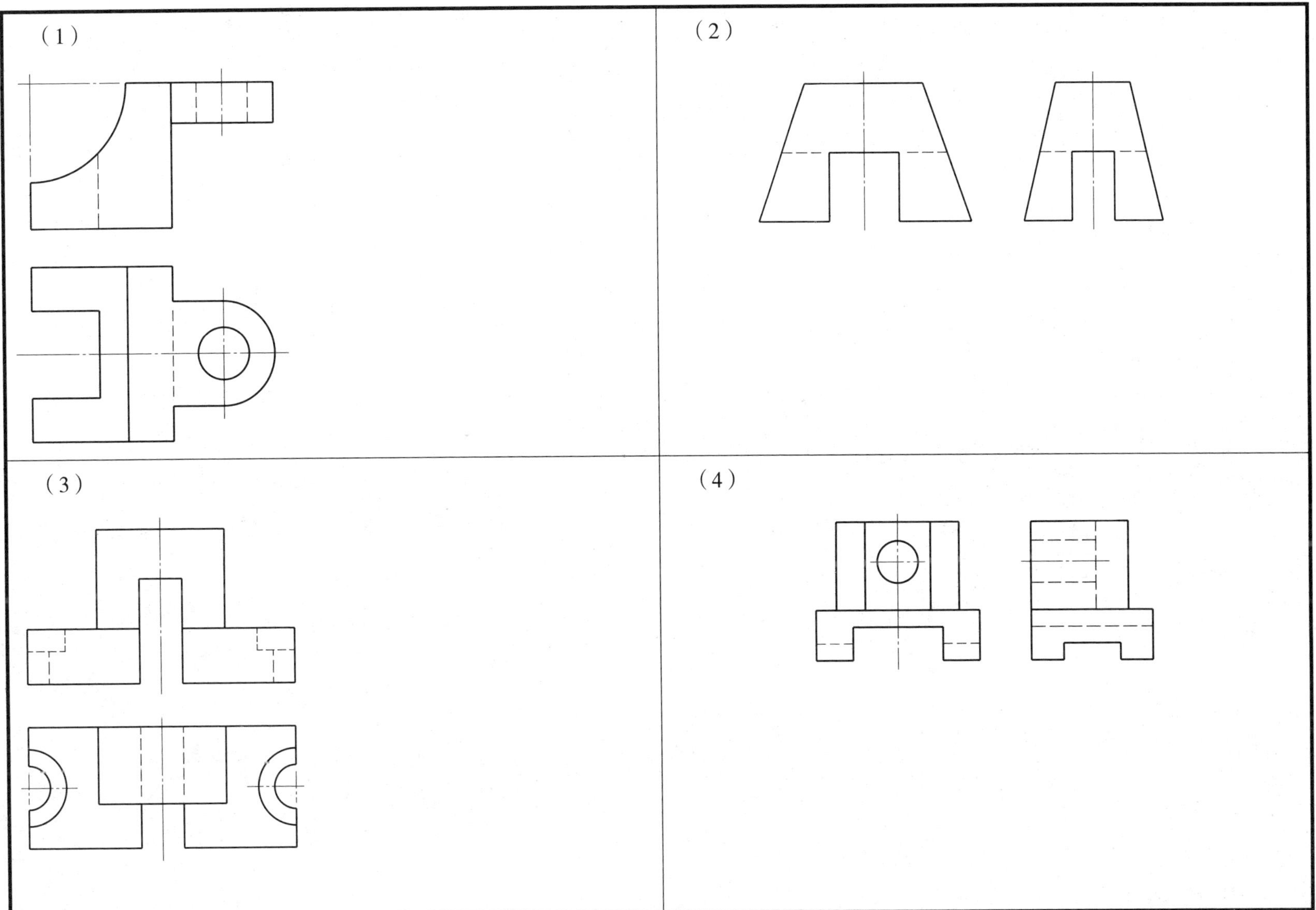

班级　　　　学号　　　　姓名

5-16 根据两视图补画第三视图

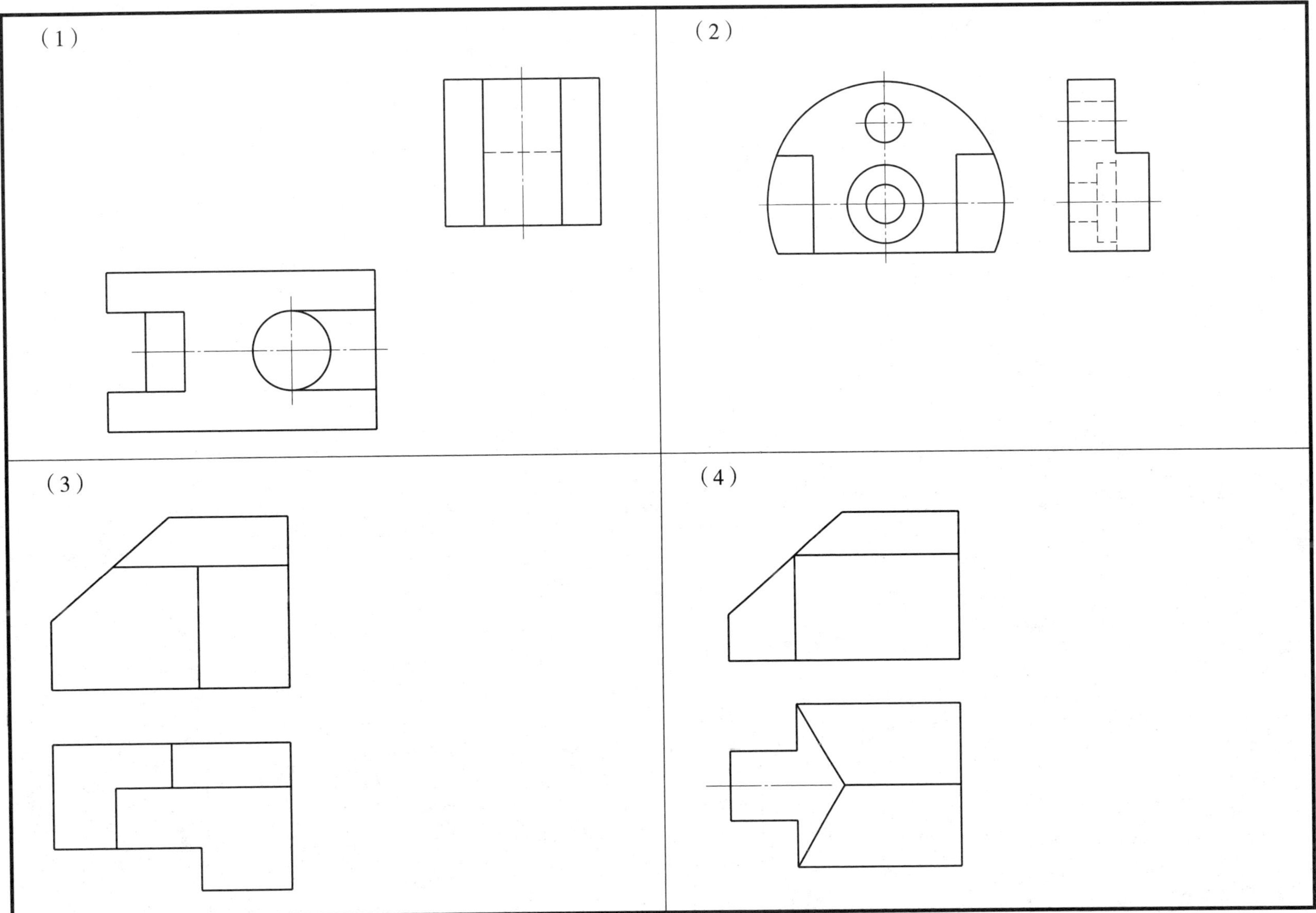

班级　　　　学号　　　　姓名

5-17　补画三视图上的缺线

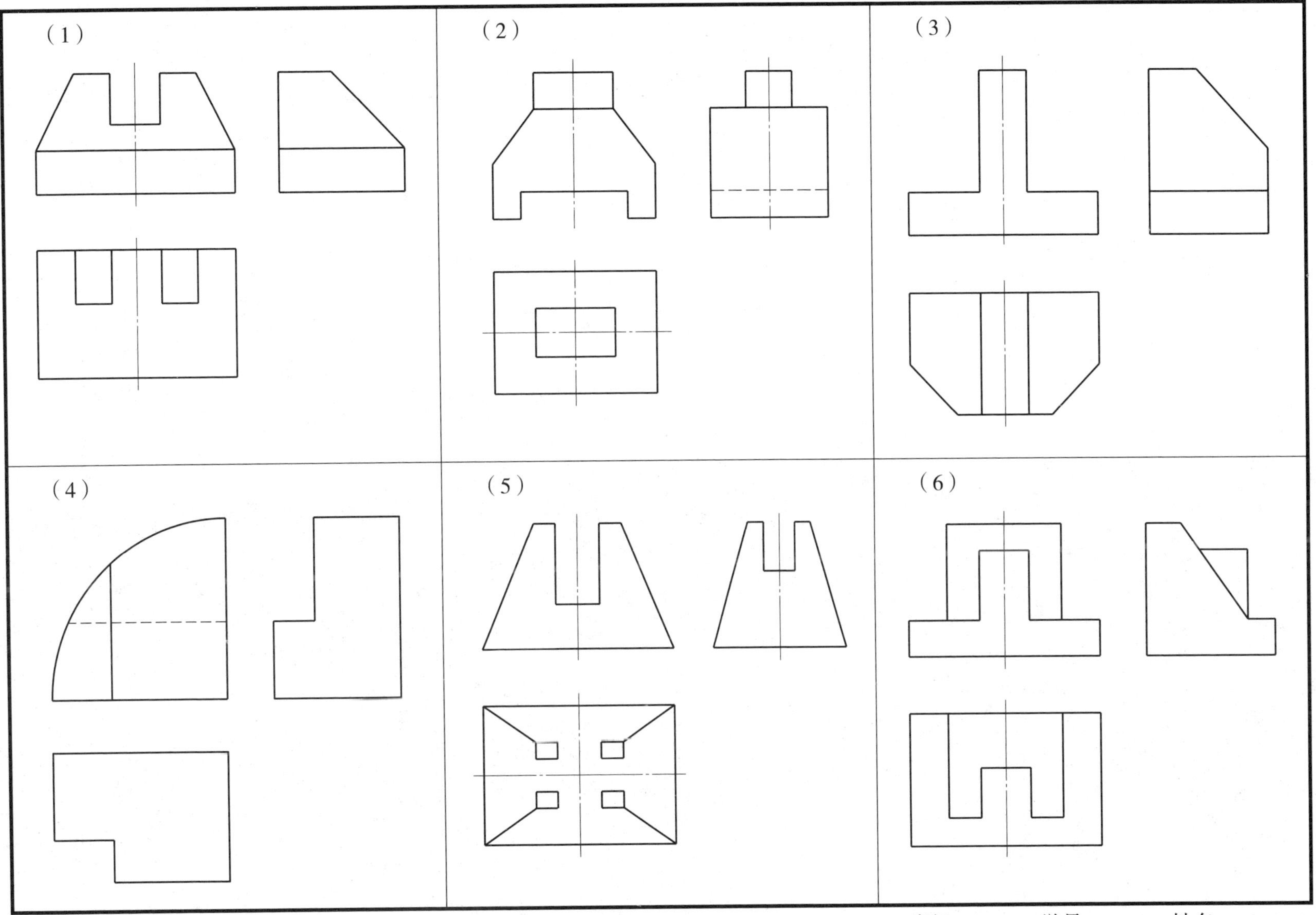

班级　　　　学号　　　　姓名

5-18　补画三视图上的缺线

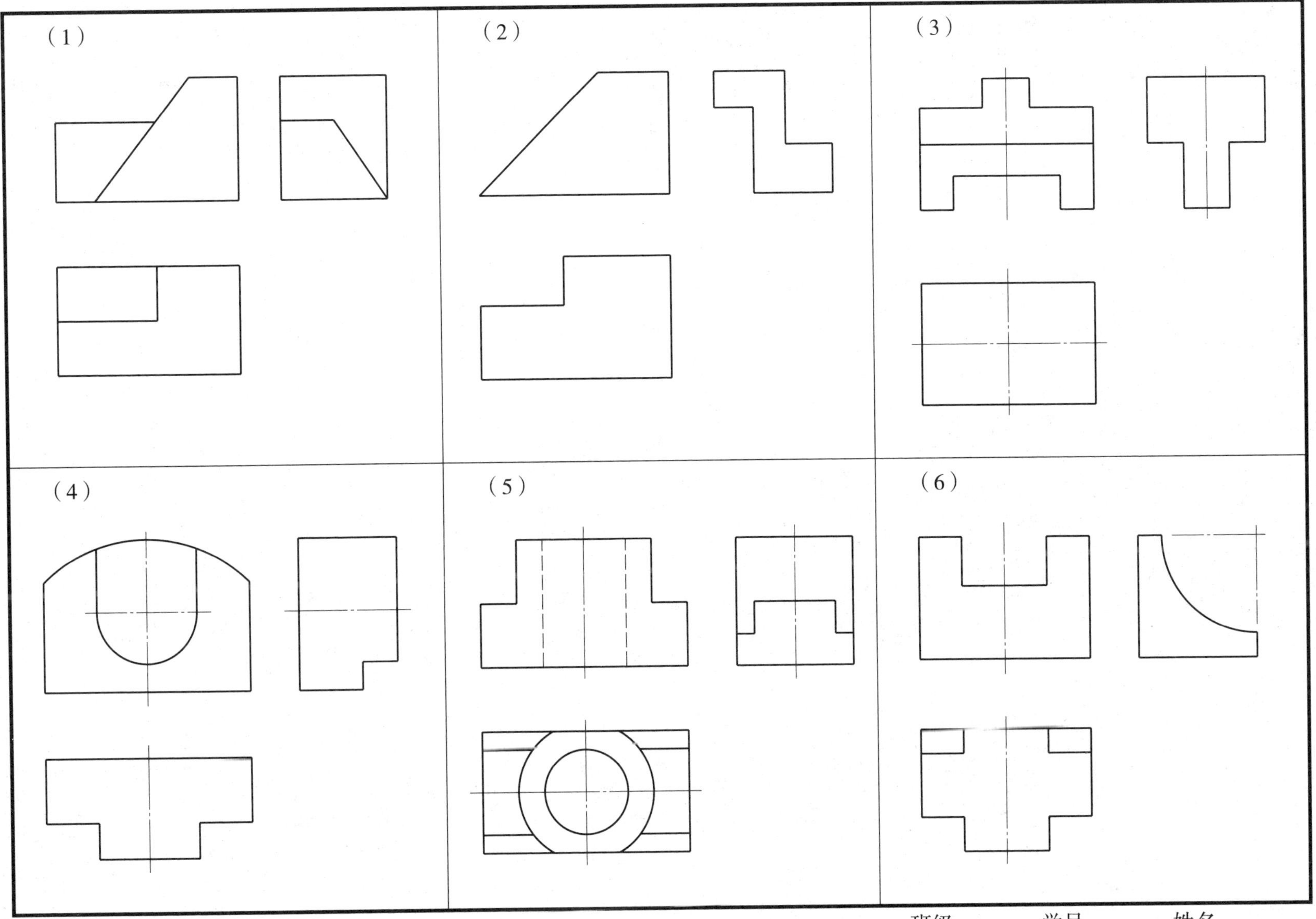

班级　　　　学号　　　　姓名

5-19　补画三视图上的缺线

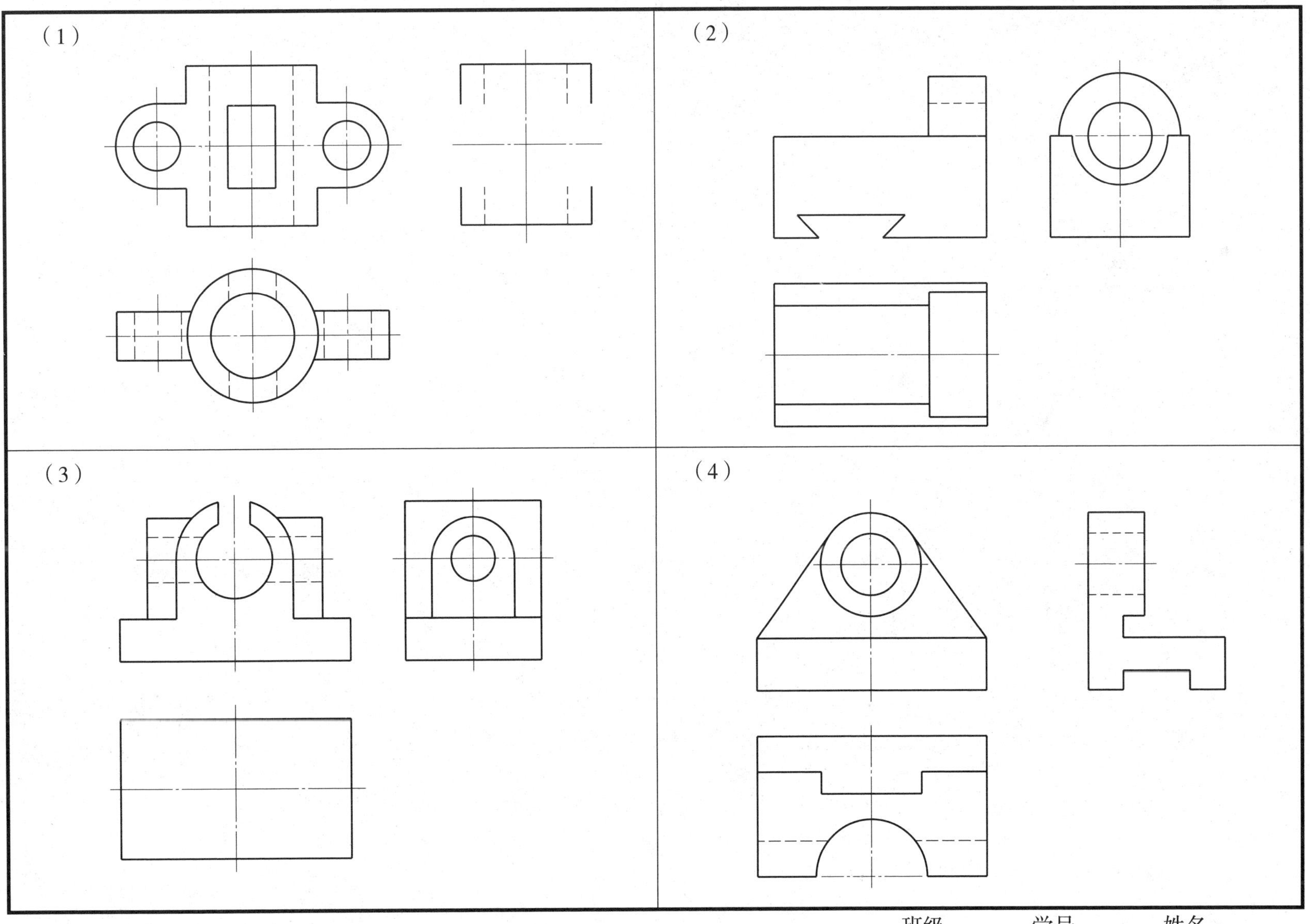

班级　　　　学号　　　　姓名

5-20　补画三视图上的缺线

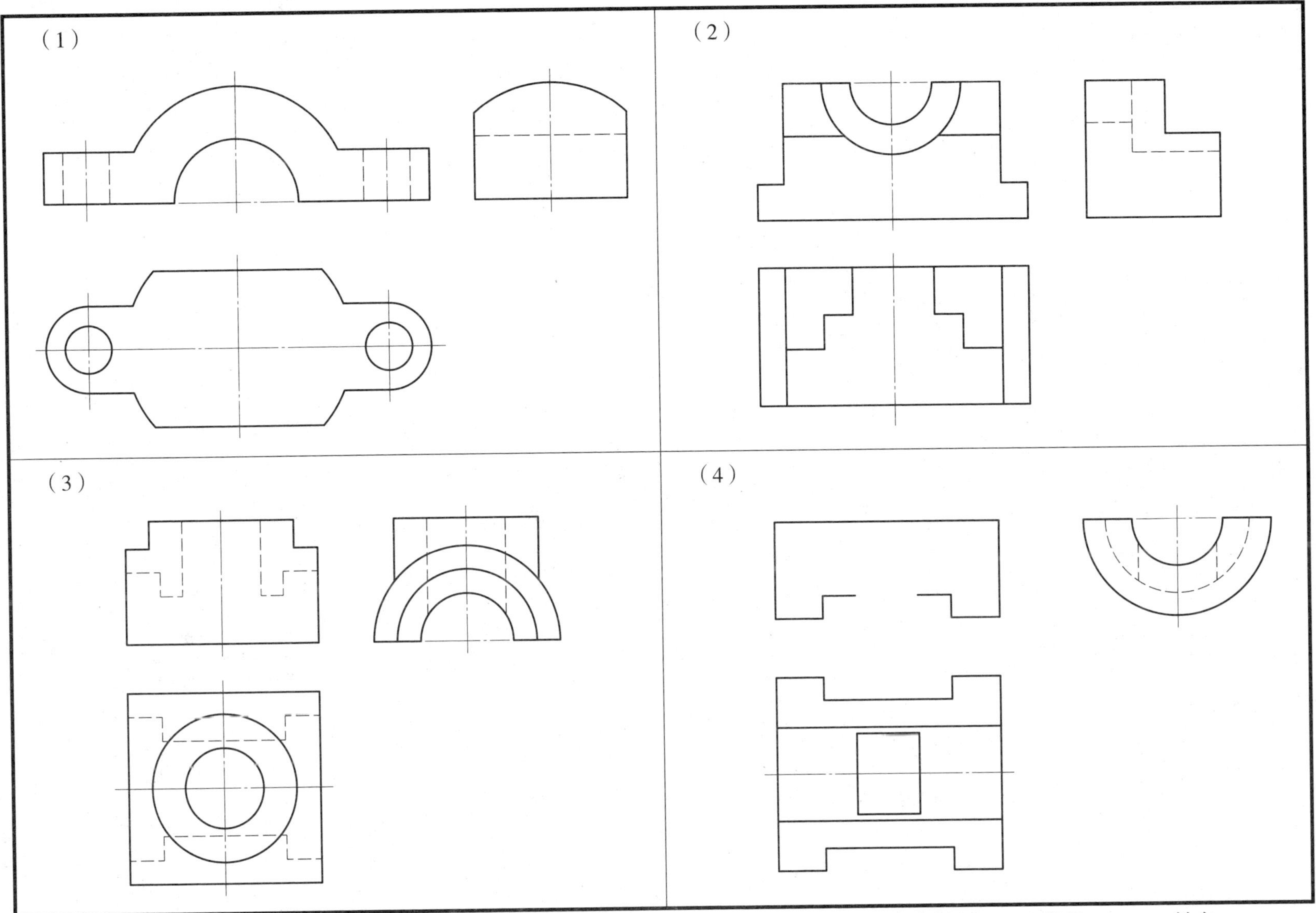

班级　　　　学号　　　　姓名

5-21 识读组合体视图上的尺寸，并填空

（1）

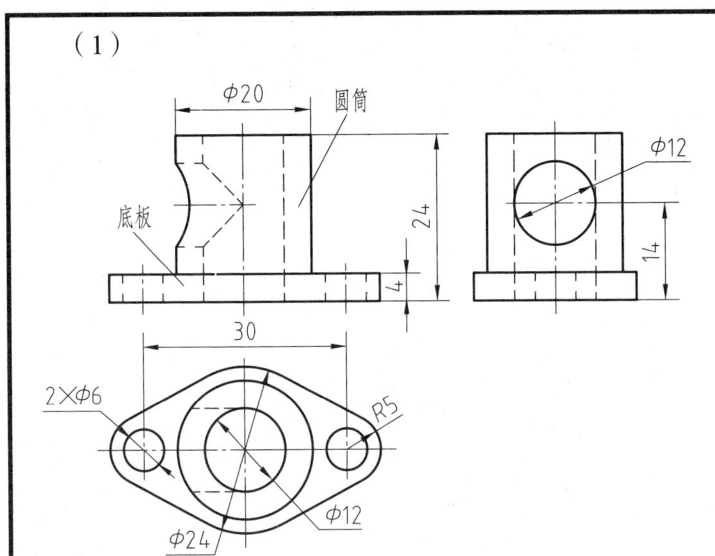

1）该组合体的高为_____mm，圆筒的内径为_______mm、外径为_______mm。

2）圆筒上水平方向圆孔的定形尺寸为_______，定位尺寸为_____。

3）底板的高为______mm，其上尺寸 ϕ24 mm 属于_____尺寸。

4）底板上两个小孔的定形尺寸为_____，定位尺寸为_____。

（2）

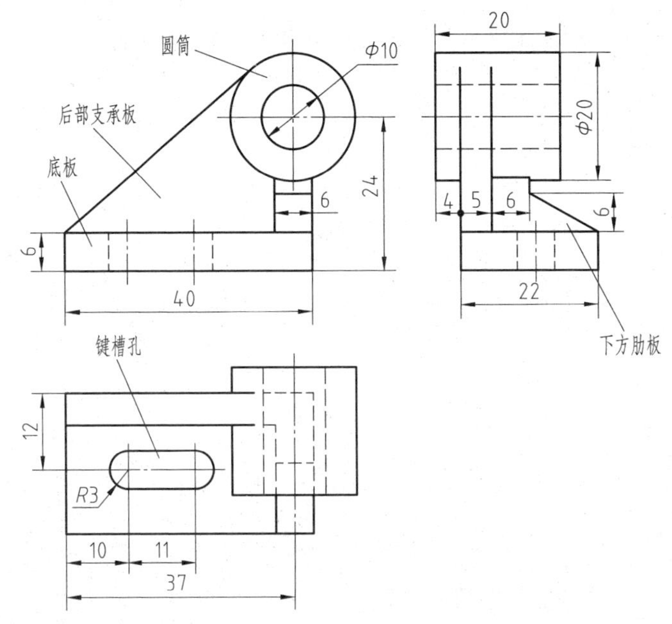

1）圆筒的定形尺寸为_______、______ 和______。

2）圆筒高度方向的定位尺寸为_____，宽度方向的定位尺寸为______，长度方向的定位尺寸为______。

3）底板的长为_____mm，宽为______mm，高为______mm。

4）底板上键槽孔的定形尺寸为_____ 和_____，定位尺寸为______和______。

5）圆筒下方肋板的定形尺寸为_____、_____ 和______。

6）零件后部支承板的厚度为_______mm。

班级　　　　学号　　　　姓名

5-22 识读组合体视图上的尺寸，并填空

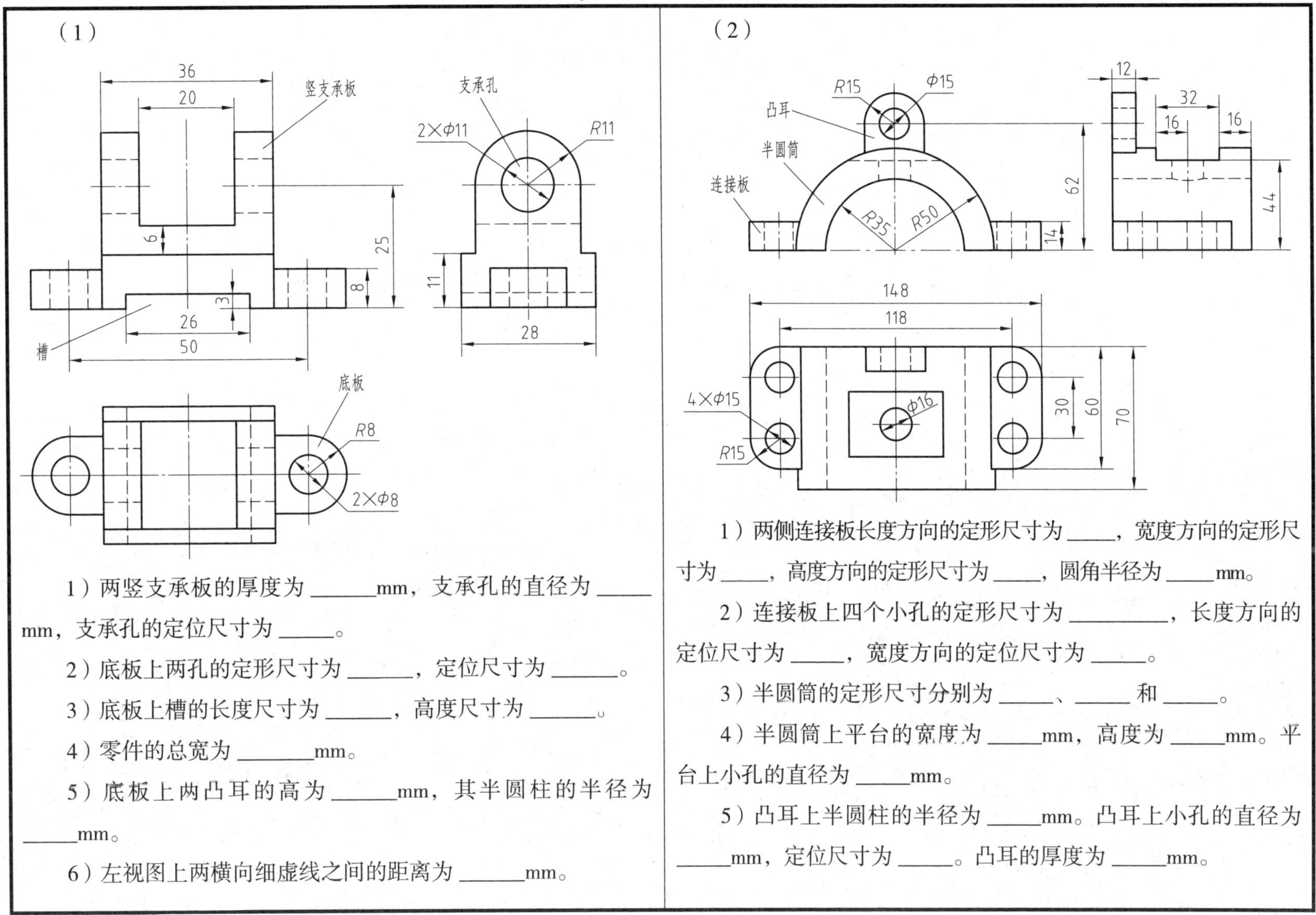

（1）

1）两竖支承板的厚度为 ______mm，支承孔的直径为 ______mm，支承孔的定位尺寸为 ______。

2）底板上两孔的定形尺寸为 ______，定位尺寸为 ______。

3）底板上槽的长度尺寸为 ______，高度尺寸为 ______。

4）零件的总宽为 ______mm。

5）底板上两凸耳的高为 ______mm，其半圆柱的半径为 ______mm。

6）左视图上两横向细虚线之间的距离为 ______mm。

（2）

1）两侧连接板长度方向的定形尺寸为 _____，宽度方向的定形尺寸为 _____，高度方向的定形尺寸为 _____，圆角半径为 _____mm。

2）连接板上四个小孔的定形尺寸为 ______，长度方向的定位尺寸为 _____，宽度方向的定位尺寸为 _____。

3）半圆筒的定形尺寸分别为 _____、_____ 和 _____。

4）半圆筒上平台的宽度为 _____mm，高度为 _____mm。平台上小孔的直径为 _____mm。

5）凸耳上半圆柱的半径为 _____mm。凸耳上小孔的直径为 _____mm，定位尺寸为 _____。凸耳的厚度为 _____mm。

班级　　　学号　　　姓名

5–23 在三视图上标注尺寸（尺寸从图中量取，取整数，同步训练）

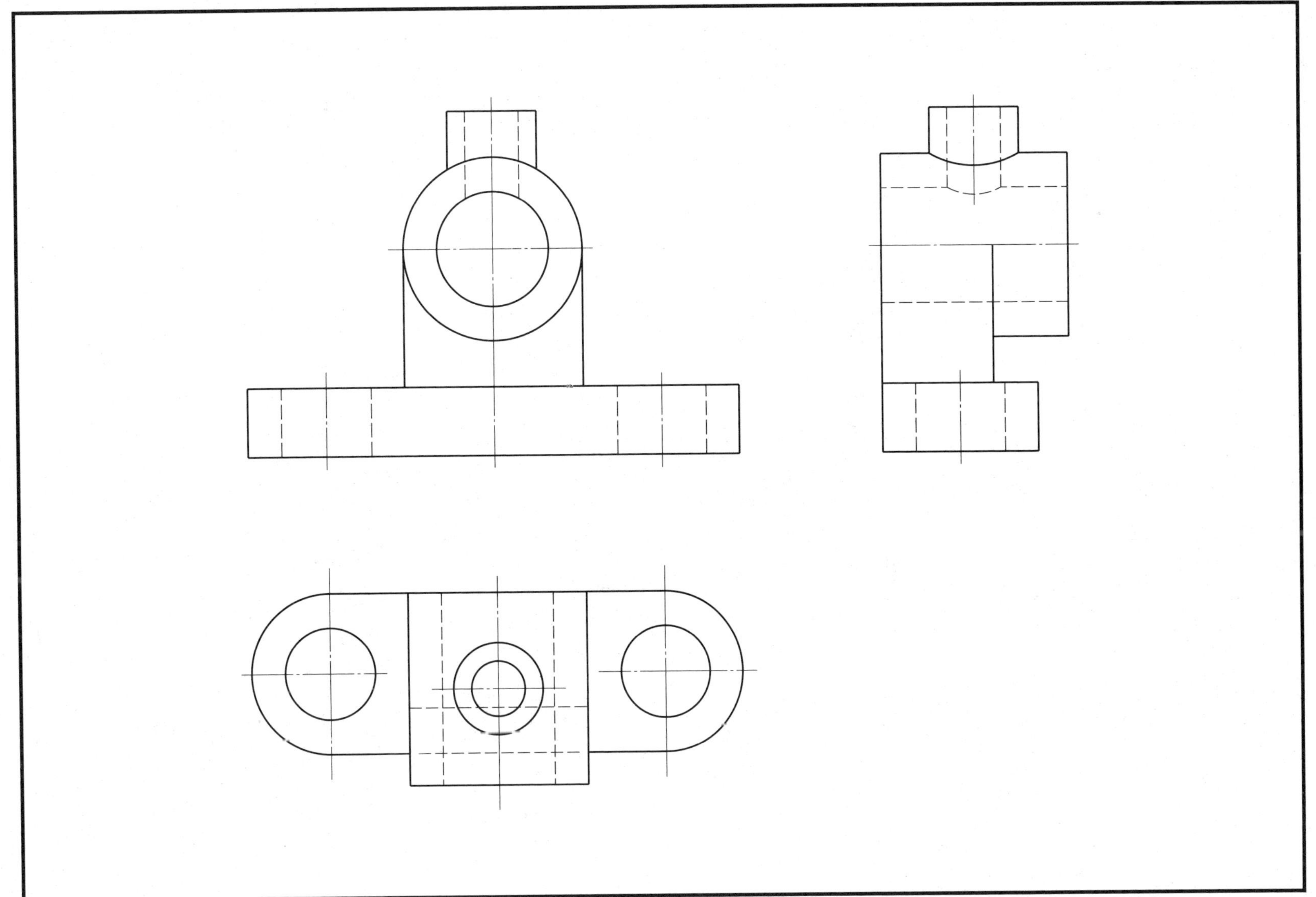

班级 学号 姓名

5-24 在视图上标注尺寸（尺寸从图中量取，取整数）

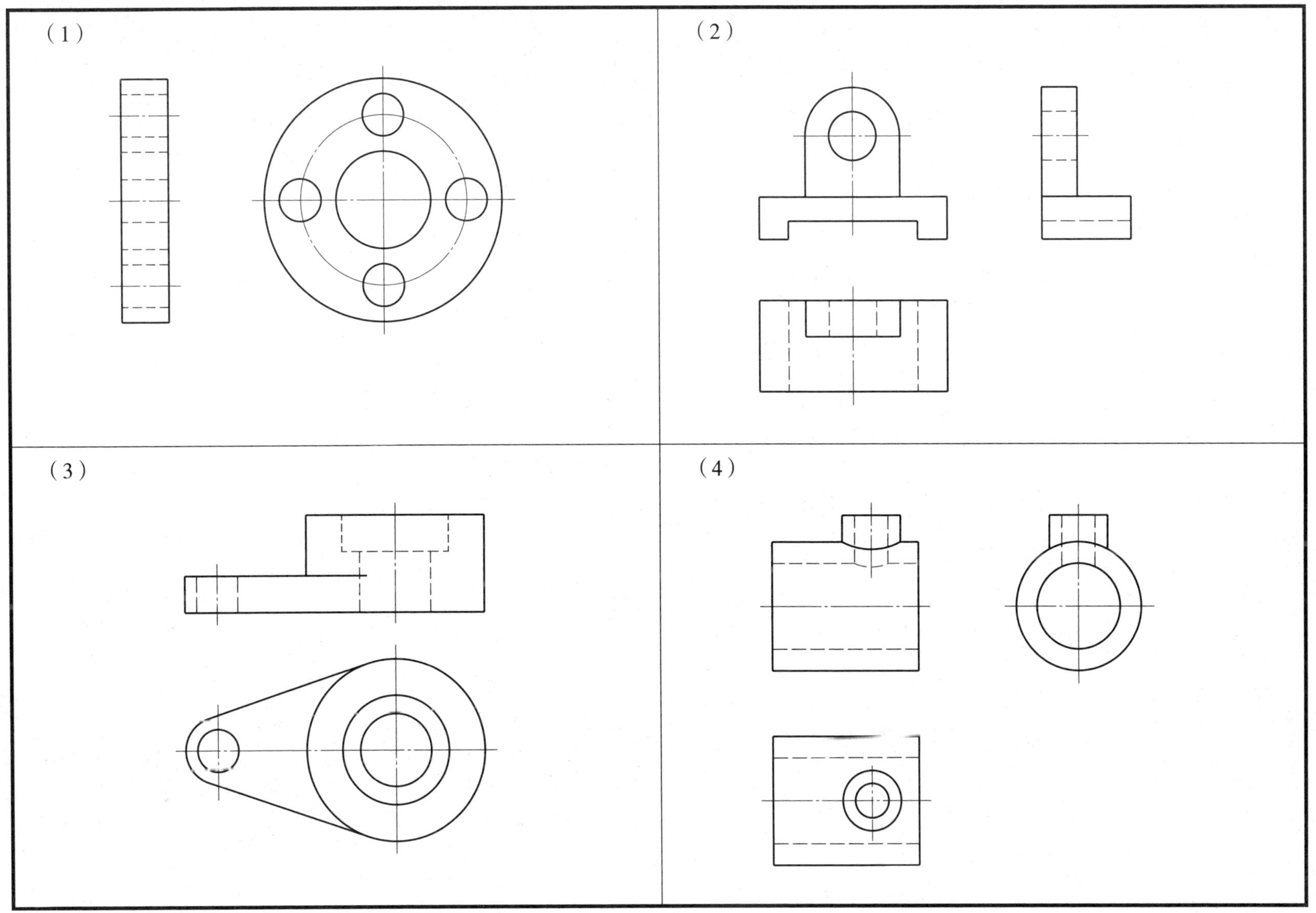

班级 学号 姓名

5–25 补画第三视图，并标注尺寸（尺寸从图中量取，取整数）

（1）

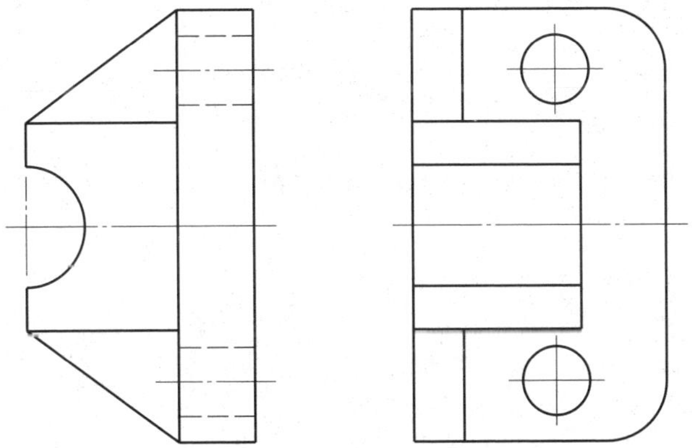

（2）

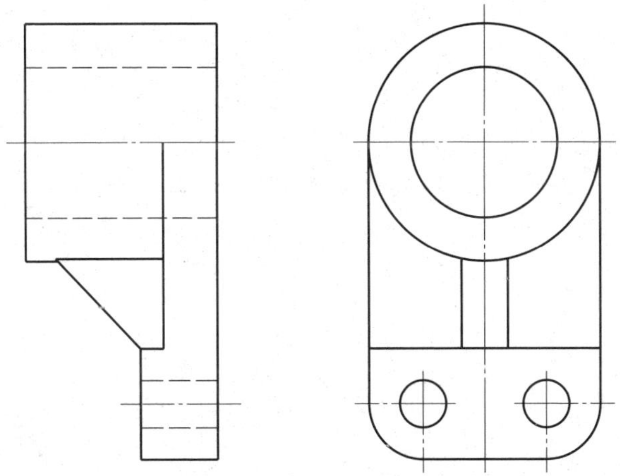

班级　　　学号　　　姓名

5-26 补画第三视图，并标注尺寸（尺寸从图中量取，取整数）

（1）

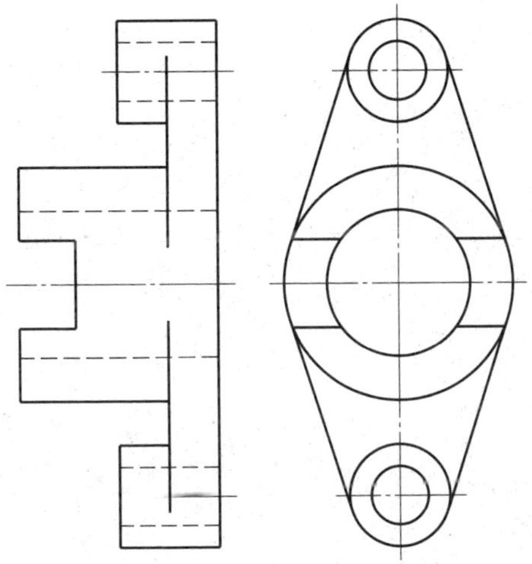

（2）

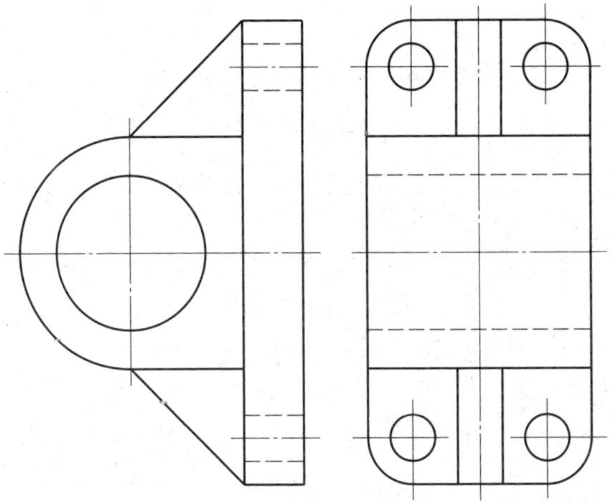

班级　　　　学号　　　　姓名

5–27 按照立体图上标注的尺寸，选择合适的比例，绘制三视图，并标注尺寸

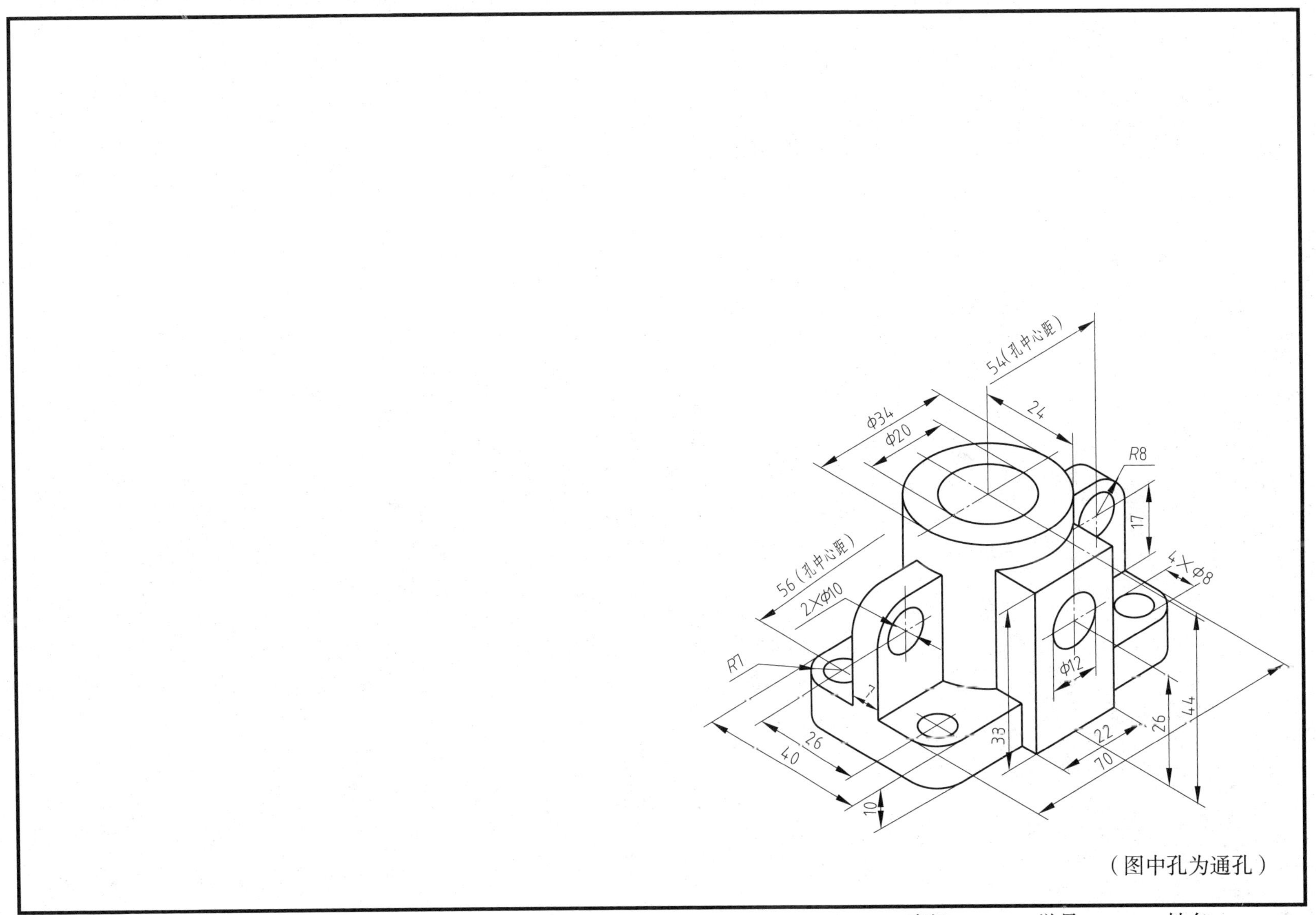

（图中孔为通孔）

班级　　　　学号　　　　姓名

5-28　按照立体图上标注的尺寸，选择合适的比例，绘制三视图，并标注尺寸

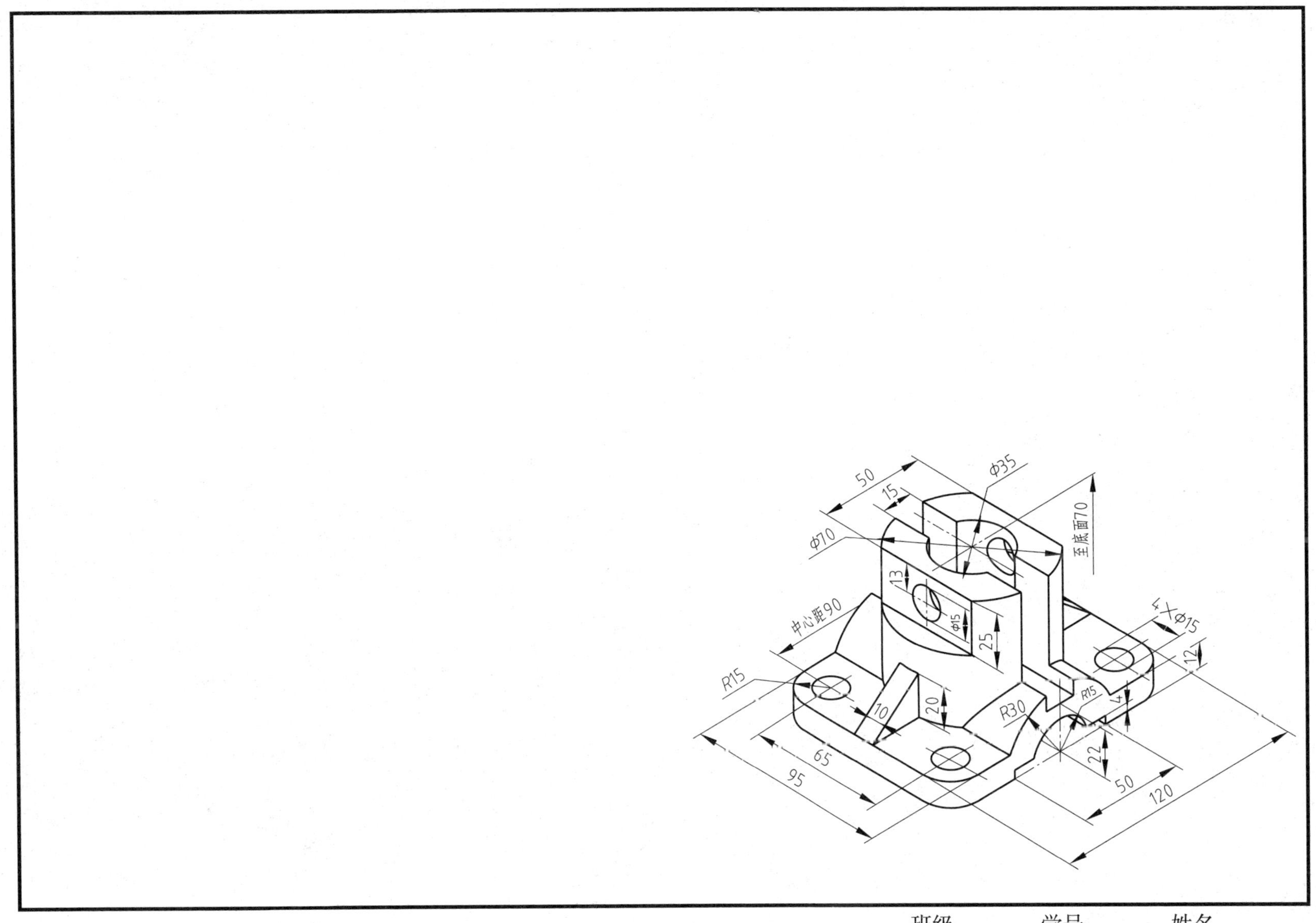

班级　　　　学号　　　　姓名

模块六 图样画法

6–1 绘制左视图、右视图、仰视图和后视图（细虚线可省略不画）

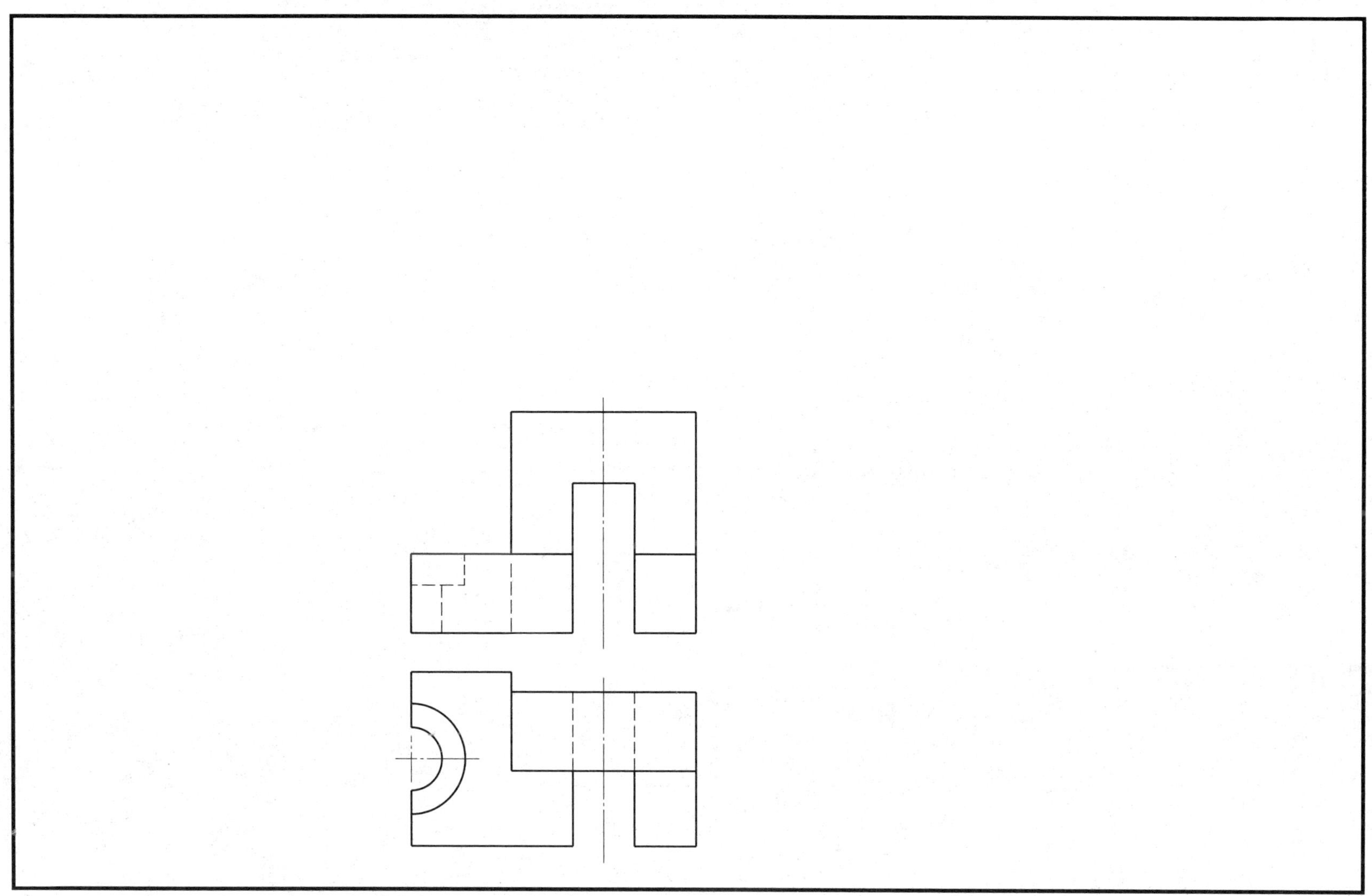

班级　　　　学号　　　　姓名

6–2 根据已知视图，按要求绘制其他视图（细虚线可省略不画）

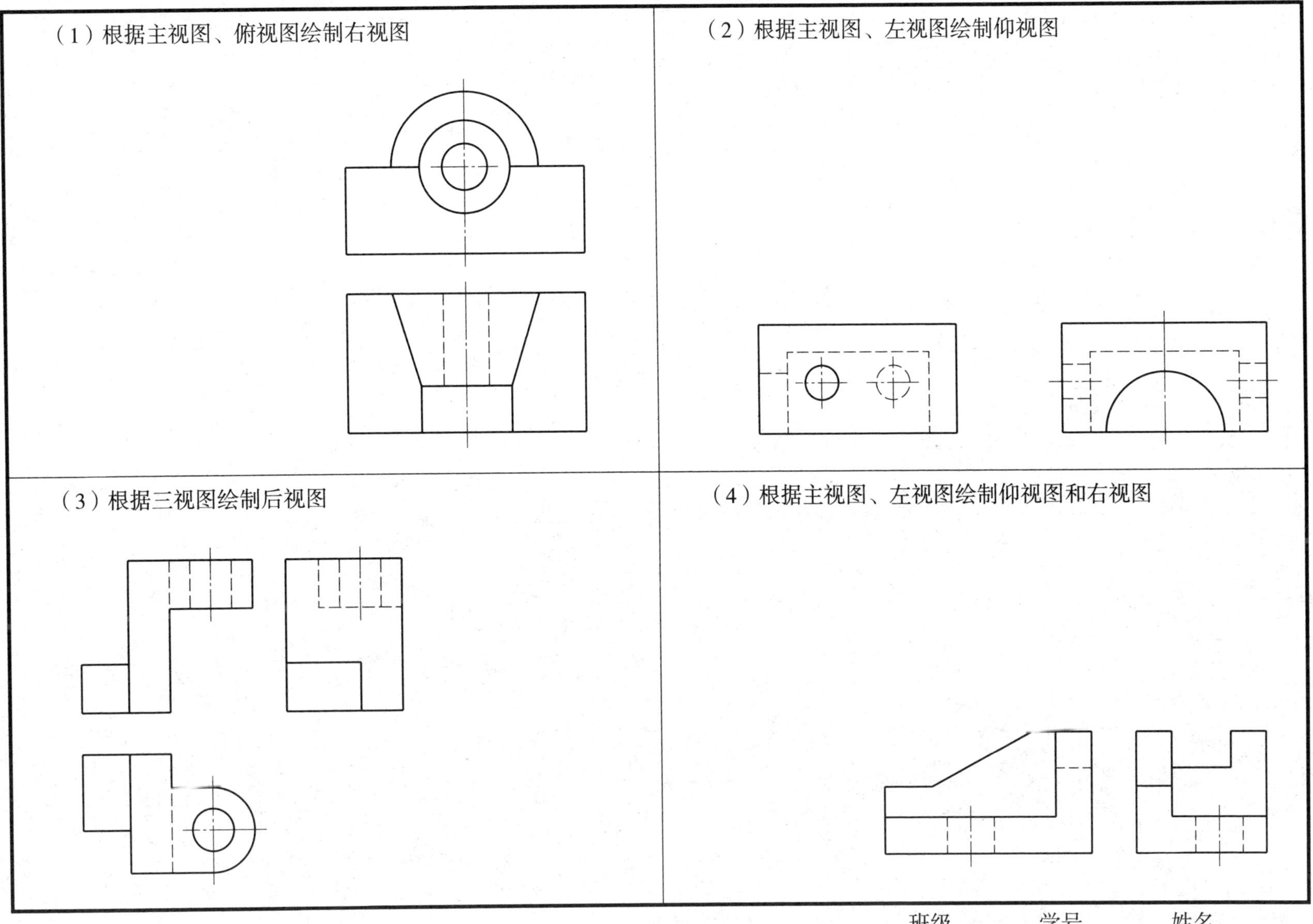

班级　　　　学号　　　　姓名

6-3 根据三视图绘制右视图、仰视图和后视图（细虚线可省略不画）

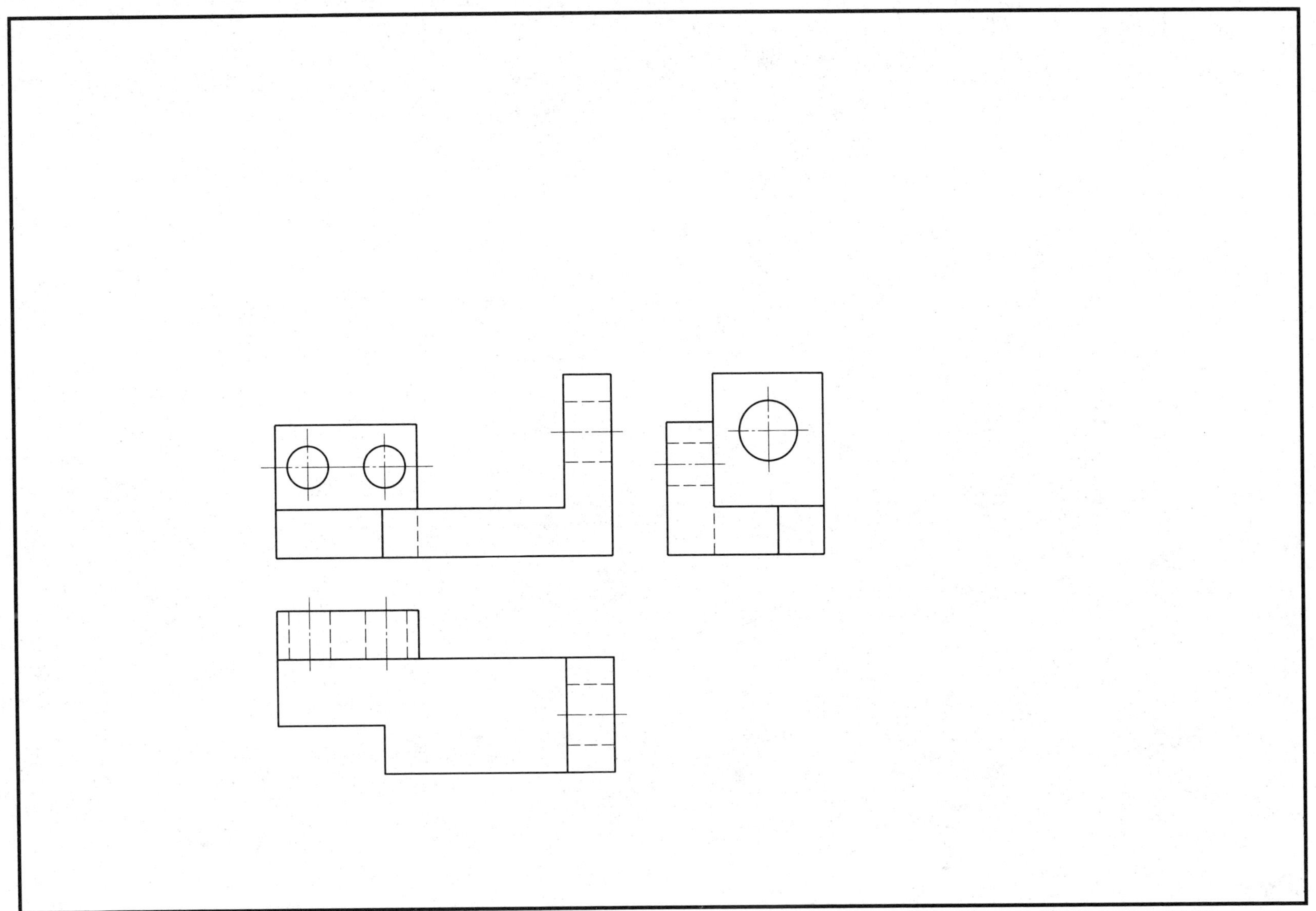

班级　　　　学号　　　　姓名

6-4 根据三视图绘制向视图（细虚线可省略不画）

（1）绘制 B、C、D 向视图

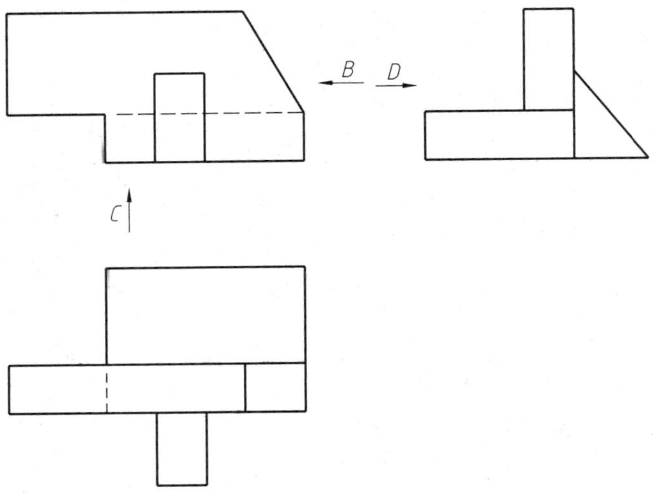

B D C

（2）绘制 A、B 向视图

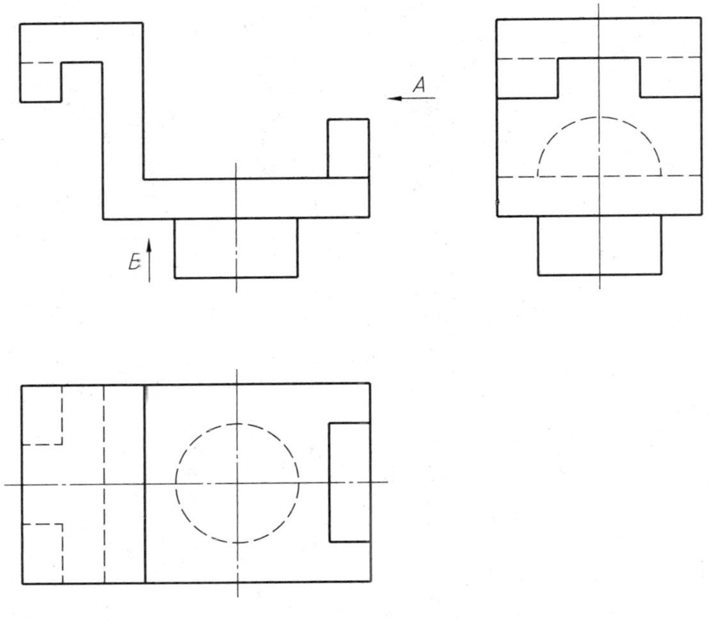

A B

班级　　　　学号　　　　姓名

6–5 向视图练习

（1）根据主视图、左视图，标注 *A*、*B*、*C*、*D* 向视图

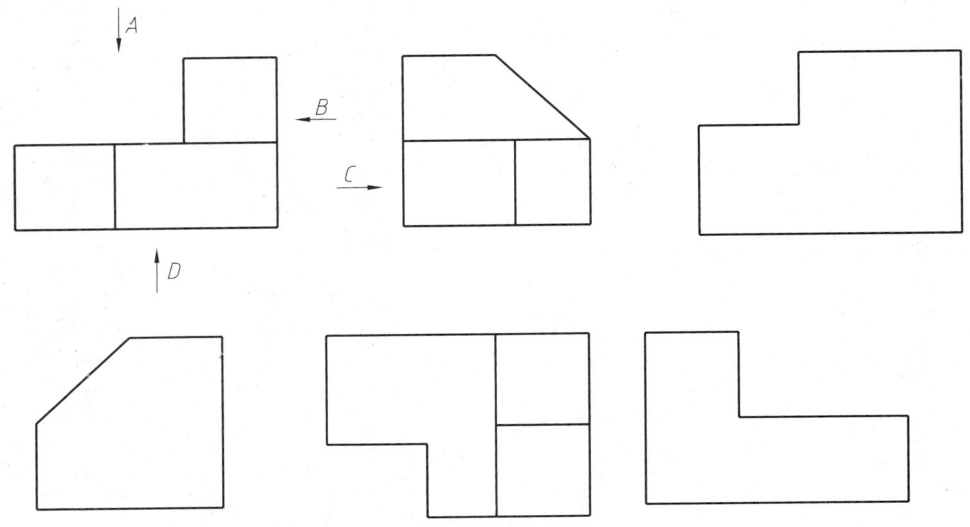

A

B

C

D

（2）根据三视图，绘制 *D*、*E*、*F* 向视图

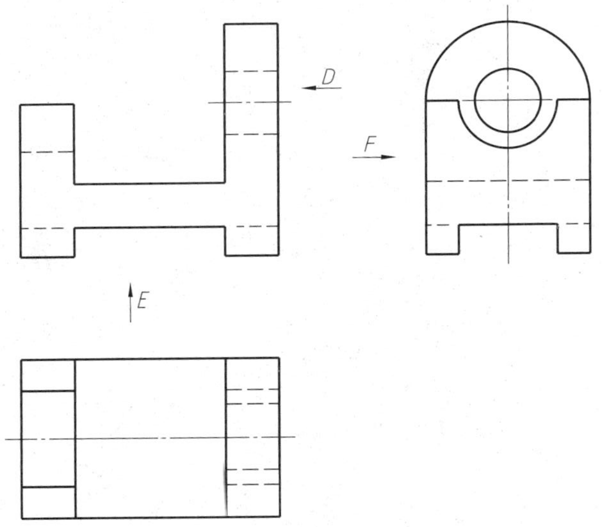

D

F

E

班级 学号 姓名

6-6 绘制向视图（同步训练）

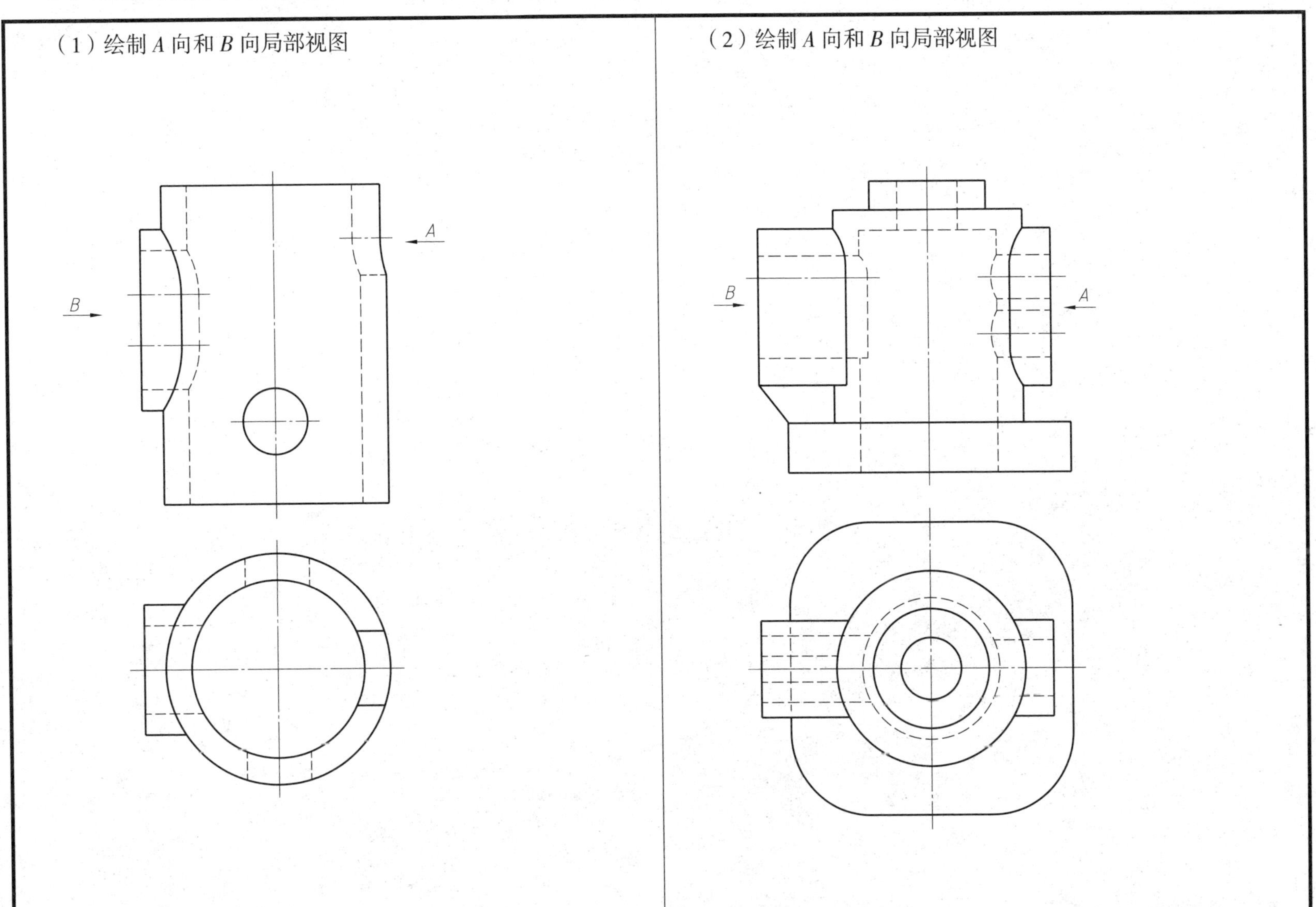

班级　　学号　　姓名

6–7　绘制局部视图和斜视图

（1）参照上侧图形，在下侧绘制俯视方向的局部视图和 *A* 向、*B* 向斜视图（同步训练）

（2）绘制 *A* 向斜视图，并旋转摆正绘制

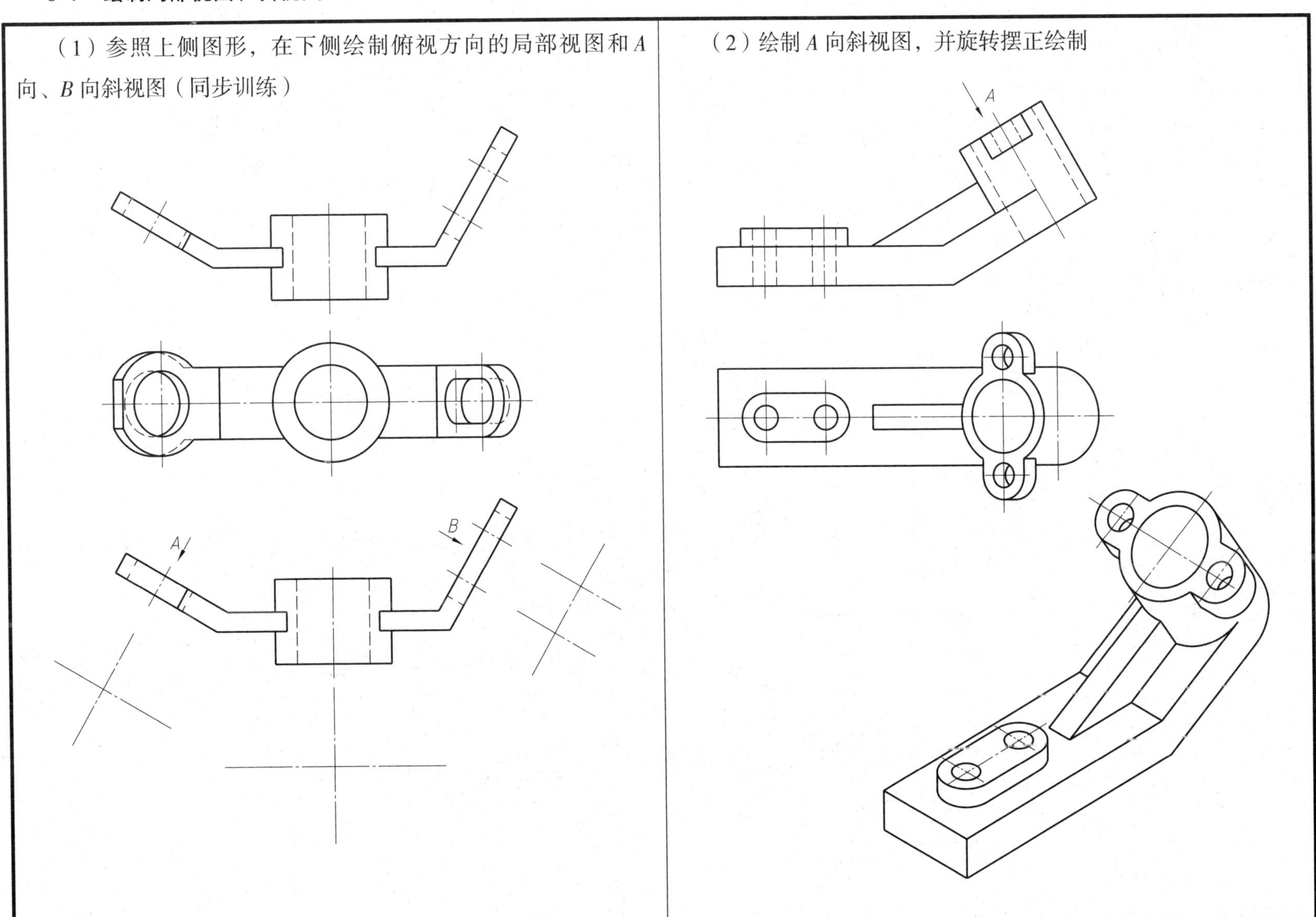

班级　　　　学号　　　　姓名

6–8 绘制局部视图和斜视图，并将斜视图旋转摆正绘制

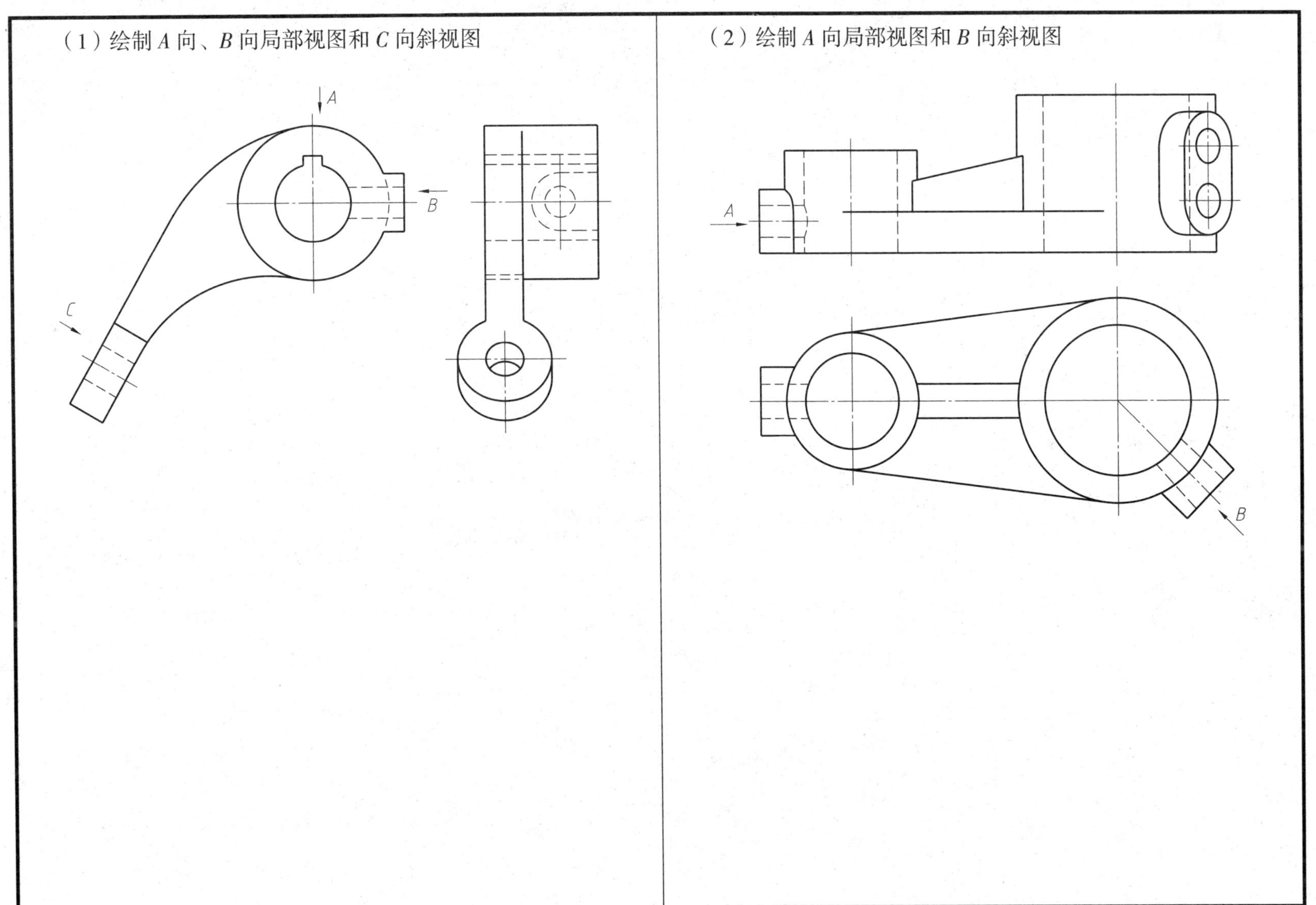

班级　　学号　　姓名

6–9 将主视图改画为全剖视图（同步训练）

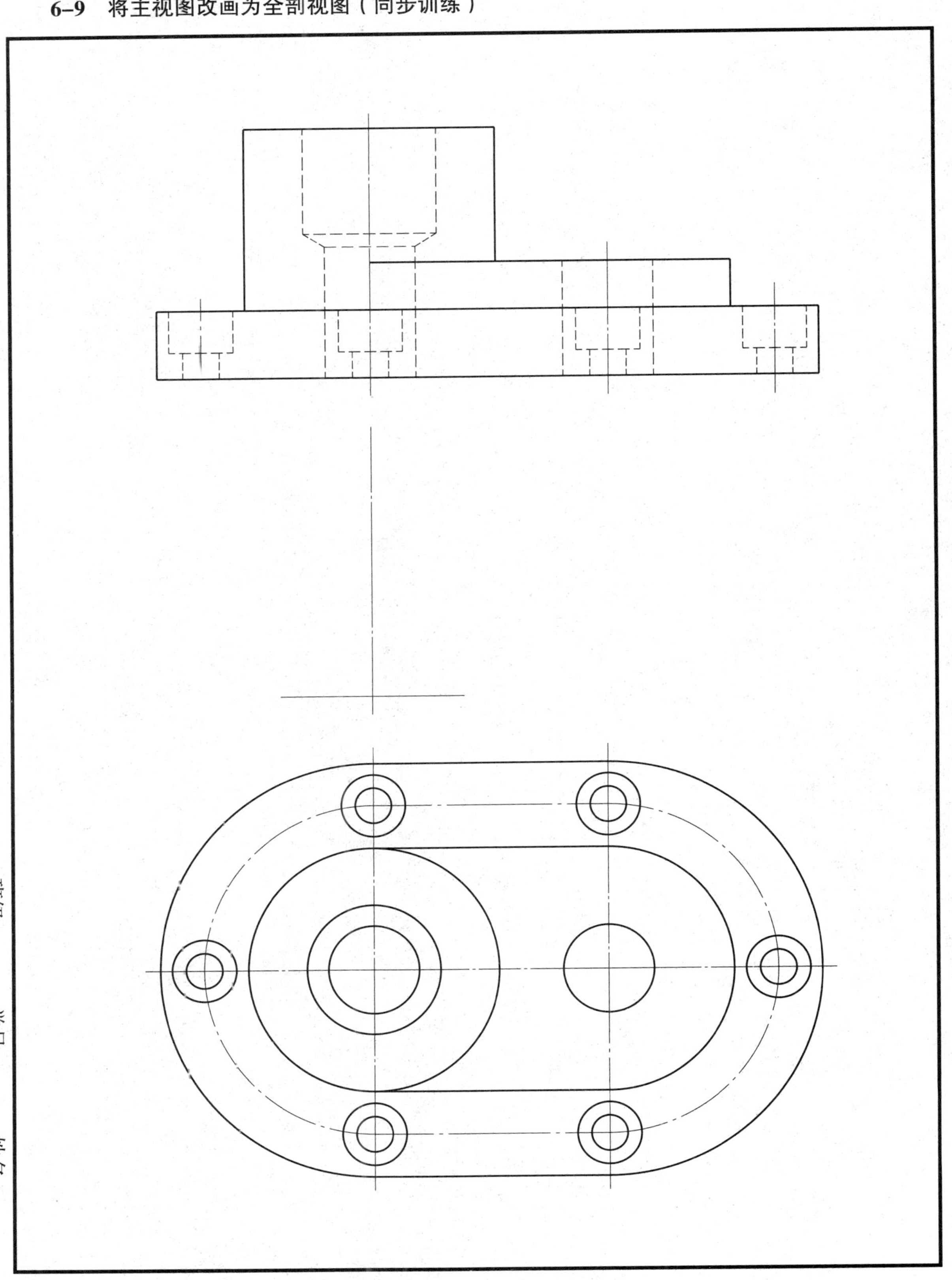

班级　　　　学号　　　　姓名

6-10　将主视图改画为全剖视图

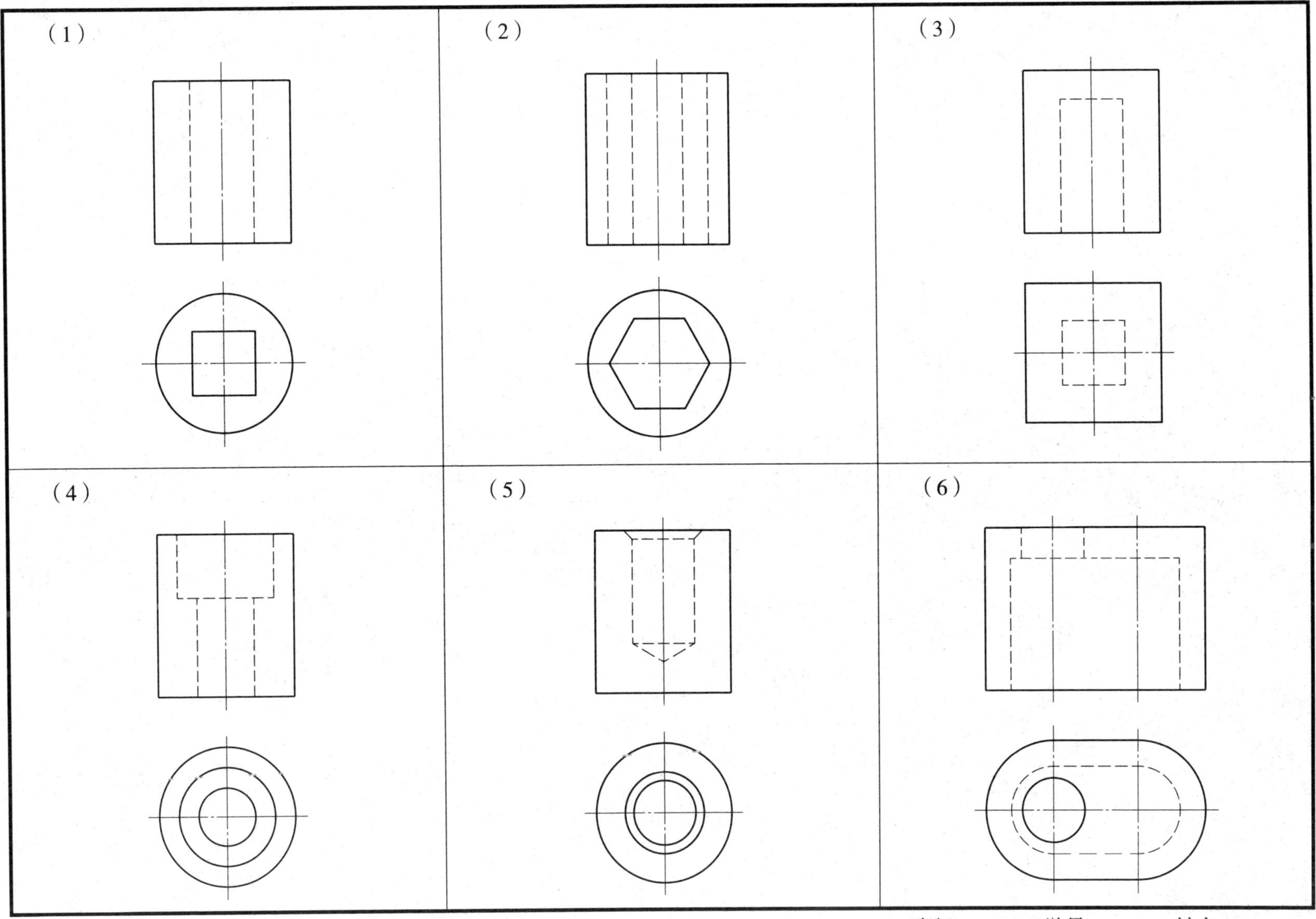

班级　　　　学号　　　　姓名

6-11 将主视图改画为全剖视图

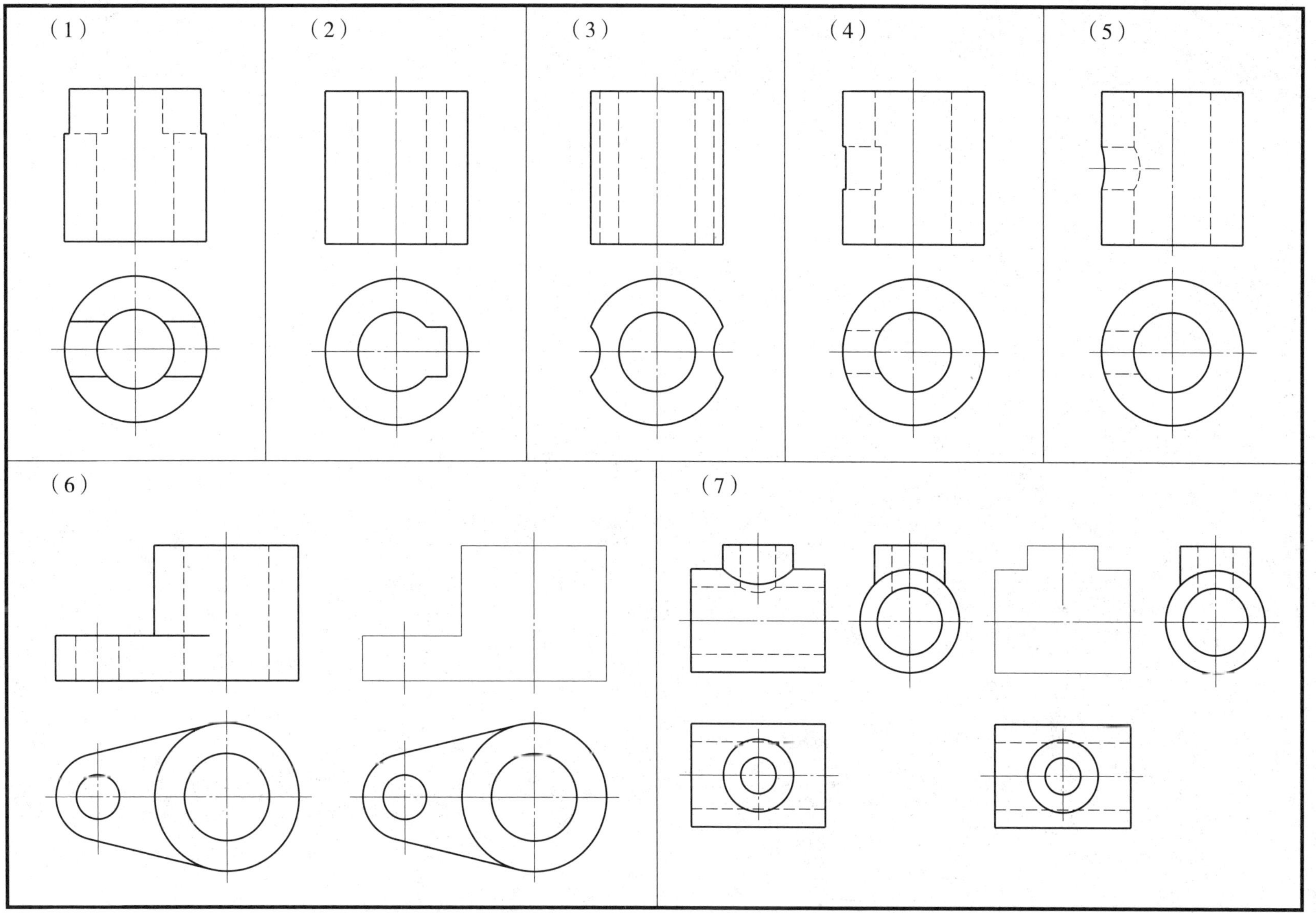

班级　　学号　　姓名

6–12　补画全剖的主视图中的缺线

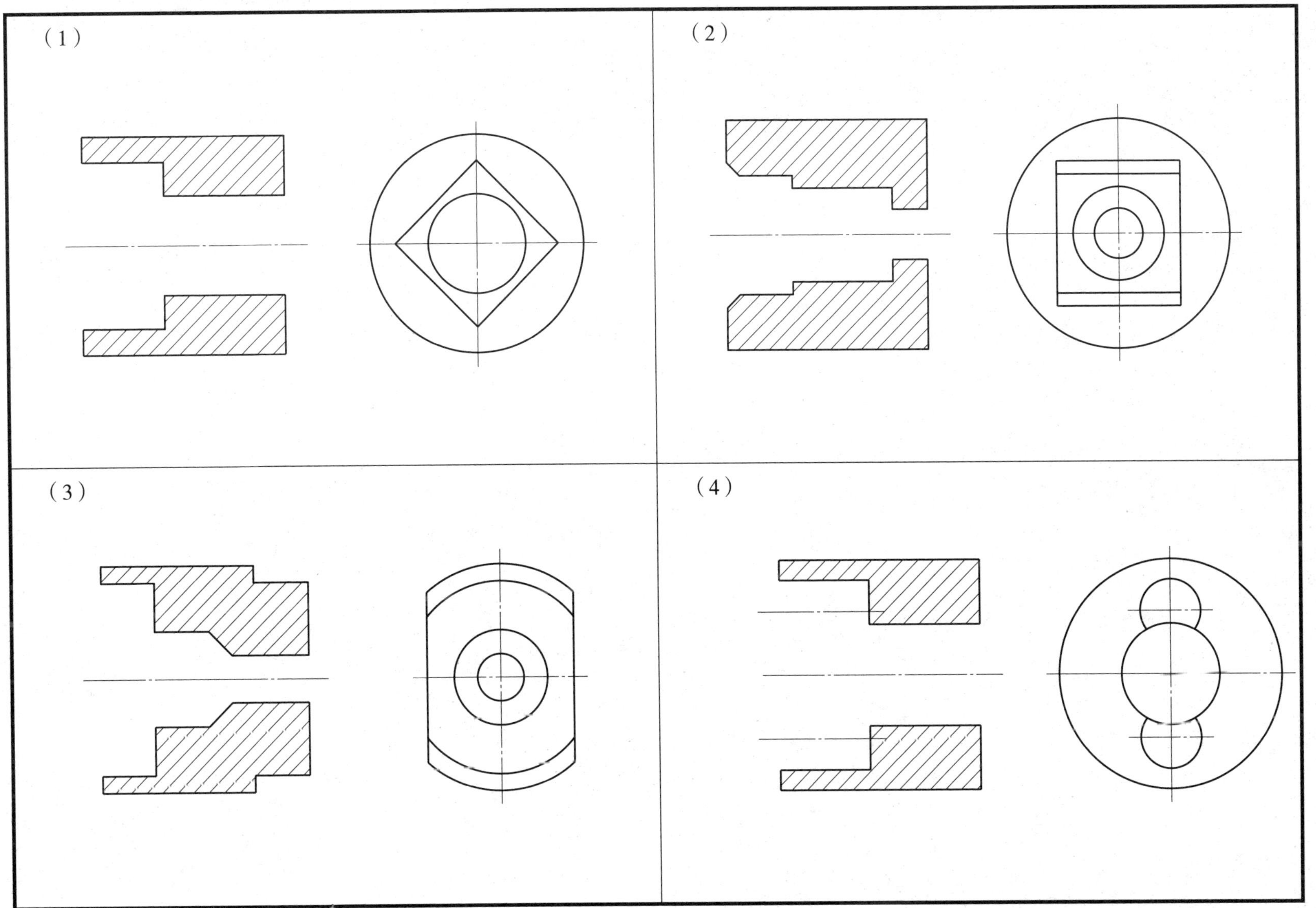

班级　　　　学号　　　　姓名

6-13　将主视图改画为全剖视图

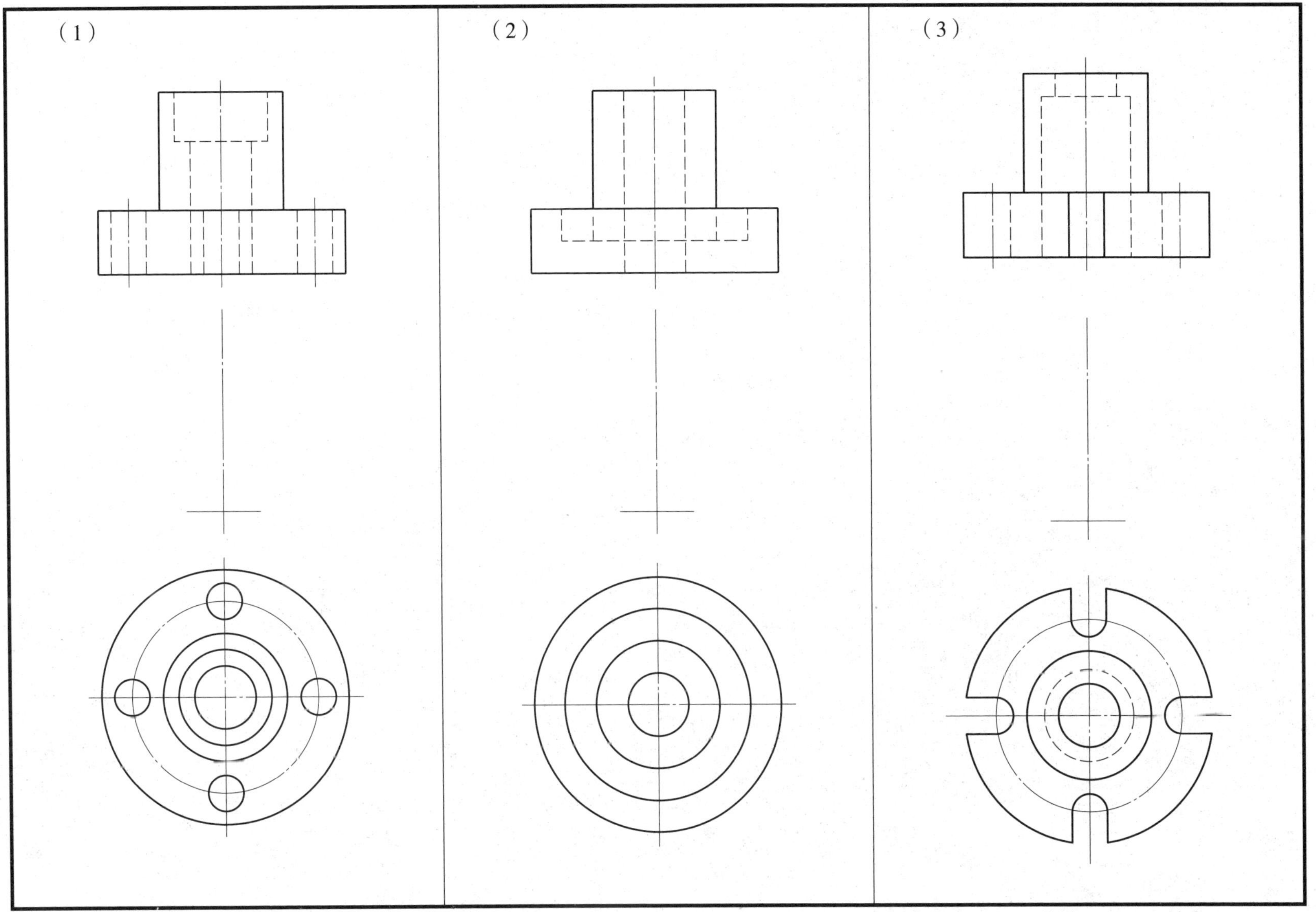

班级　　　　学号　　　　姓名

6-14 将主视图改画为全剖视图

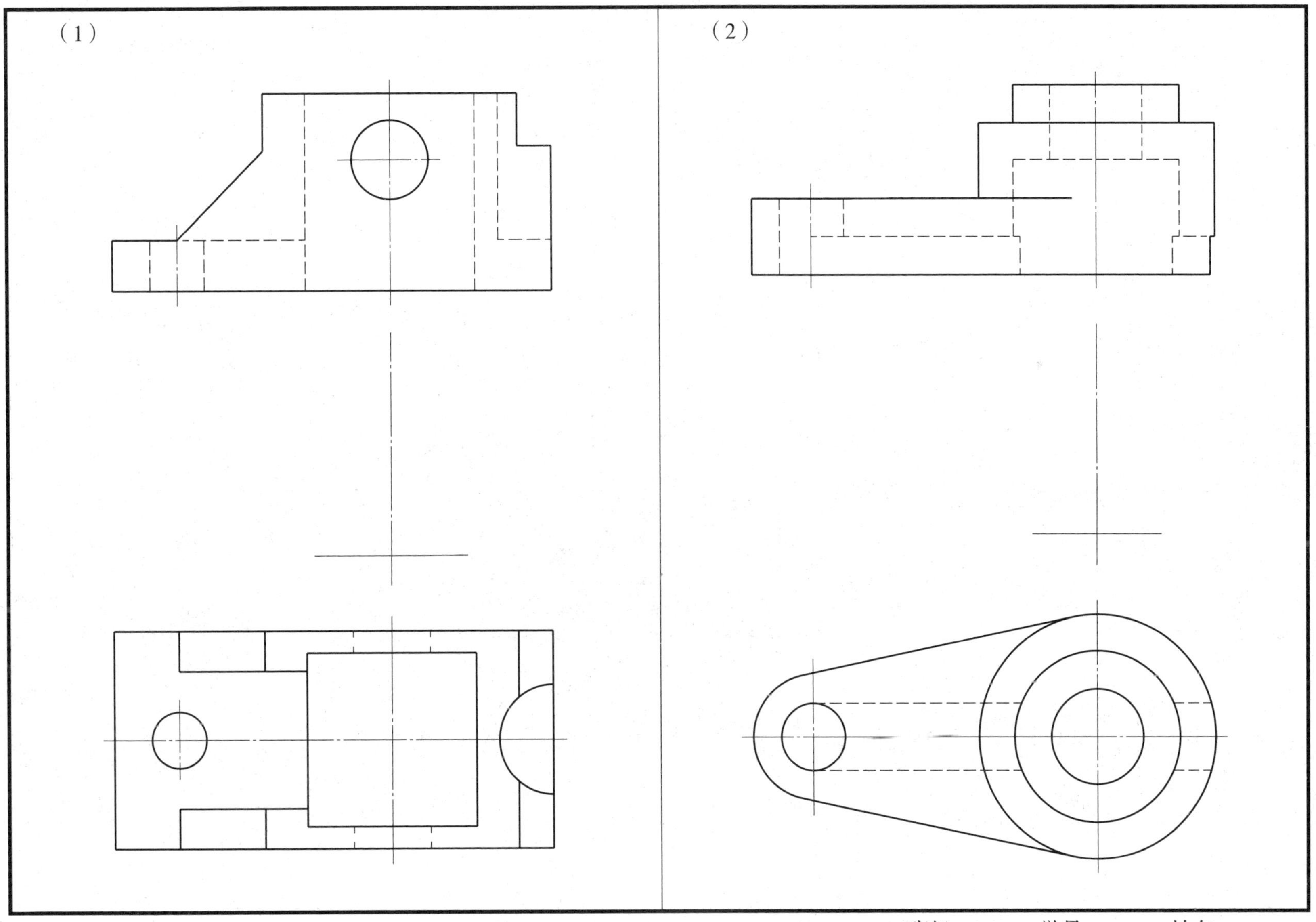

班级　　学号　　姓名

6–15　将主视图改画为全剖视图

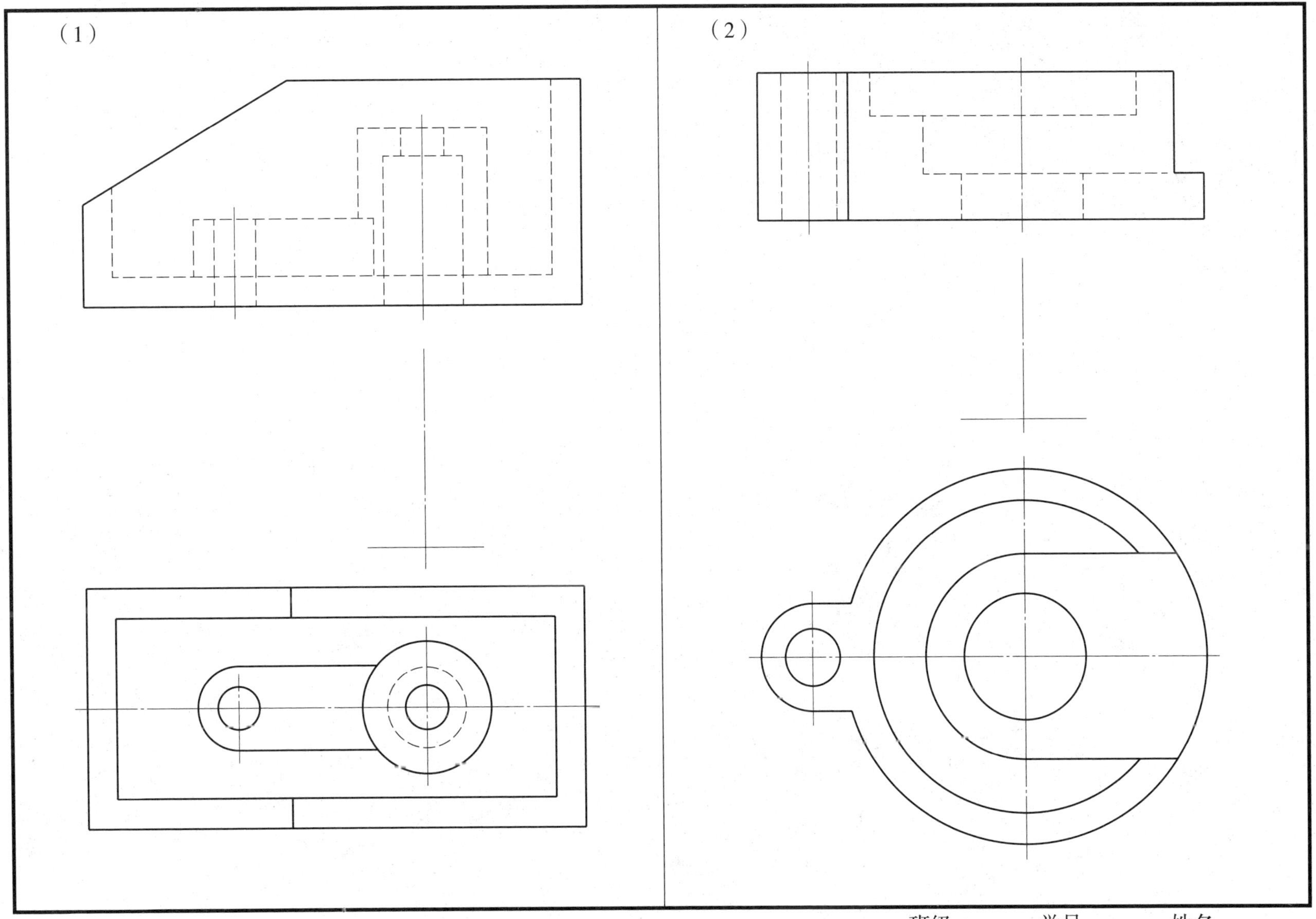

班级　　　　学号　　　　姓名

6–16　绘制全剖的主视图

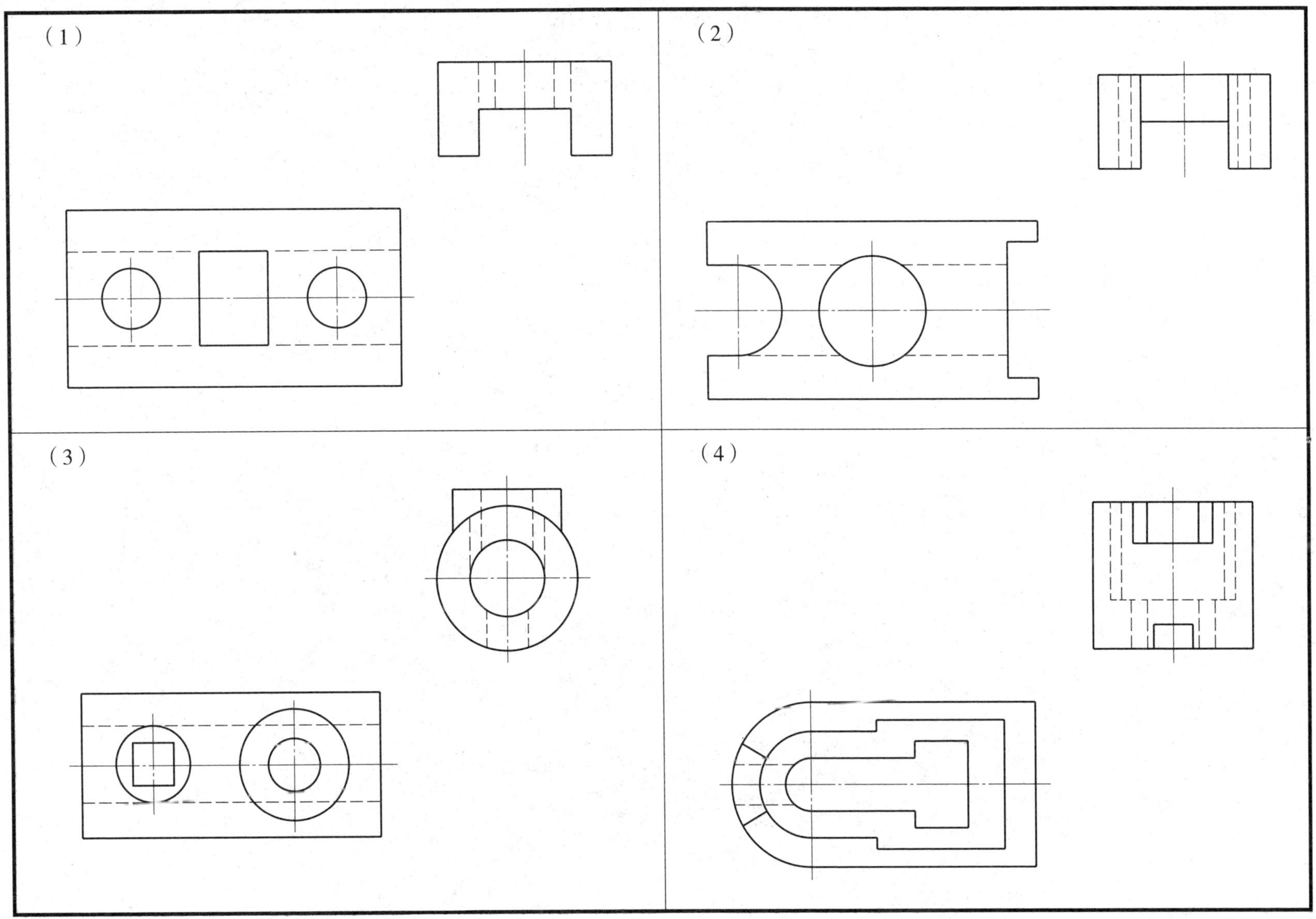

班级　　　　学号　　　　姓名

6-17 将主视图改画为全剖视图

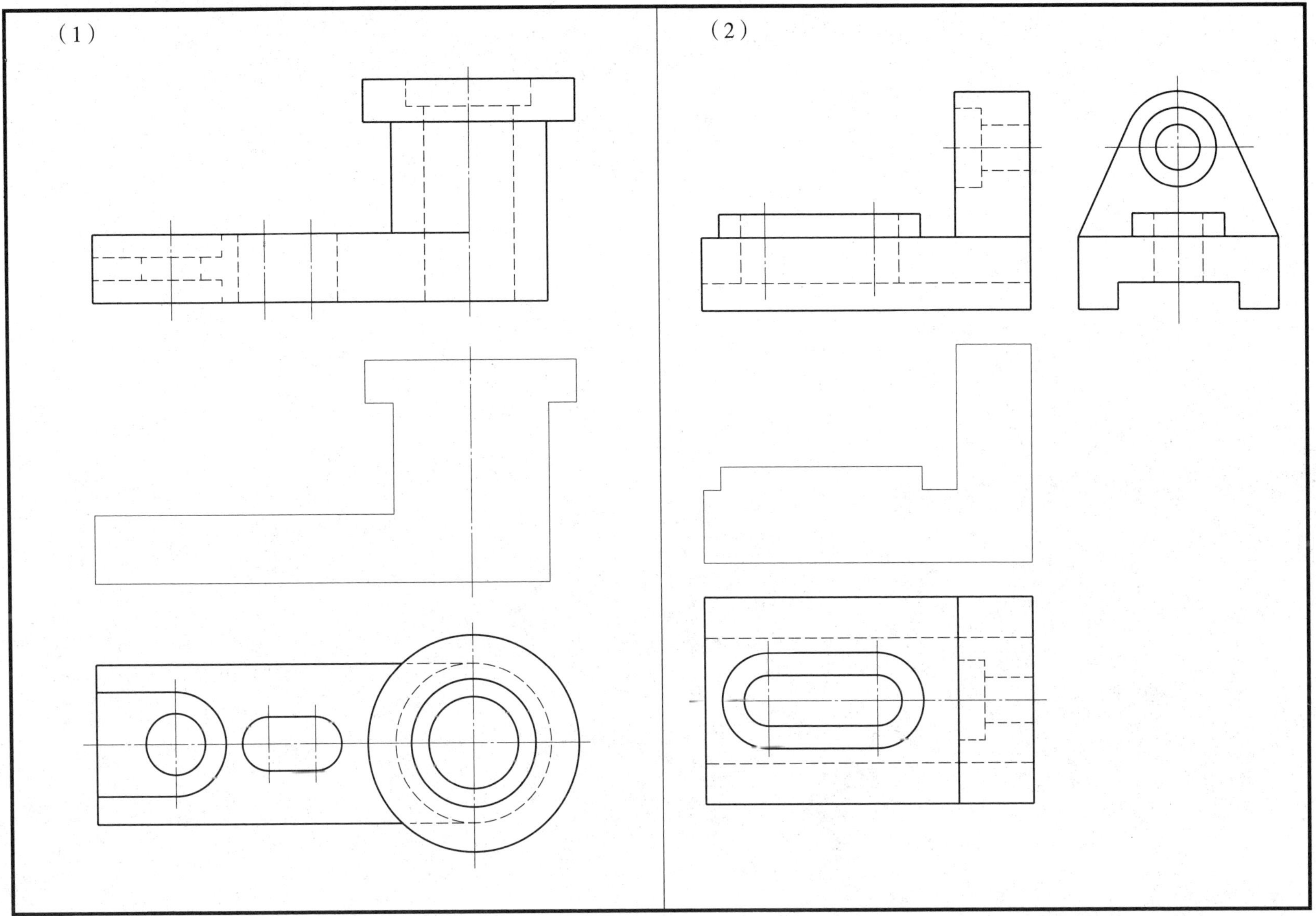

班级　　　　学号　　　　姓名

6–18　将主视图、俯视图改画为半剖视图（同步训练）

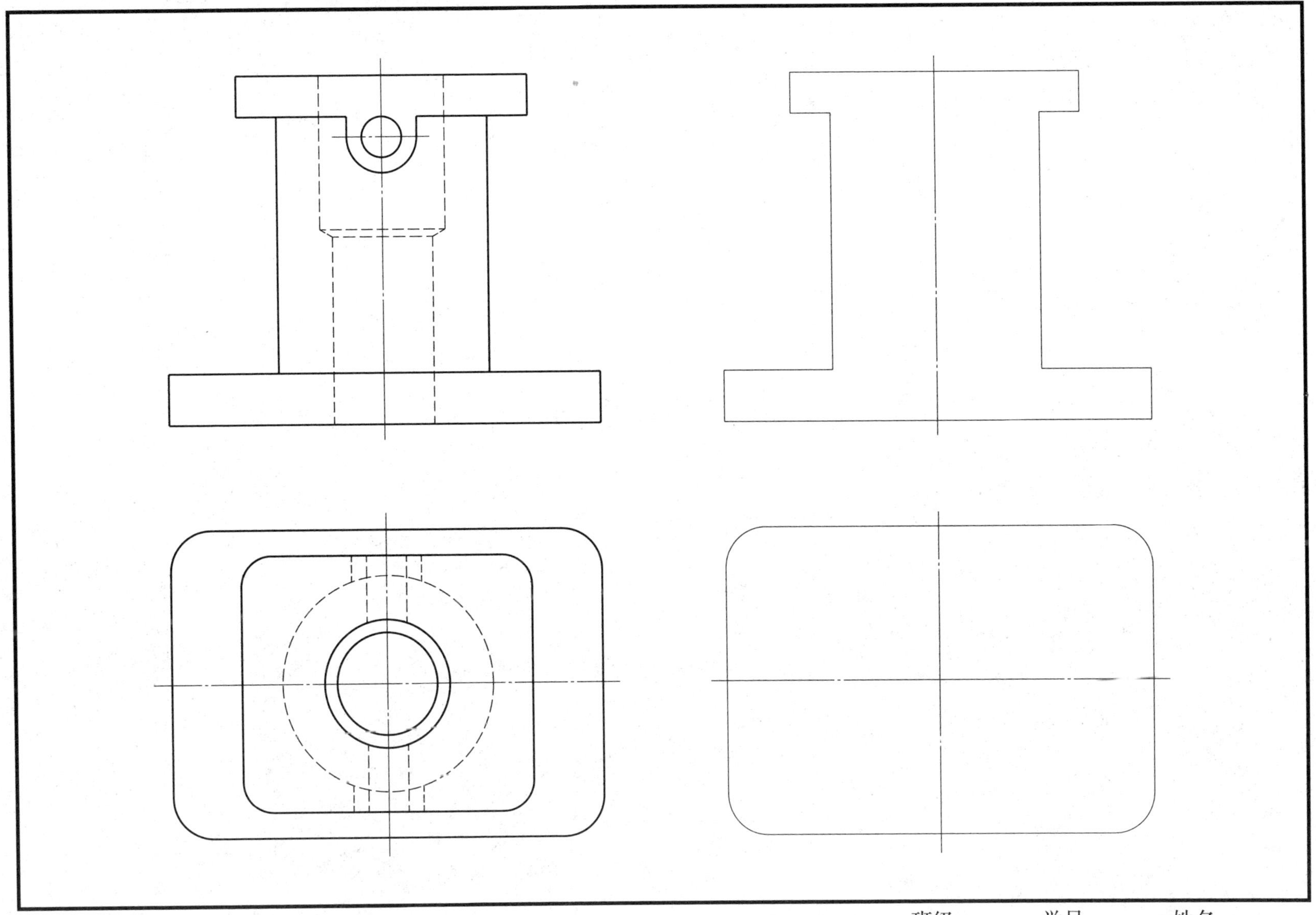

班级　　　　学号　　　　姓名

6–19　将主视图改画为半剖视图

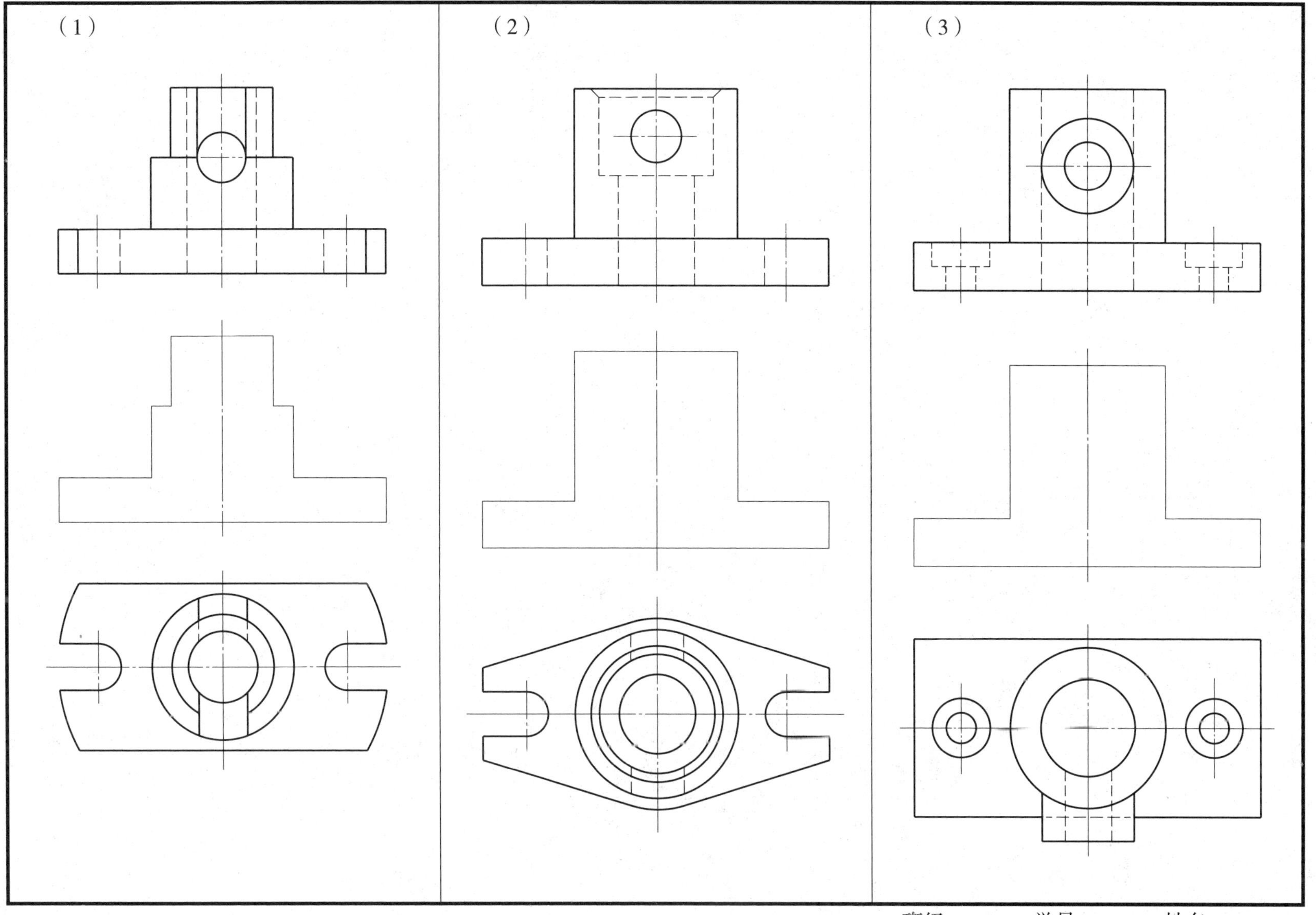

班级　　　　学号　　　　姓名

6–20　将主视图改画为半剖视图

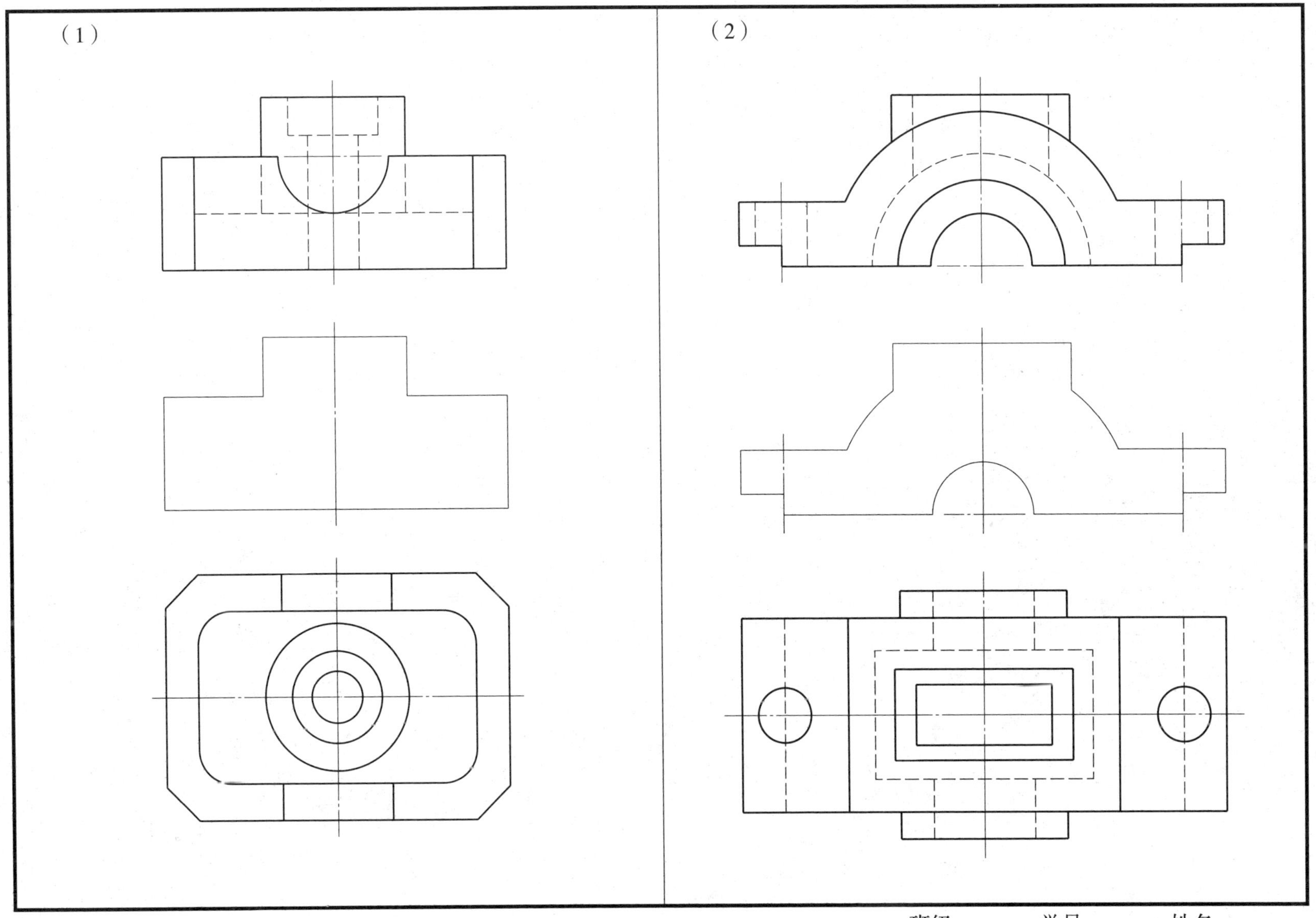

班级　　　　学号　　　　姓名

6-21 将主视图改画为半剖视图

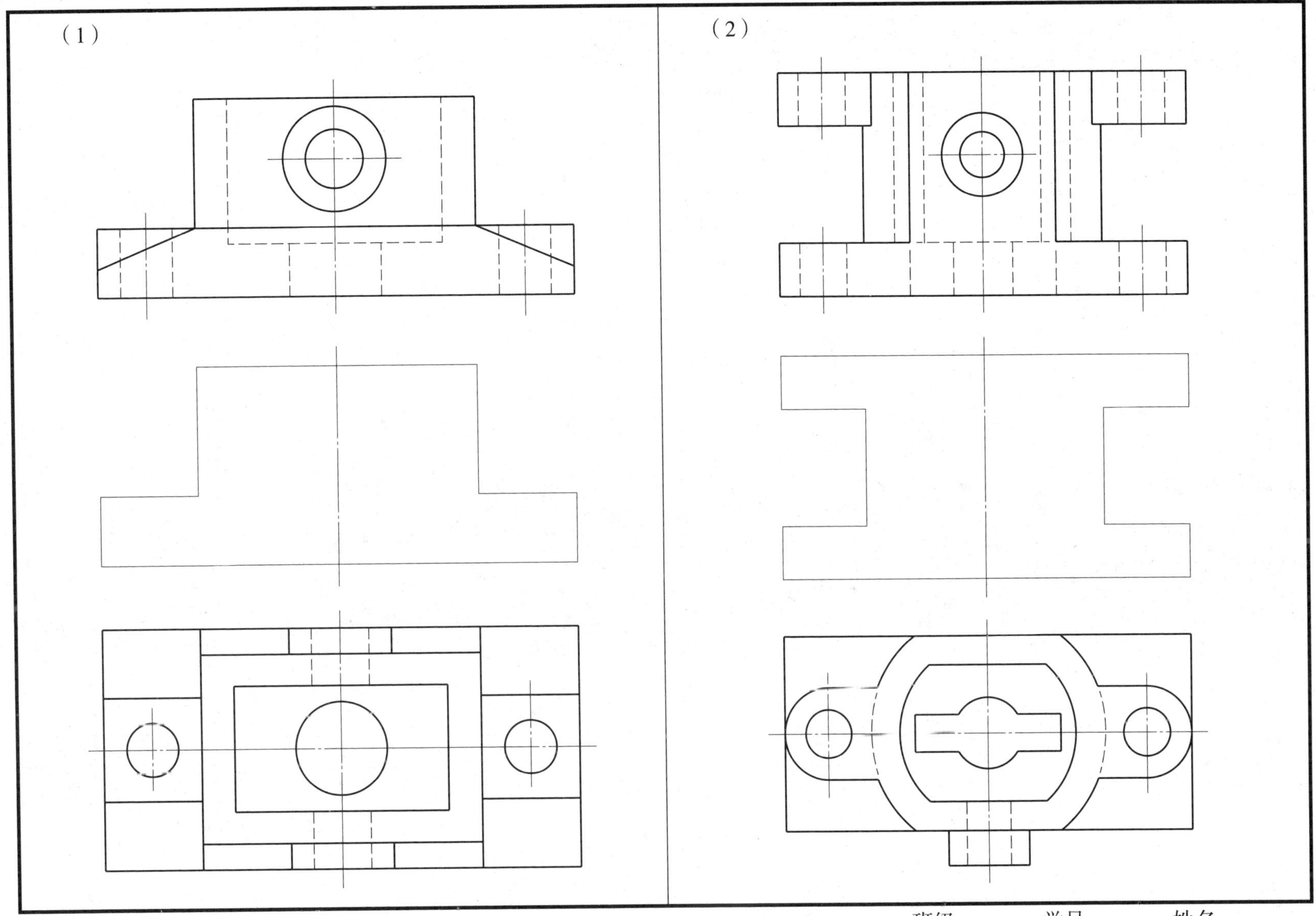

班级　　　　学号　　　　姓名

6–22 将主视图改画为半剖视图，并绘制全剖的左视图

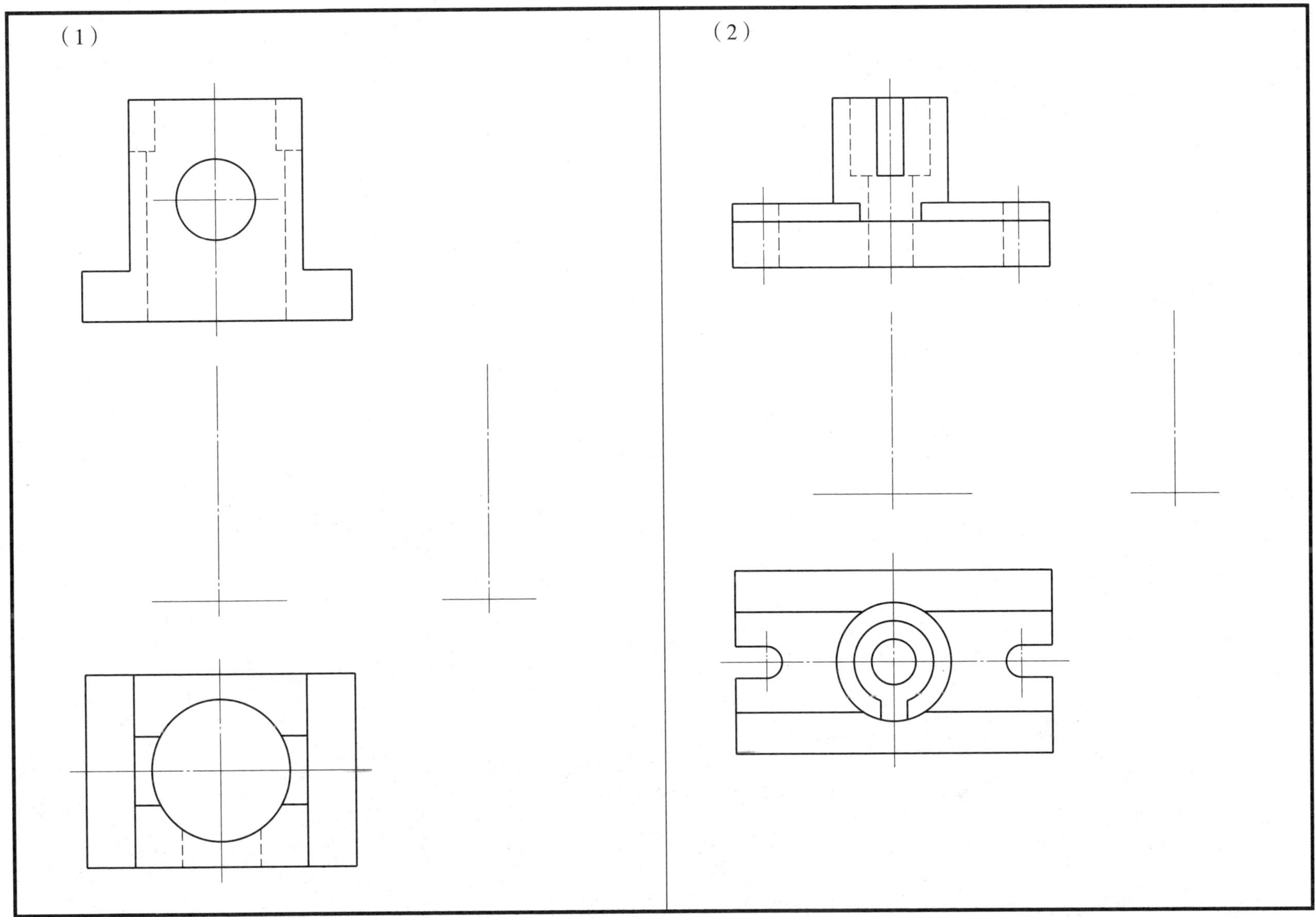

班级　　　　学号　　　　姓名

6–23　将主视图、俯视图改画为局部剖视图（同步训练）

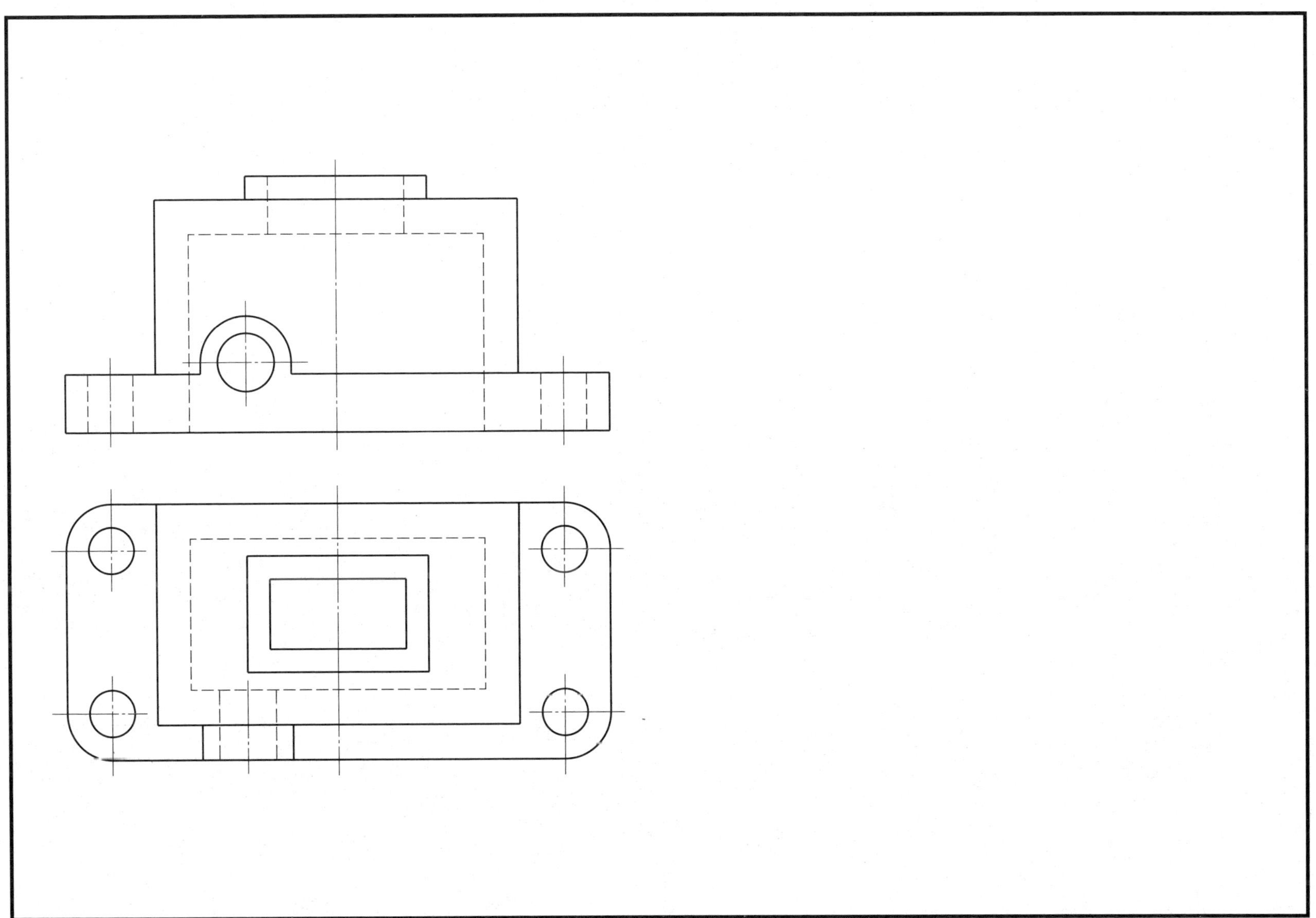

班级　　　　学号　　　　姓名

6–24 绘制局部剖视图

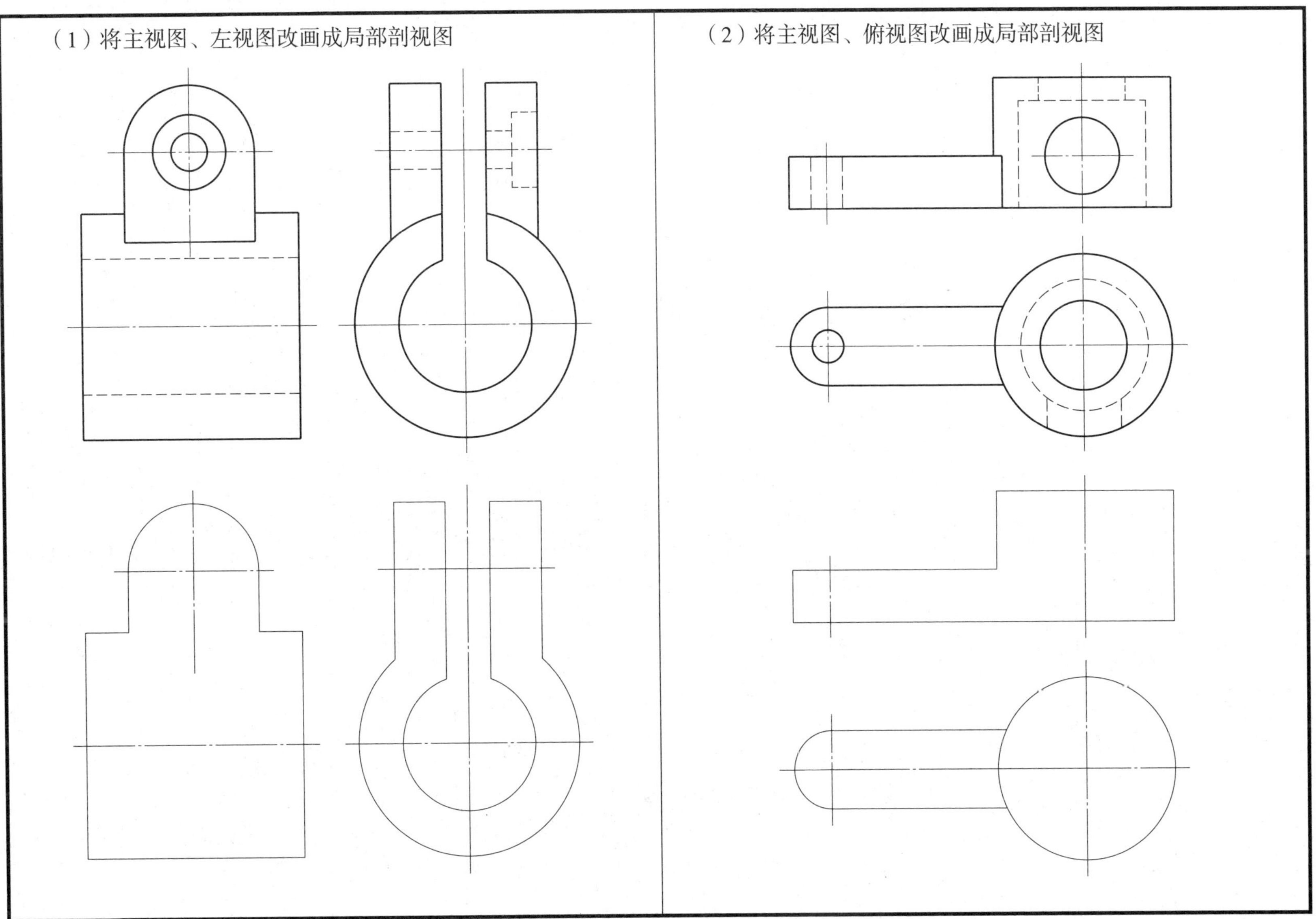

班级　　　学号　　　姓名

6-25 将主视图、俯视图改画为局部剖视图

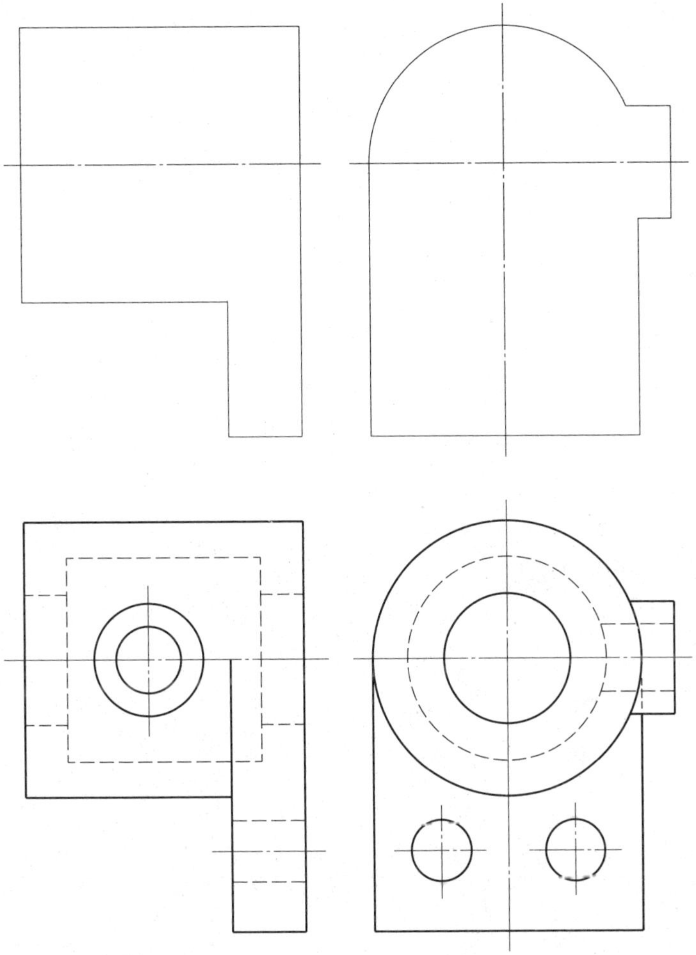

（1）

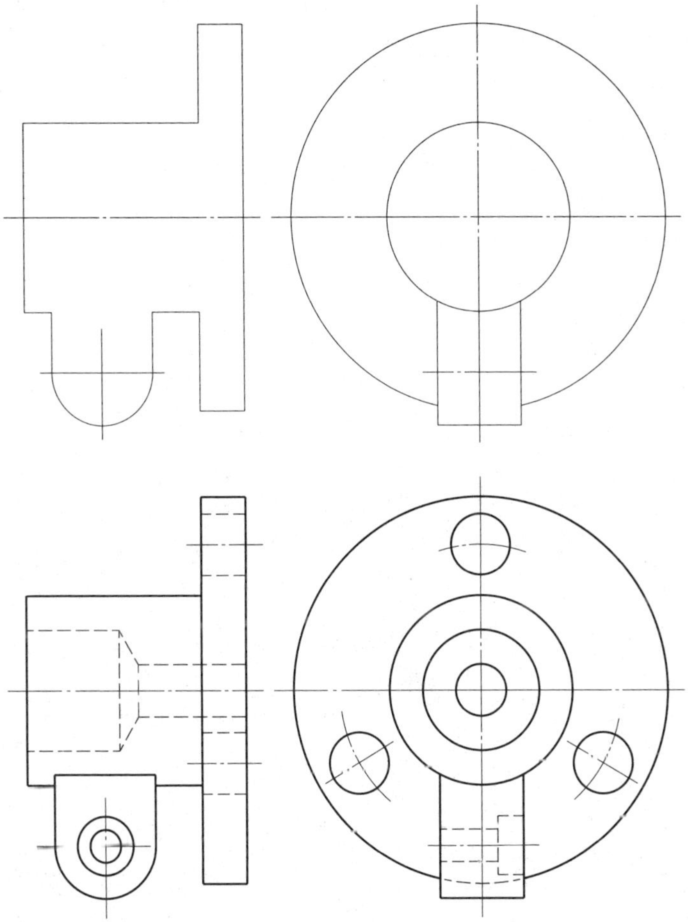

（2）

班级 学号 姓名

6-26 绘制全剖视图

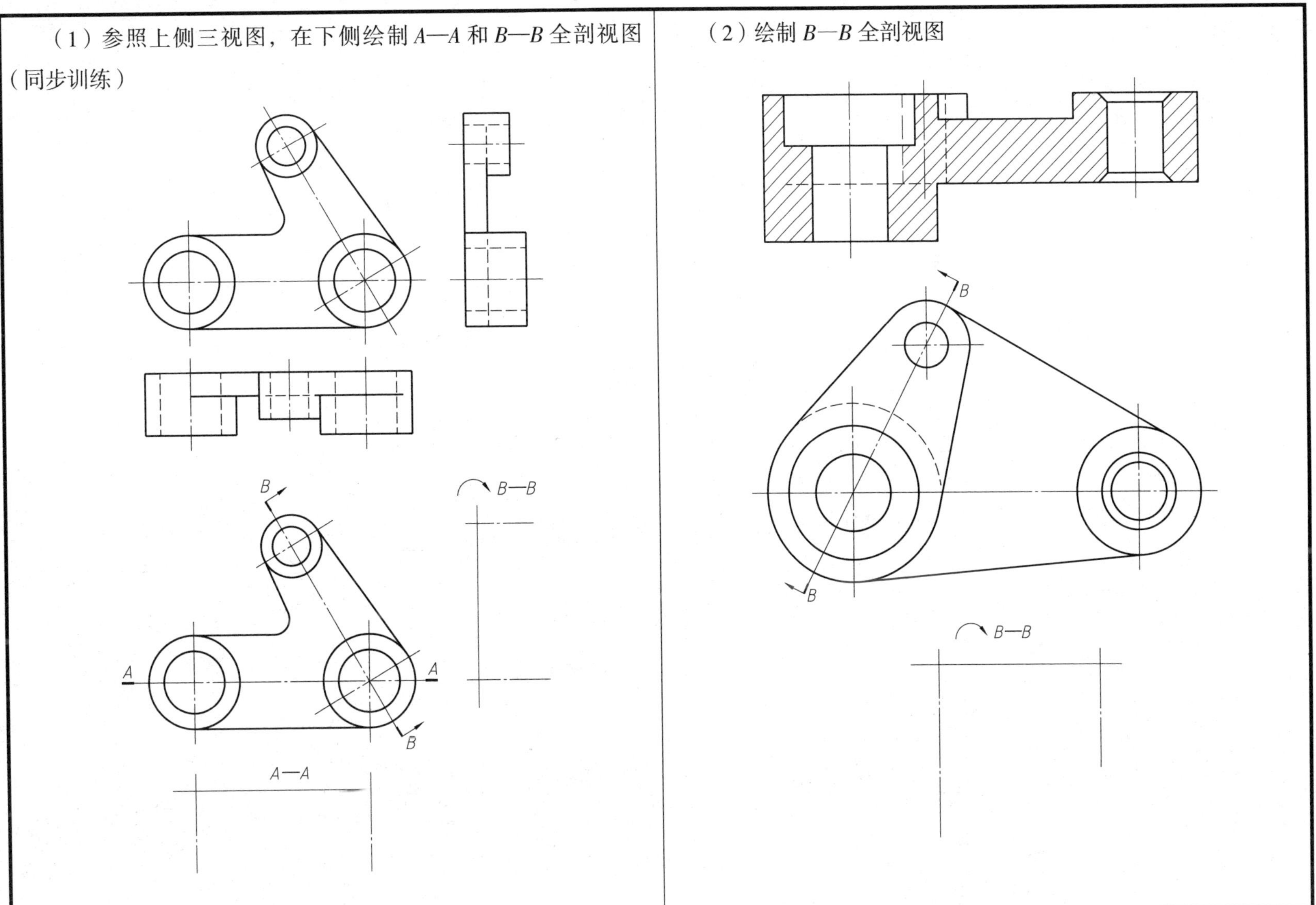

班级　　　　学号　　　　姓名

6–27 绘制全剖视图

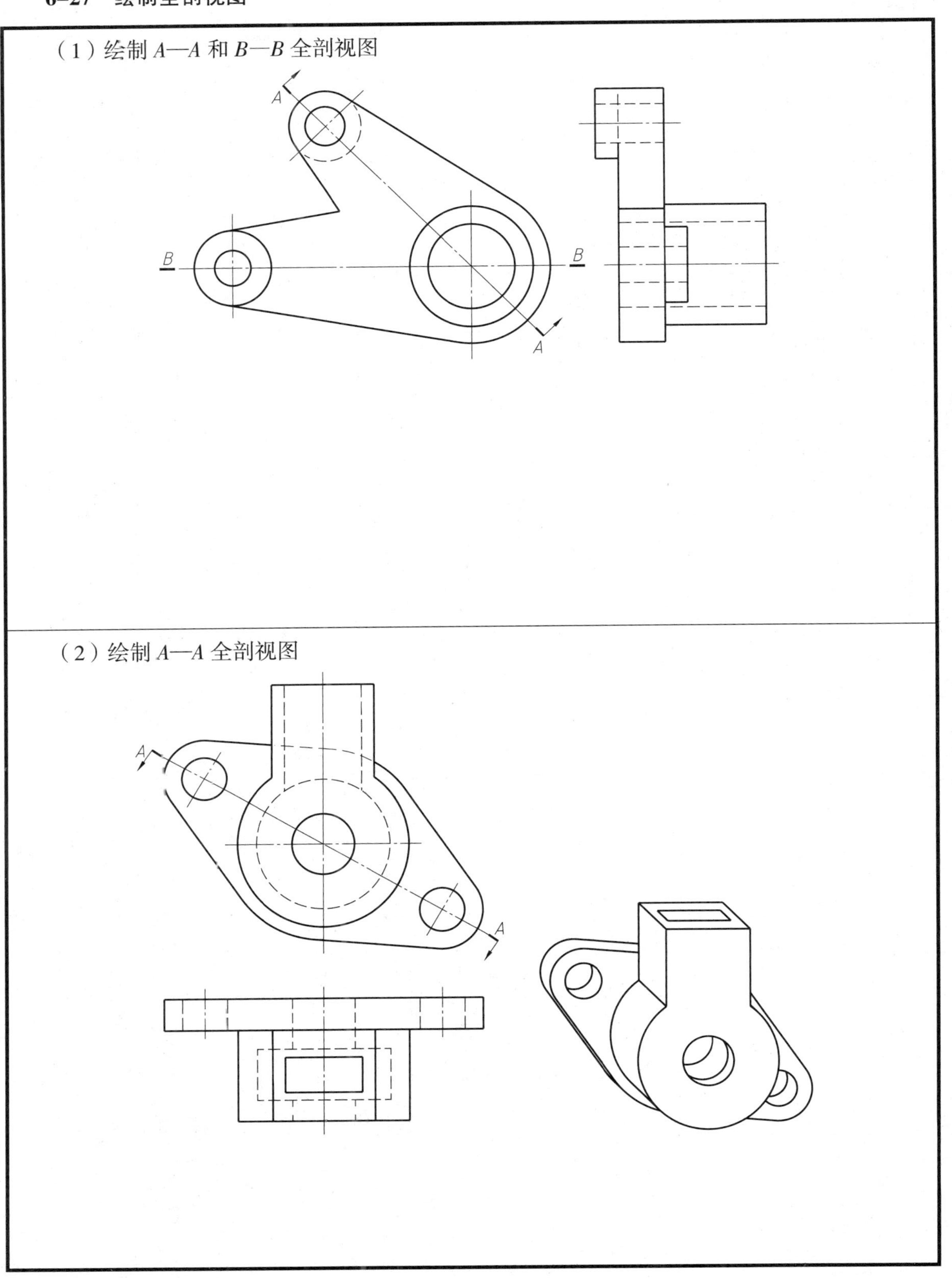

班级　　　　学号　　　　姓名

6-28 绘制用几个平行的剖切平面剖切的剖视图

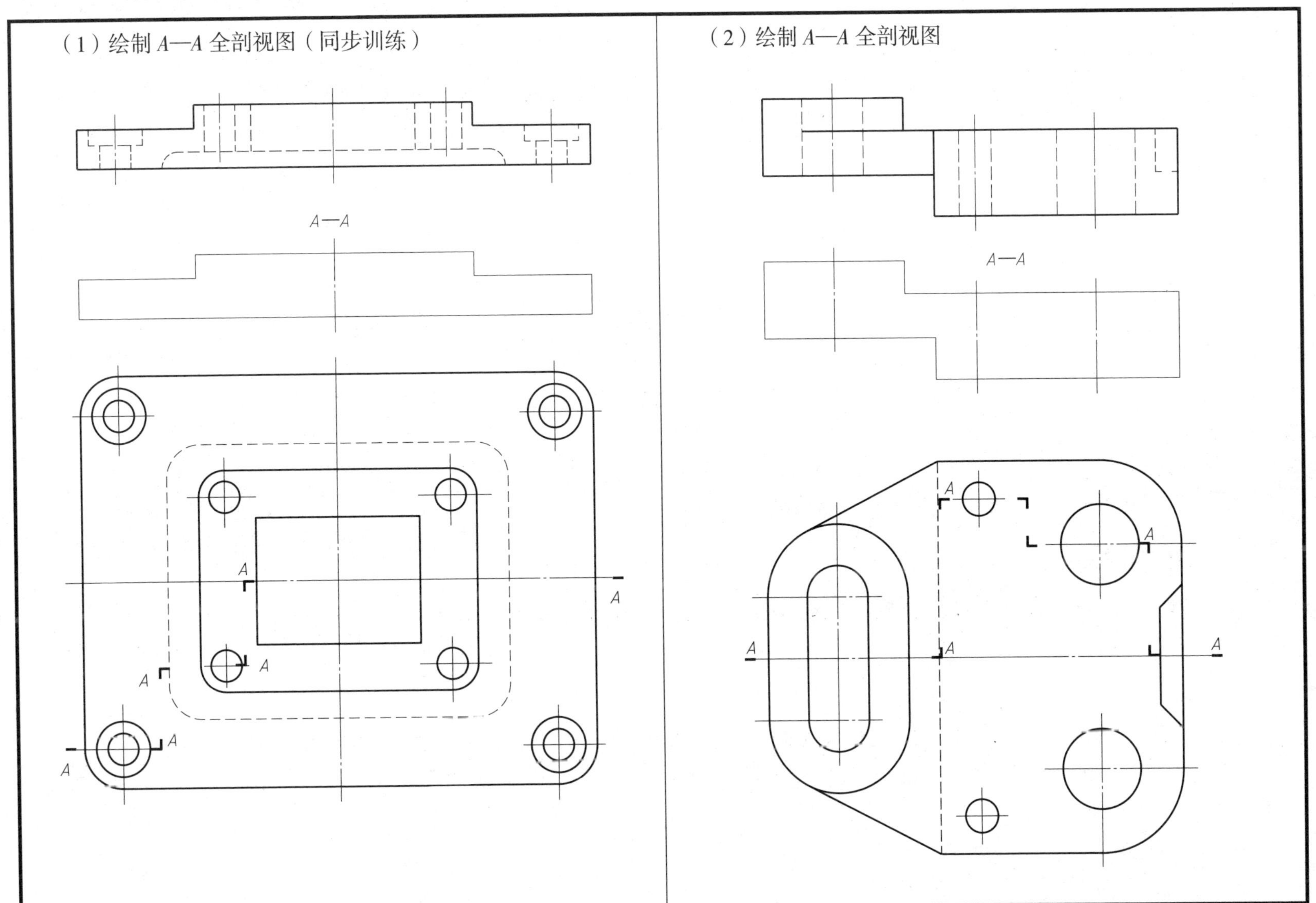

班级　　　　学号　　　　姓名

6–29 将主视图改画为用几个平行的剖切平面剖切的剖视图

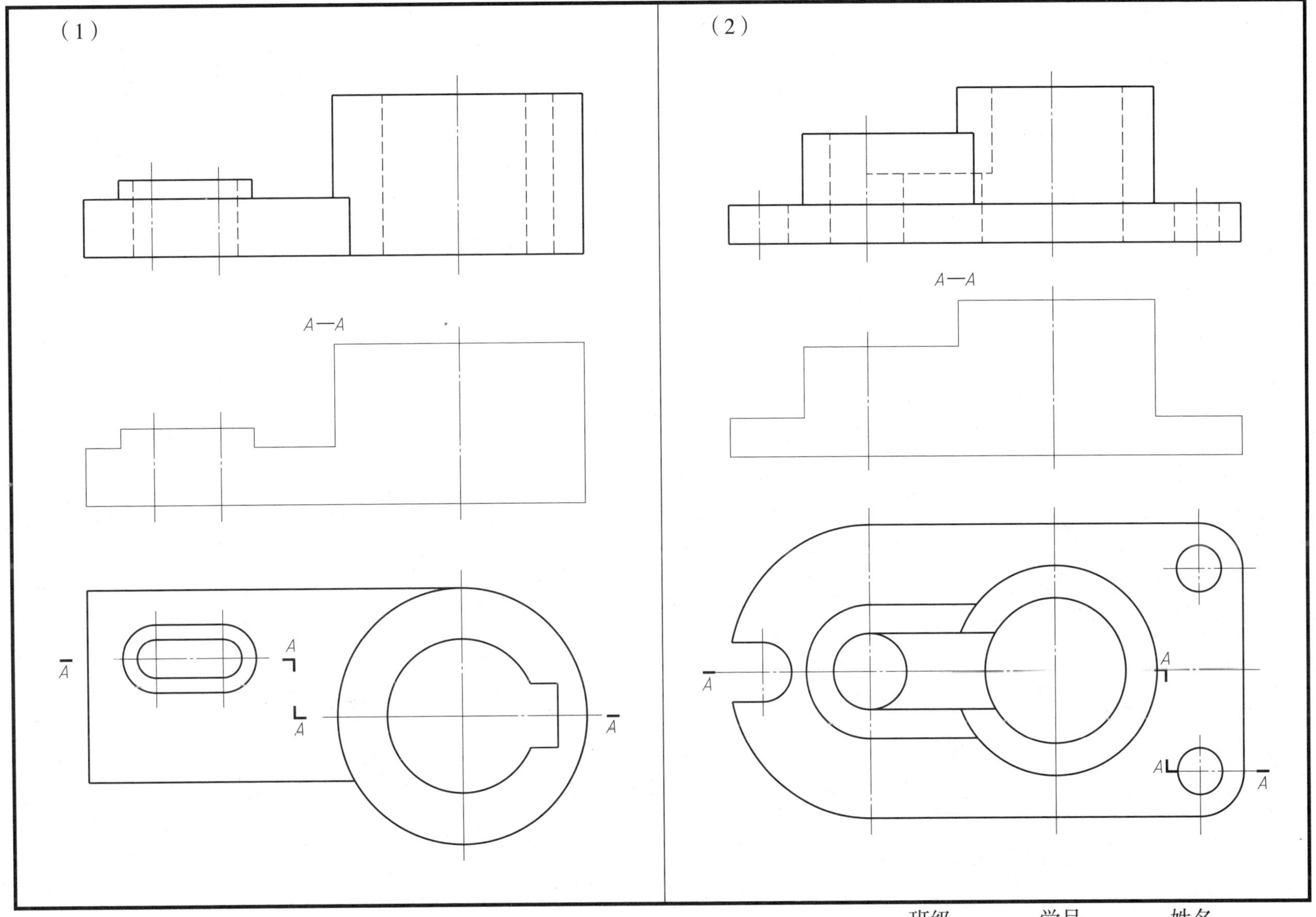

班级　　　　学号　　　　姓名

6-30 将主视图改画为用几个平行的剖切平面剖切的剖视图，并对剖视图进行标注

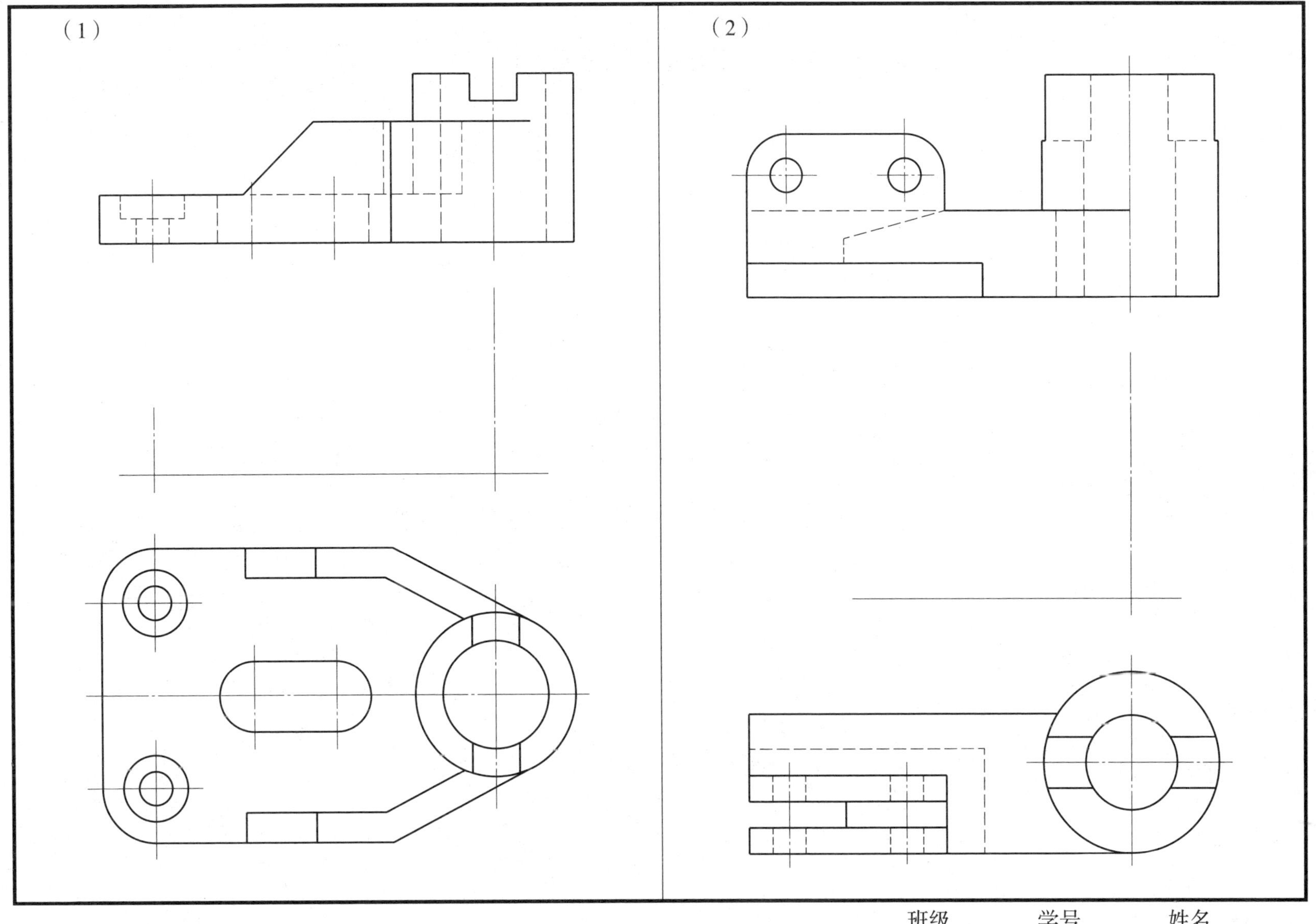

班级　　　学号　　　姓名

6–31 将主视图改画为全剖视图

（1）将主视图改画为用两相交剖切平面剖切的全剖视图，并进行标注（同步训练）

（2）将主视图改画为用两相交剖切平面剖切的全剖视图，并进行标注

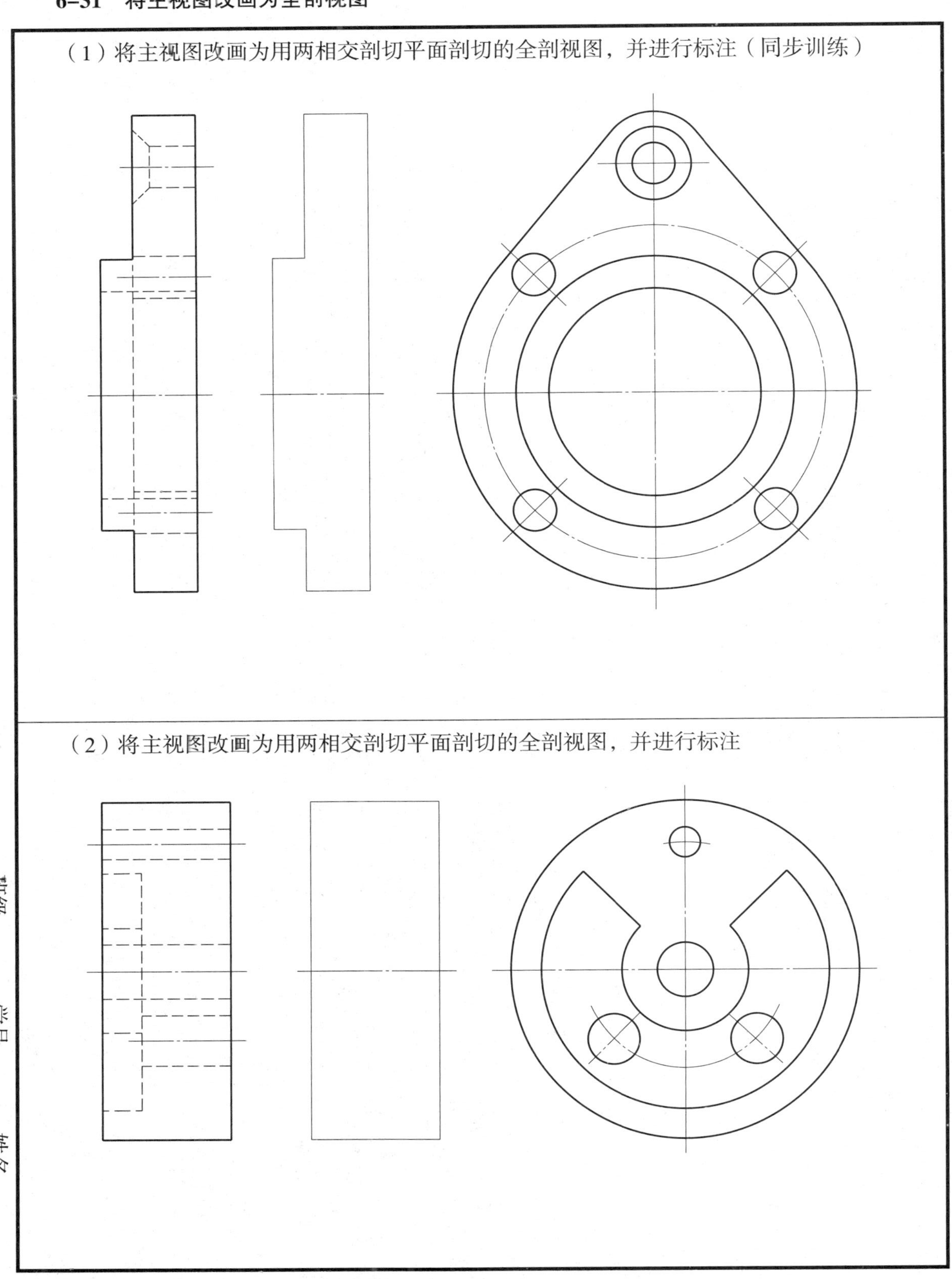

班级 学号 姓名

6-32 将主视图改画为用两相交剖切平面剖切的剖视图，并对剖视图进行标注

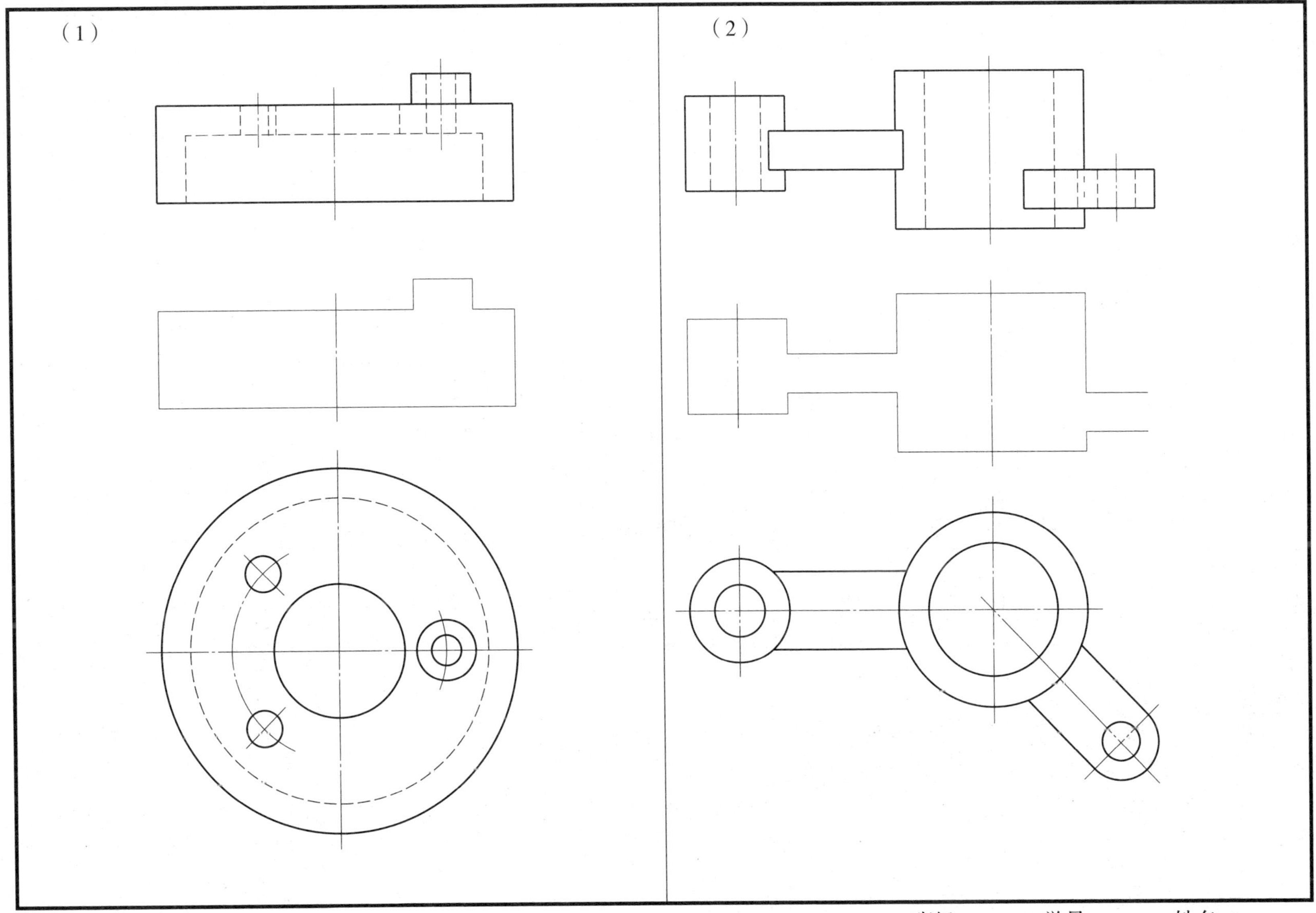

班级　　学号　　姓名

6–33 将主视图改画为用两相交剖切平面剖切的剖视图，并对剖视图进行标注

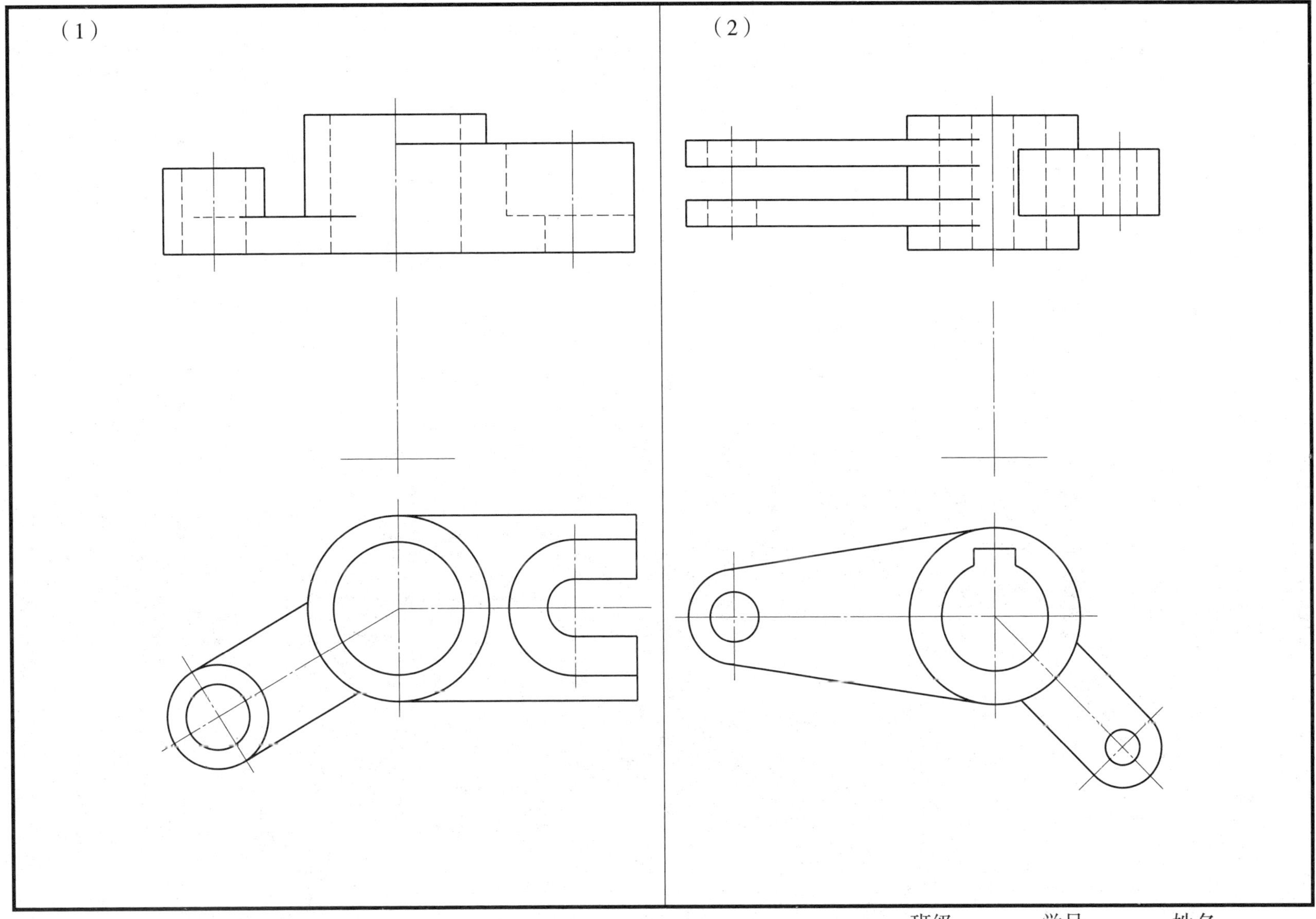

班级　　　　学号　　　　姓名

6-34 绘制移出断面图

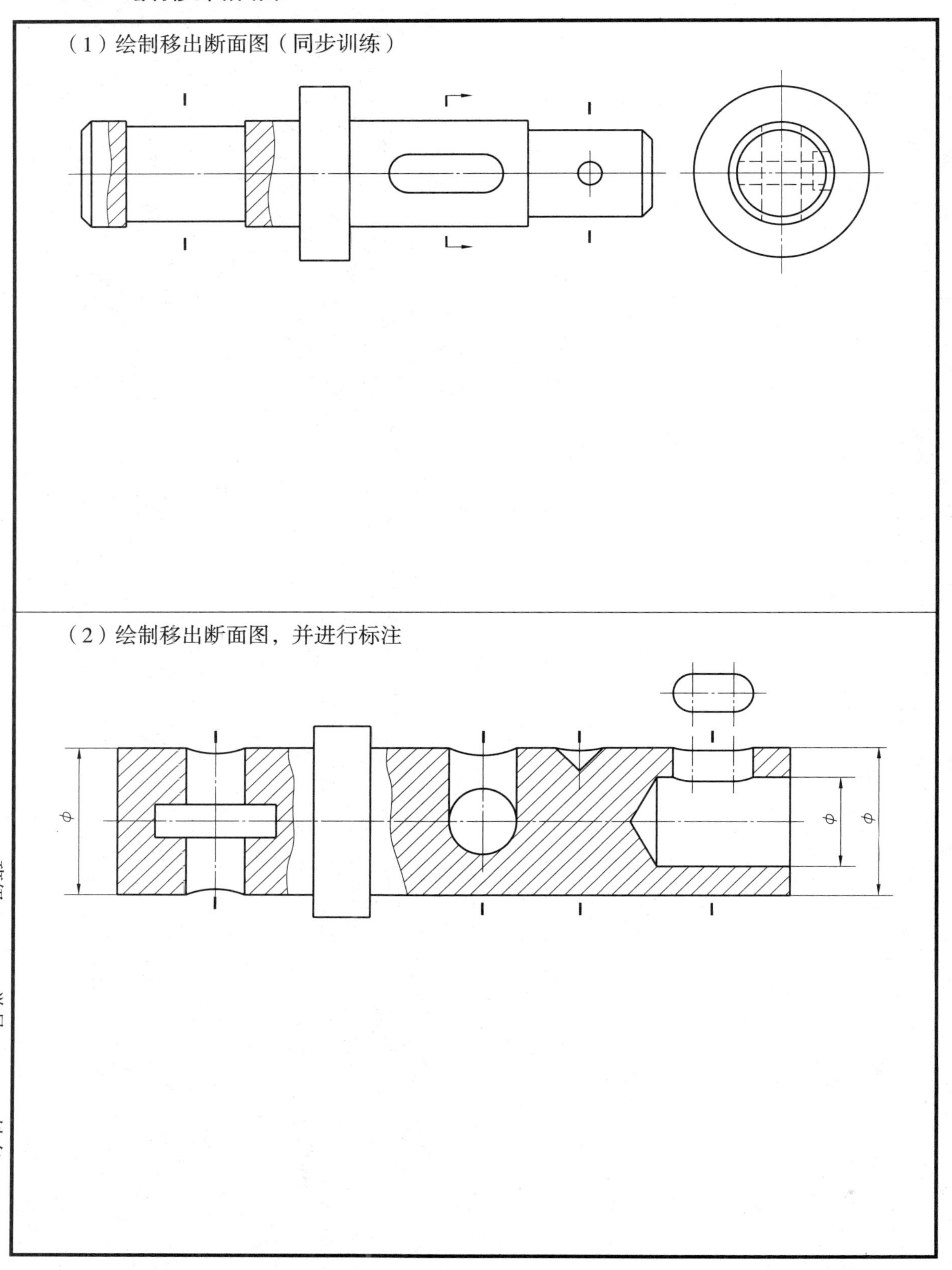

班级　　学号　　姓名

6-35 选择断面图

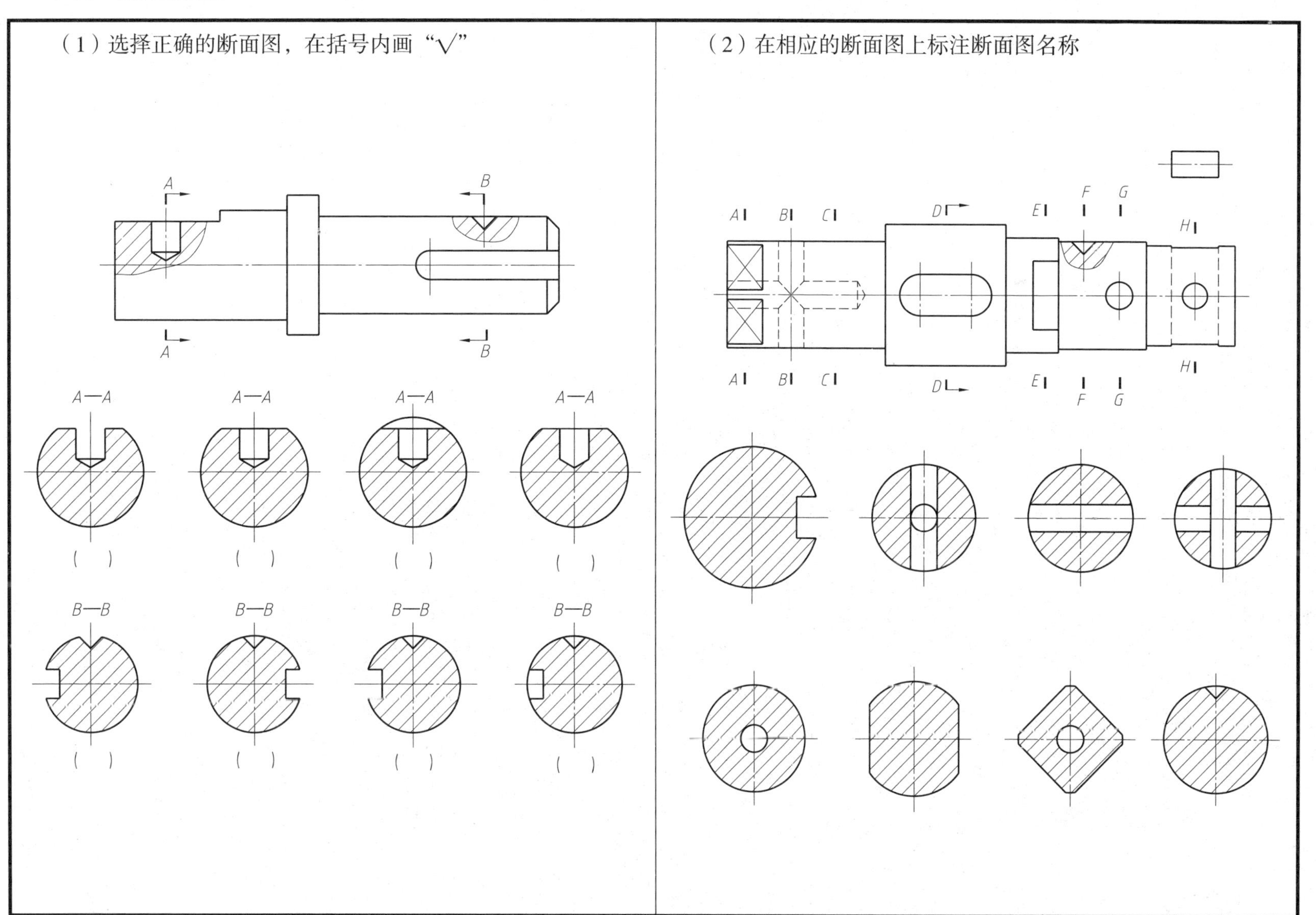

班级　　学号　　姓名

6-36 绘制移出断面图

（1）在指定位置绘制移出断面图

（2）绘制移出断面图，并进行标注

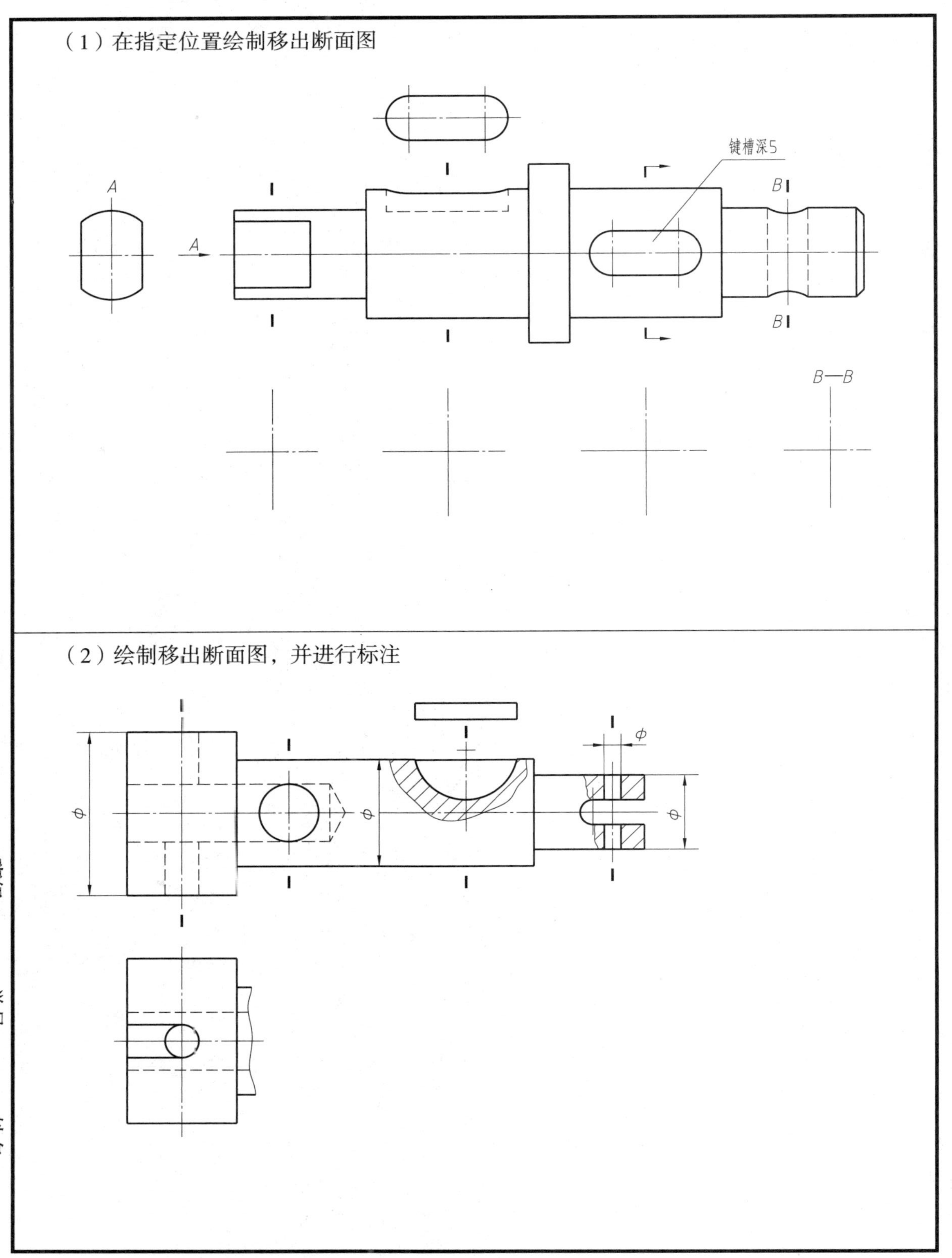

班级　　学号　　姓名

6-37 在主视图上绘制重合断面图

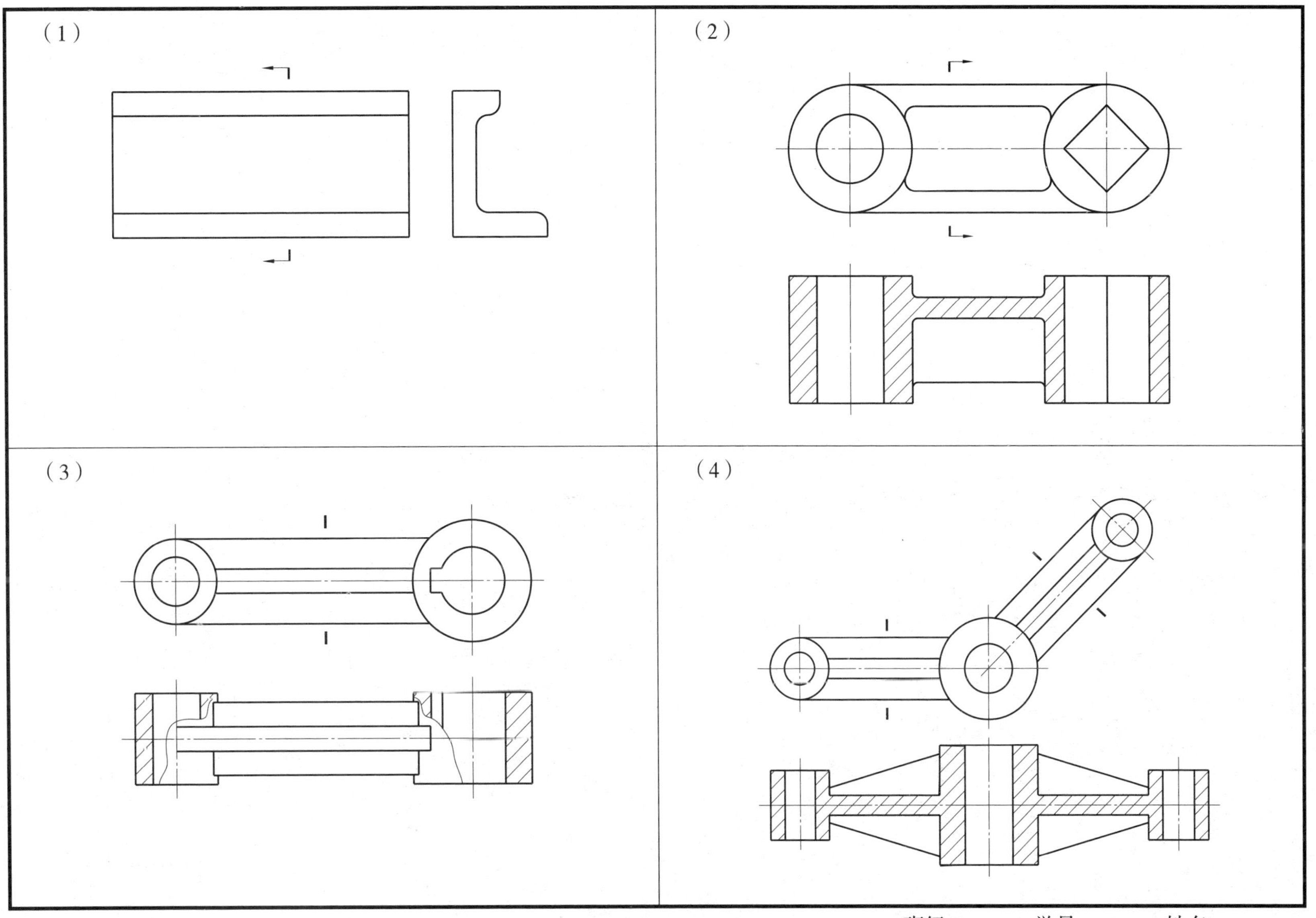

班级　　　　学号　　　　姓名

6-38 绘制全剖视图

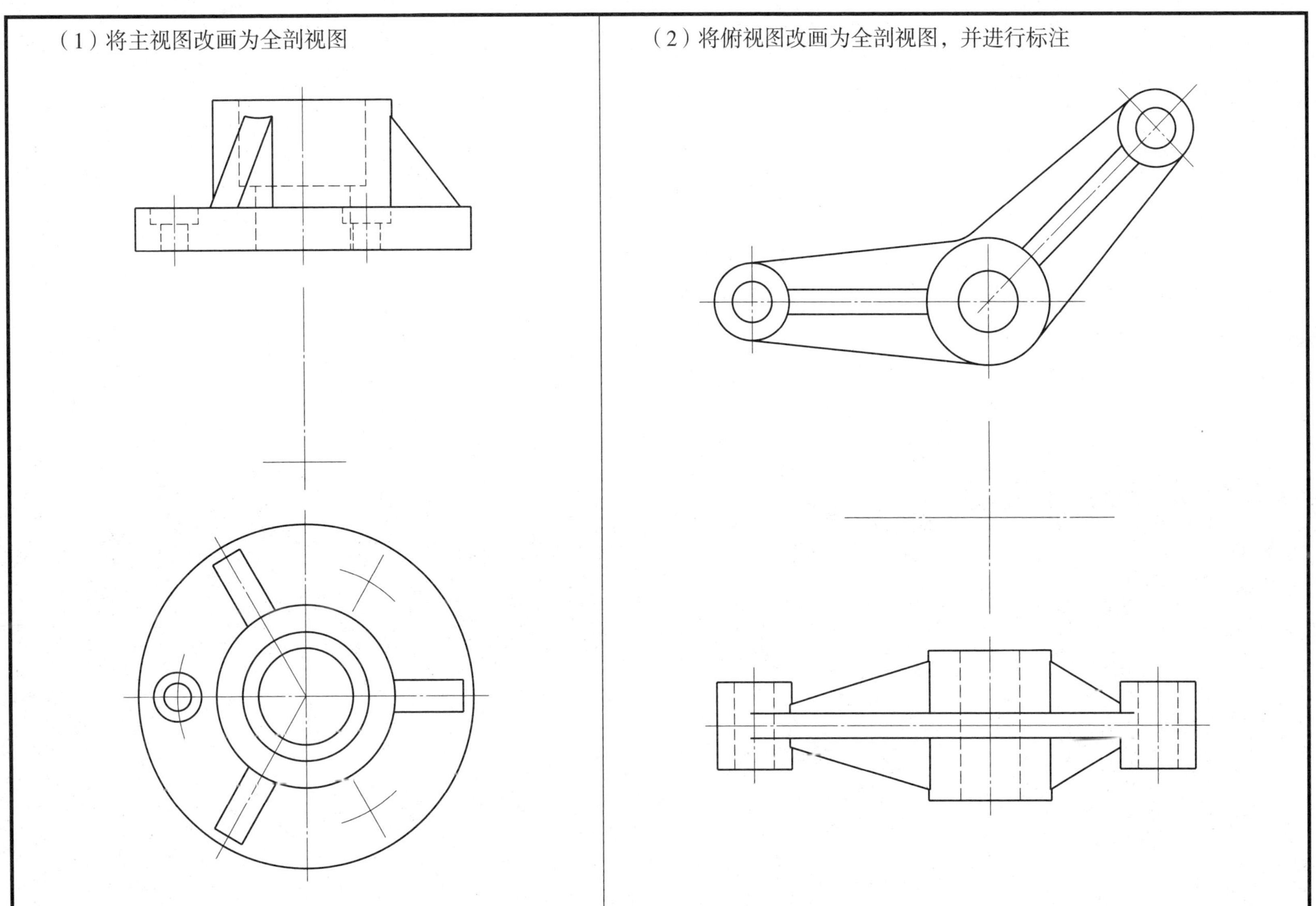

班级　　　　学号　　　　姓名

6–39　将主视图改画为全剖视图

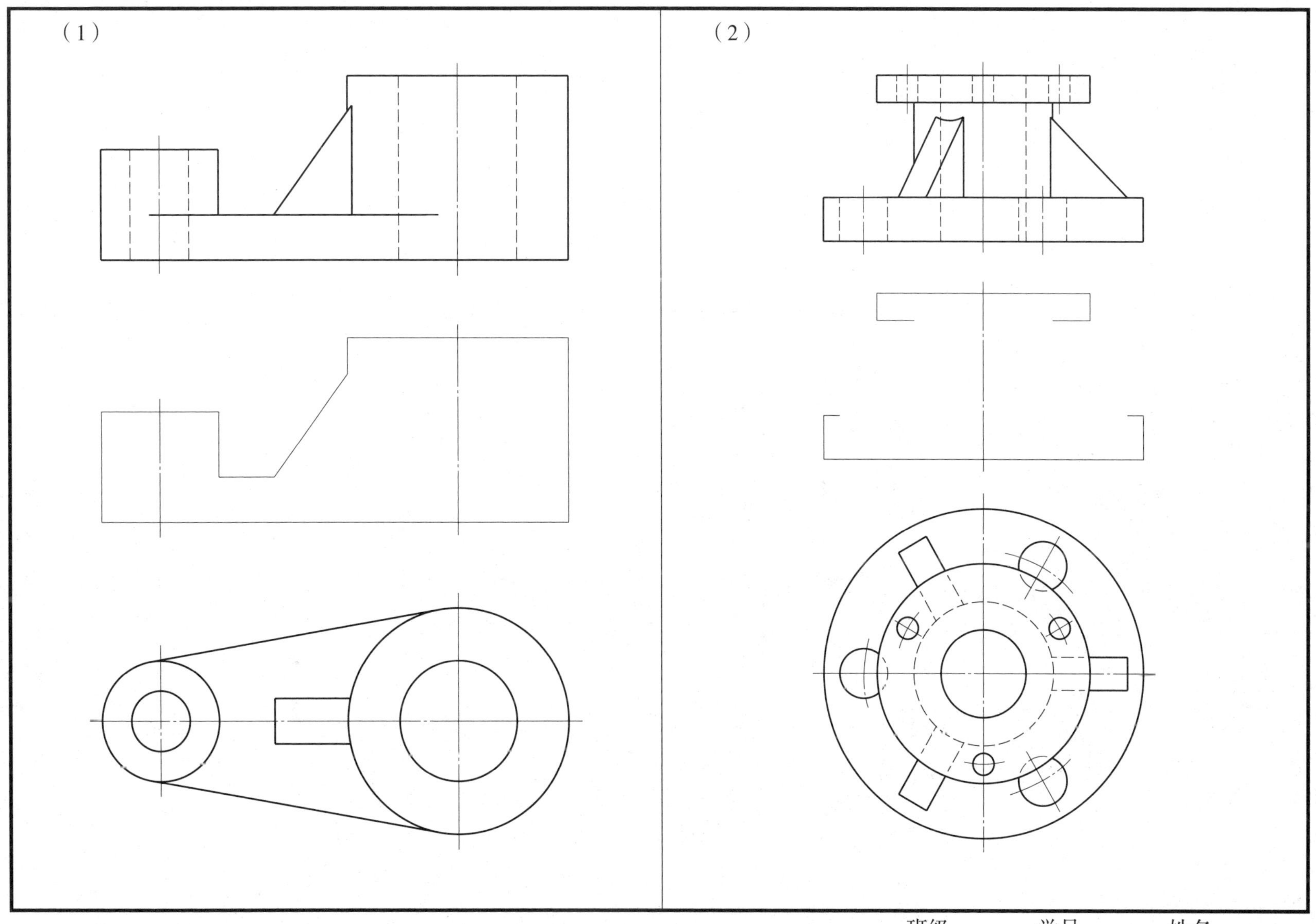

班级　　　　学号　　　　姓名

6–40 根据立体图选择合适的表达方法和恰当的比例，绘制视图并标注尺寸

比例	

班级 学号 姓名

6–41 根据立体图选择合适的表达方法和恰当的比例，绘制视图并标注尺寸

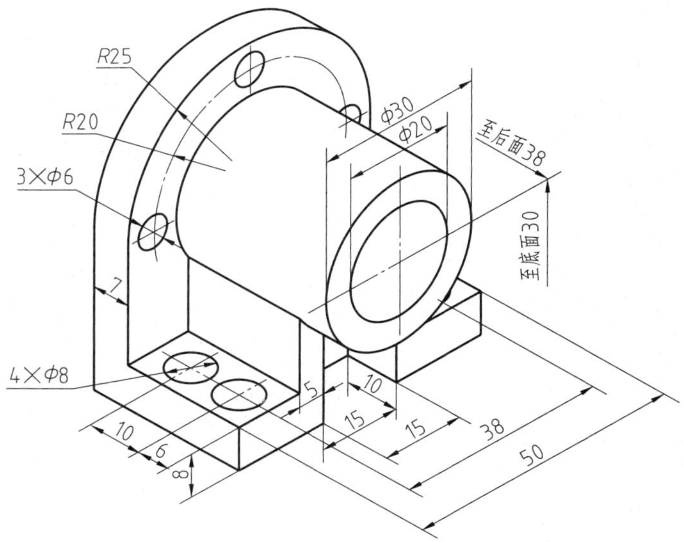

R25
R20
3×Φ6
Φ30
Φ20
至后面38
至底面30
7
4×Φ8
5
10
15
15
38
50
10
6
8

（图中孔均为通孔）

比例

班级 学号 姓名

6–42 根据立体图选择合适的表达方法和恰当的比例，绘制视图并标注尺寸

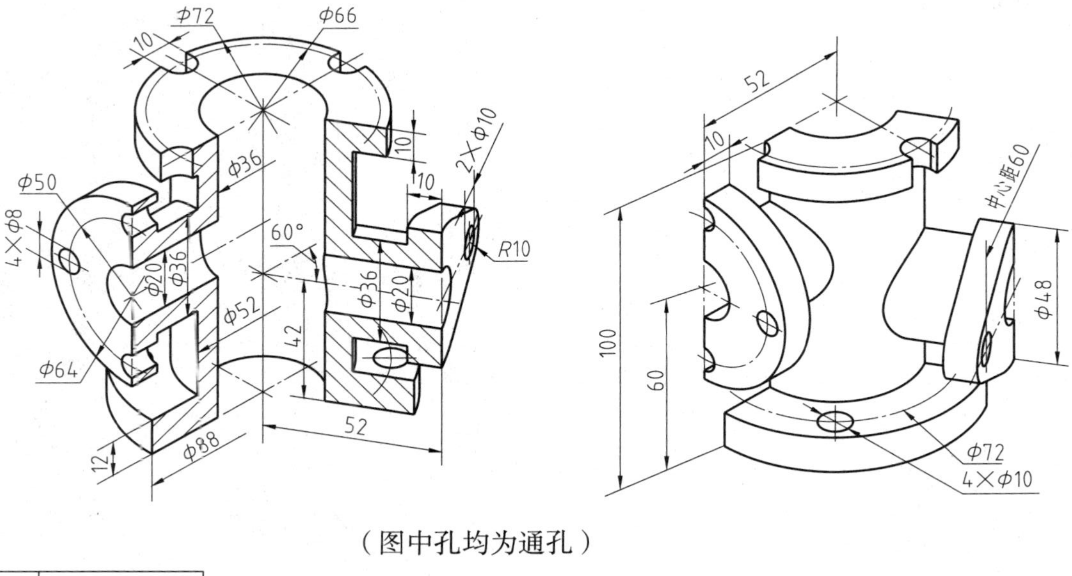

（图中孔均为通孔）

比例	

班级 学号 姓名

6–43　绘制第三角投影图（根据两视图，补画第三视图）

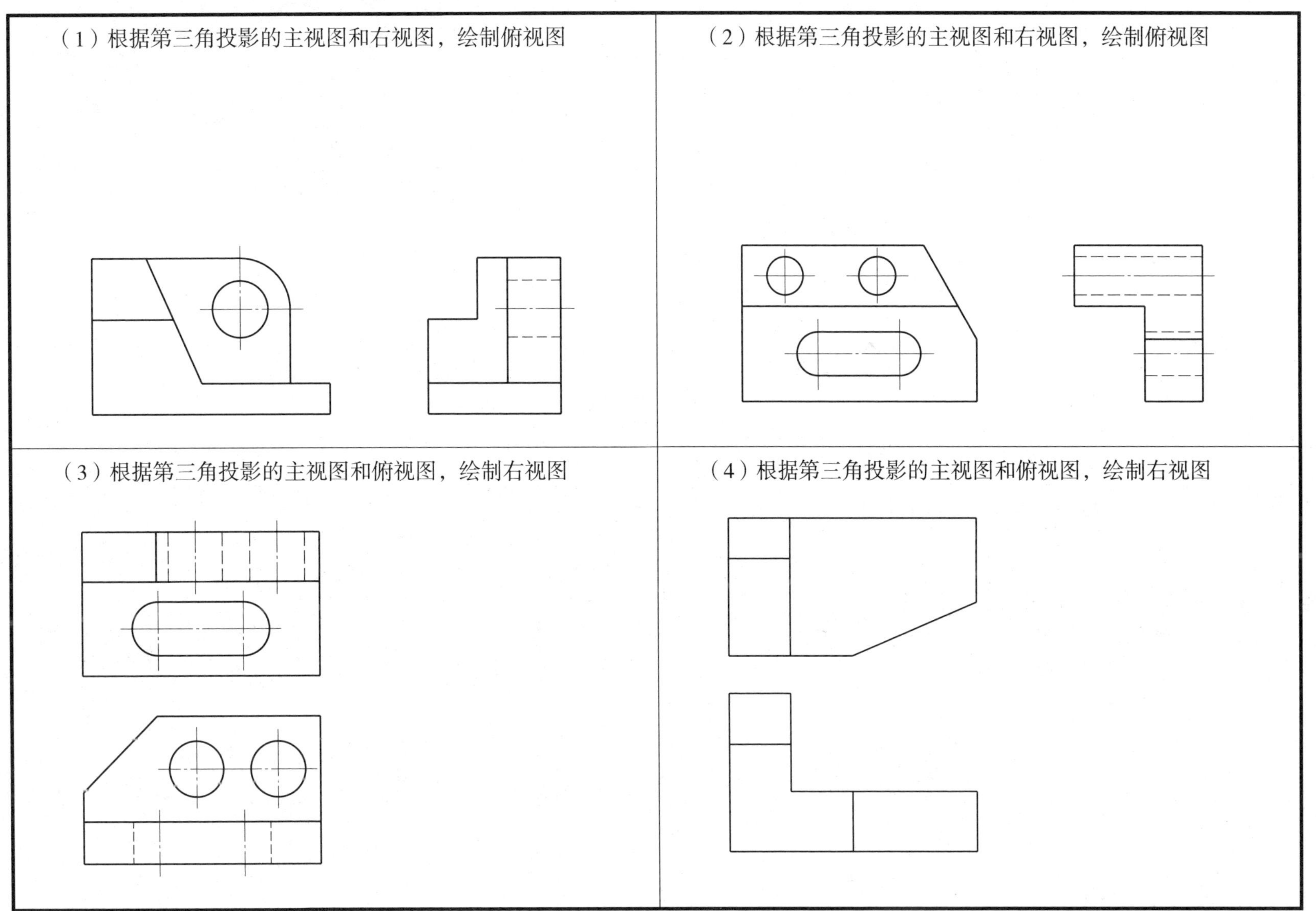

班级　　　　学号　　　　姓名

6–44　绘制第三角投影图

（1）根据立体图，绘制第三角投影的六个基本视图

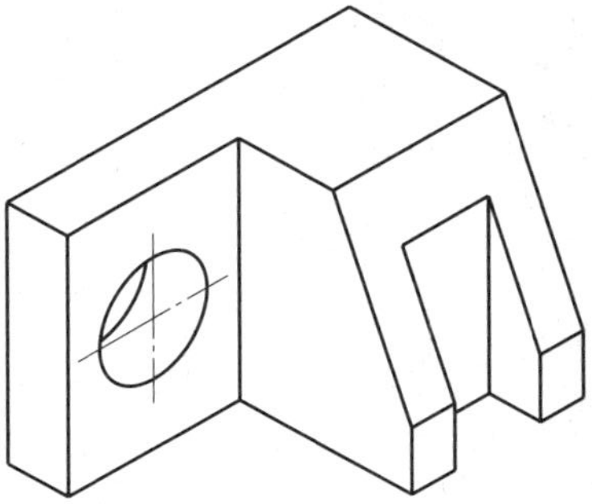

（2）根据第三角投影的主视图、俯视图和左视图，绘制右视图、仰视图和后视图，然后采用向视图的标注方式将第三角画法的视图转换成第一角画法的视图

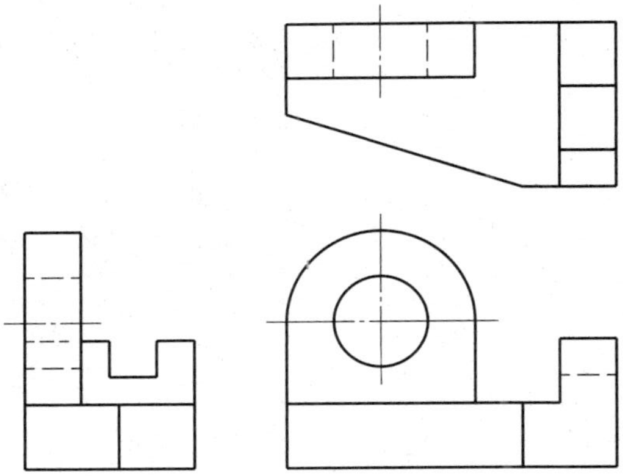

班级　　学号　　姓名

模块七　标准件与通用件表示法

7–1　完成螺纹和螺纹连接图（同步训练）

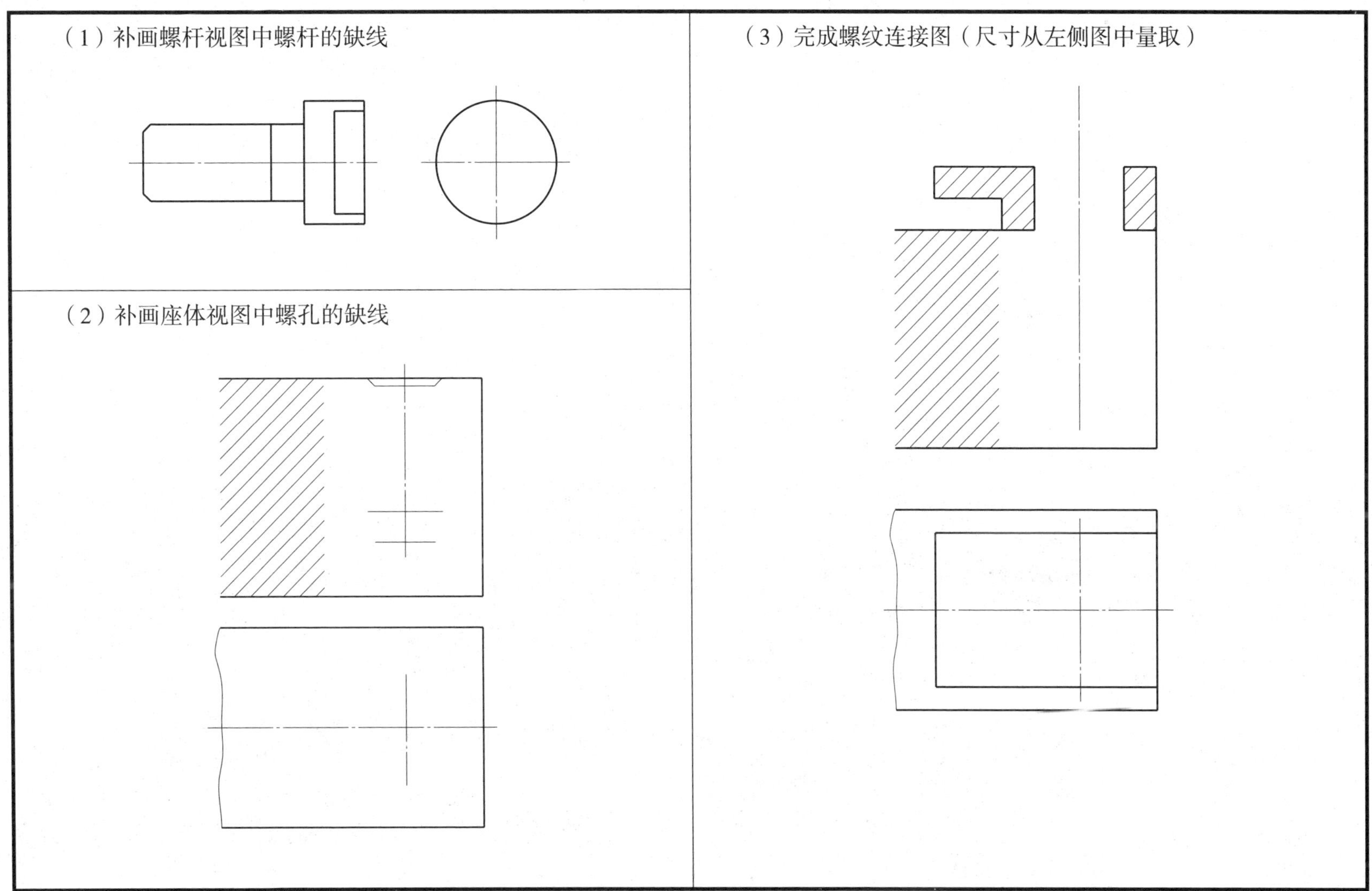

班级　　　　学号　　　　姓名

7-2　分析视图中螺纹画法的错误，在指定位置画出其正确的图形

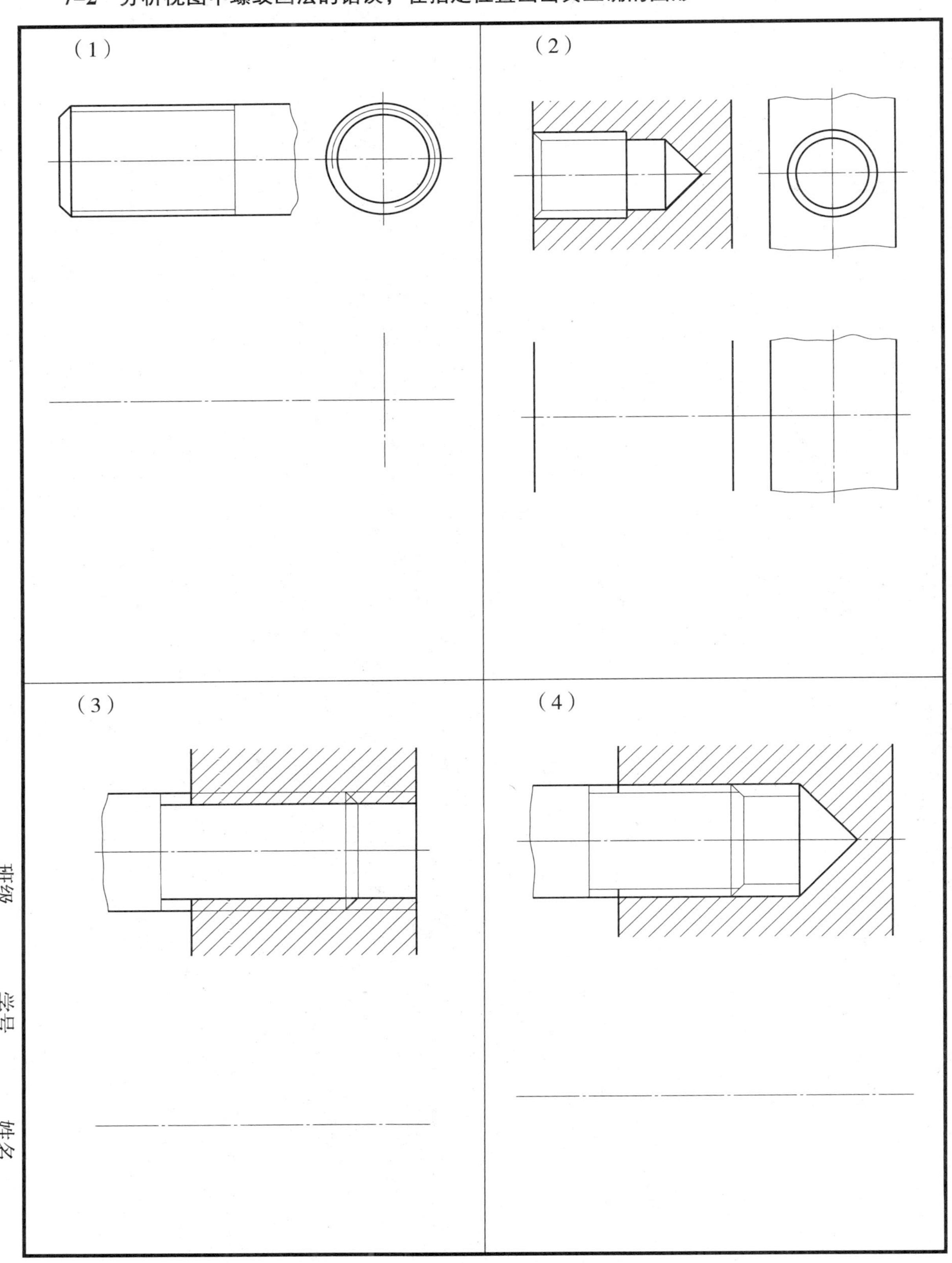

班级　　学号　　姓名

7–3 绘制螺栓连接图（同步训练）

根据连接板的尺寸，选择相应规格的螺栓、螺母和垫圈，绘制螺栓连接图

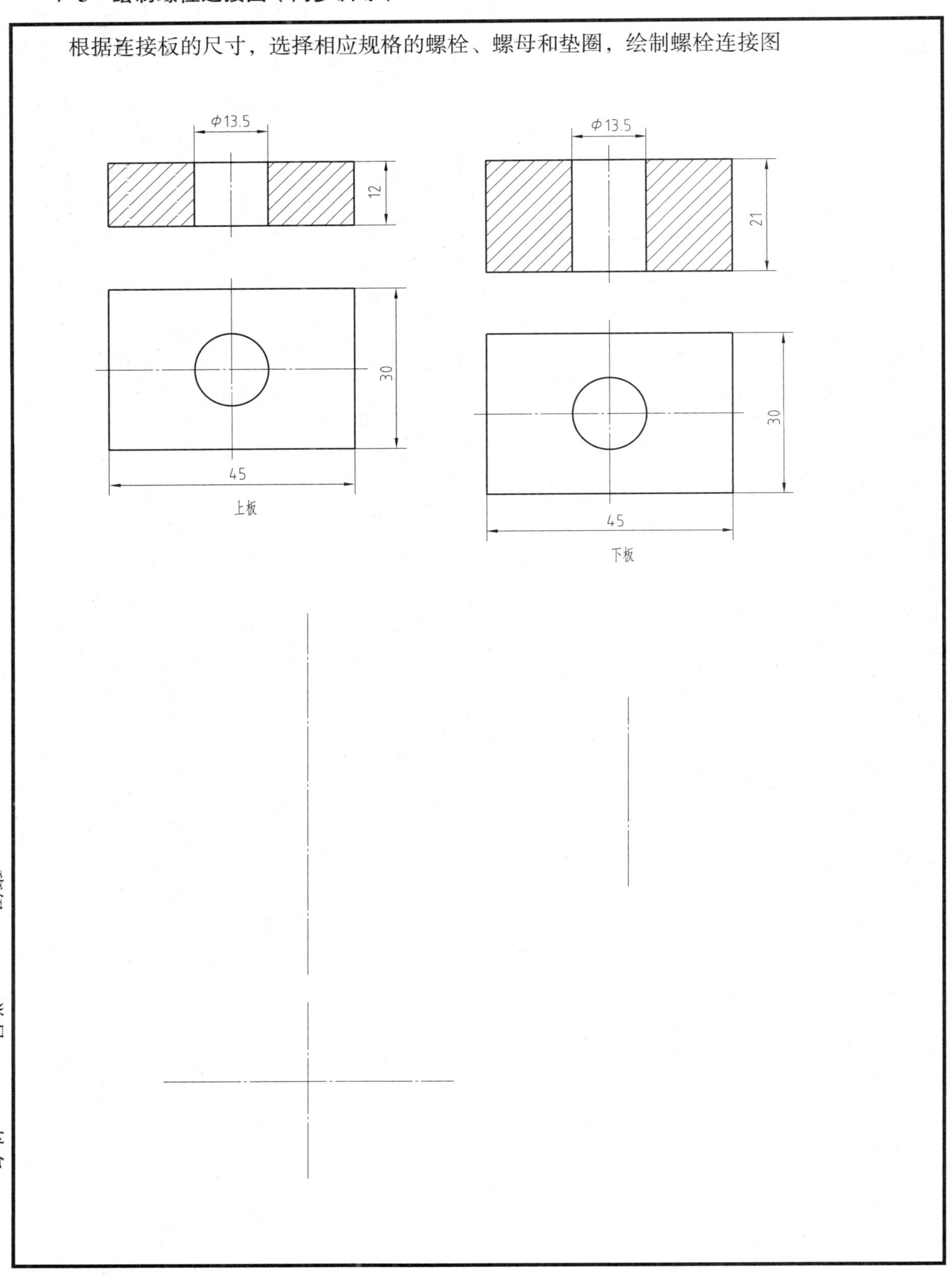

班级　　学号　　姓名

7-4　绘制螺钉连接图（同步训练）

根据连接板的尺寸，选择相应规格的开槽圆柱头螺钉，绘制螺钉连接图

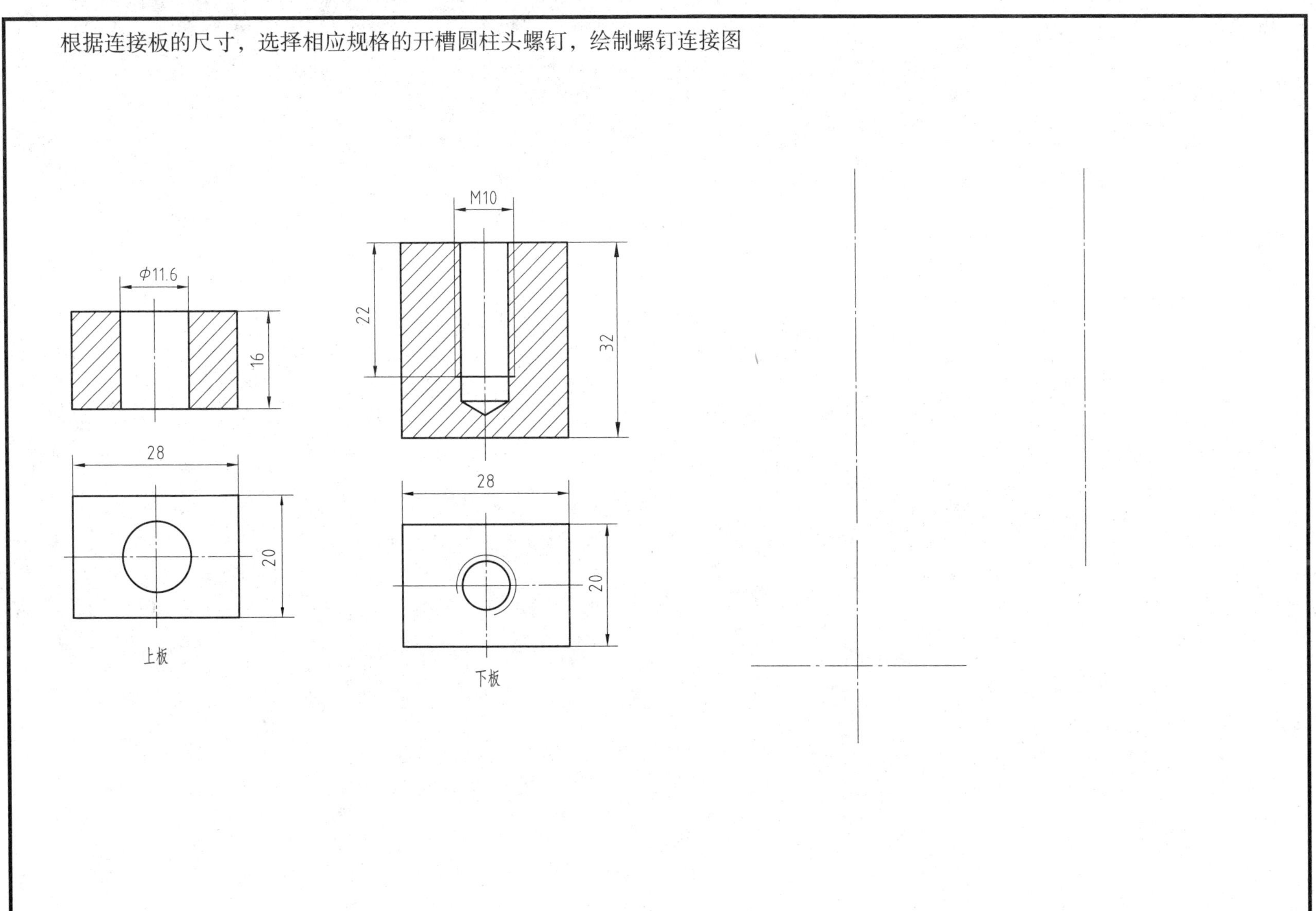

班级　　　　学号　　　　姓名

7-5 绘制双头螺柱连接图（同步训练）

根据连接板的尺寸，选择相应规格的双头螺柱和弹簧垫圈，绘制双头螺柱连接图

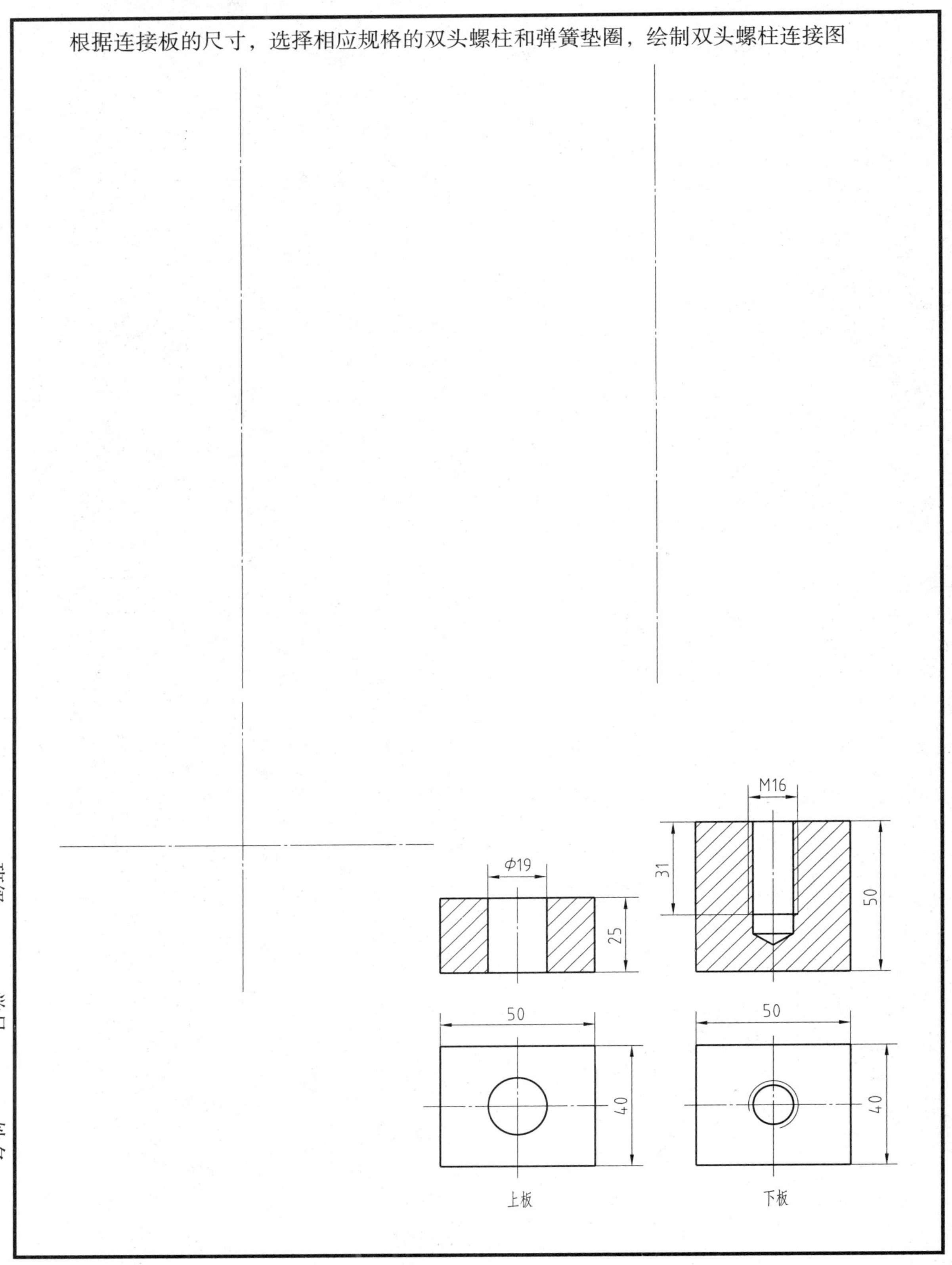

班级　　学号　　姓名

7-6 绘制齿轮（同步训练）

（1）已知小圆柱齿轮的模数 m=2.5 mm，齿数 z_1=18，齿坯宽度 b_1=16 mm，试计算小圆柱齿轮的主要几何尺寸，并参照教材绘制小圆柱齿轮的视图（绘图比例 1∶1）

（2）已知小直齿锥齿轮的模数 m=2 mm，齿数 z_1=25，齿宽 b=16 mm，试计算小直齿锥齿轮的主要几何尺寸，并参照教材绘制小直齿锥齿轮的视图（绘图比例 1∶1）

班级　　学号　　姓名

7-7 绘制大直齿圆柱齿轮（同步训练）

已知大直齿圆柱齿轮的模数 m=2.5 mm，齿数 z_2=35，齿坯宽度 b_2=14 mm，试计算大直齿圆柱齿轮的主要几何尺寸，并参照教材绘制大直齿圆柱齿轮的视图（绘图比例 1∶1）

班级　　　　学号　　　　姓名

7–8　绘制直齿圆柱齿轮啮合图（同步训练）

参照教材，绘制题 7–6（1）与题 7–7 的圆柱齿轮啮合图（绘图比例 1∶1）

班级　　　　学号　　　　姓名

7–9　绘制大直齿锥齿轮（同步训练）

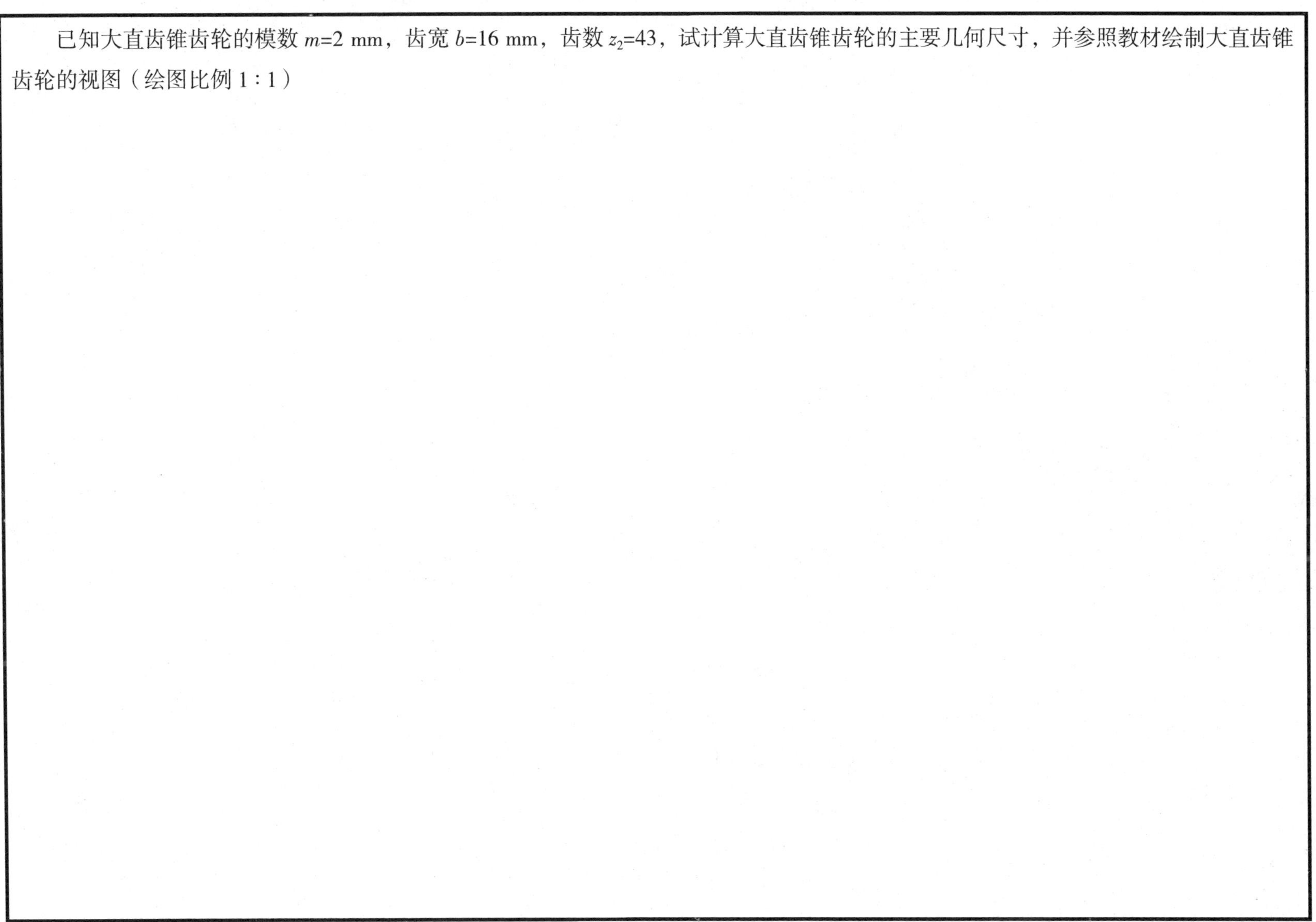

已知大直齿锥齿轮的模数 m=2 mm，齿宽 b=16 mm，齿数 z_2=43，试计算大直齿锥齿轮的主要几何尺寸，并参照教材绘制大直齿锥齿轮的视图（绘图比例 1∶1）

班级　　　　学号　　　　姓名

7–10　绘制直齿锥齿轮啮合图（同步训练）

参照教材，绘制题 7–6（2）与题 7–9 的锥齿轮啮合图（绘图比例 1∶1）

班级　　　　学号　　　　姓名

7-11　绘制蜗杆（同步训练）

已知蜗杆的模数 m=2 mm，蜗杆的头数 z_1=1，直径系数 q=17.75，试计算蜗杆的几何尺寸，参照教材，绘制蜗杆的外形视图和剖视图

班级　　　　学号　　　　姓名

7–12　绘制蜗轮（同步训练）

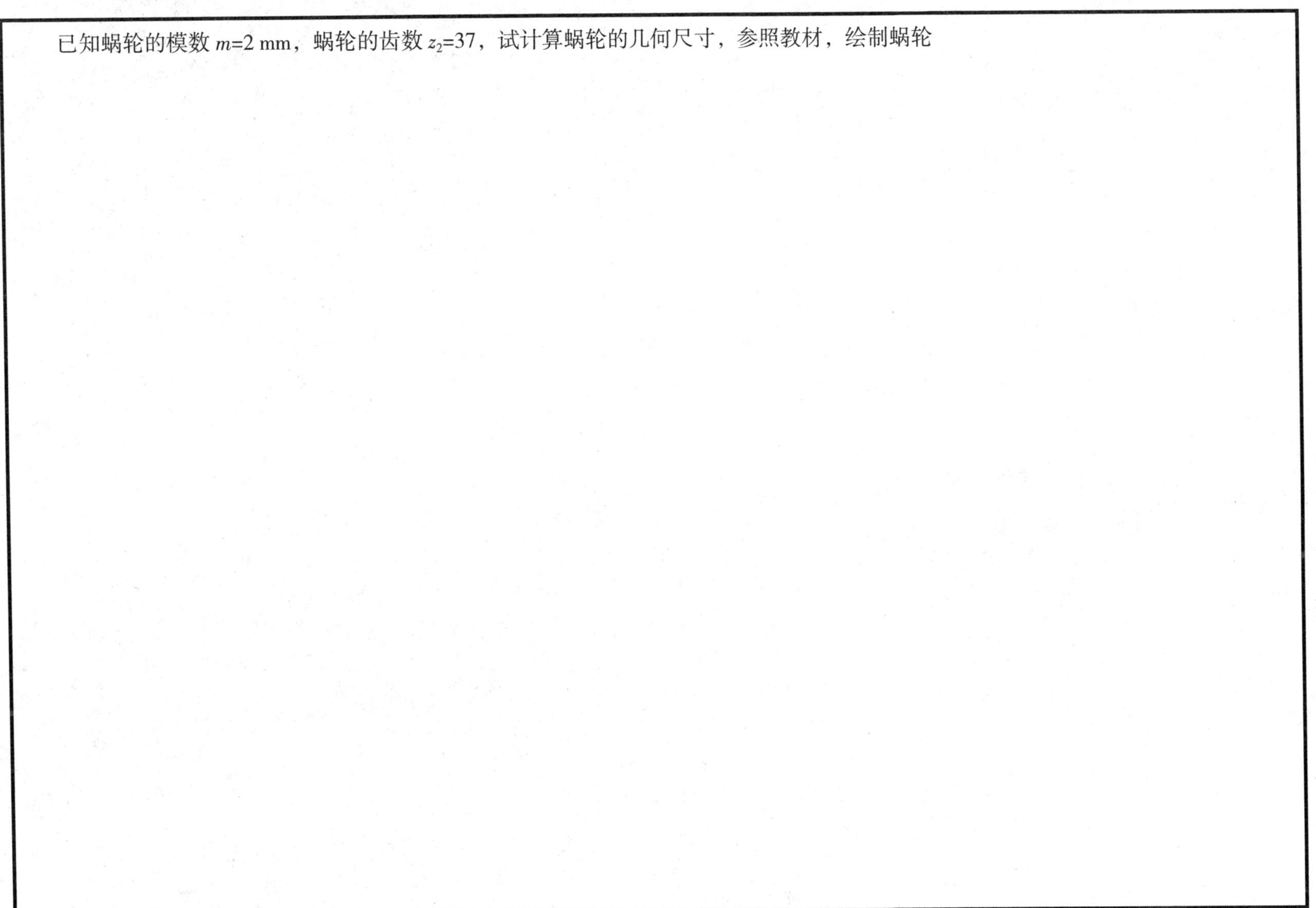

已知蜗轮的模数 m=2 mm，蜗轮的齿数 z_2=37，试计算蜗轮的几何尺寸，参照教材，绘制蜗轮

班级　　　　学号　　　　姓名

7-13　绘制蜗轮蜗杆啮合图（同步训练）

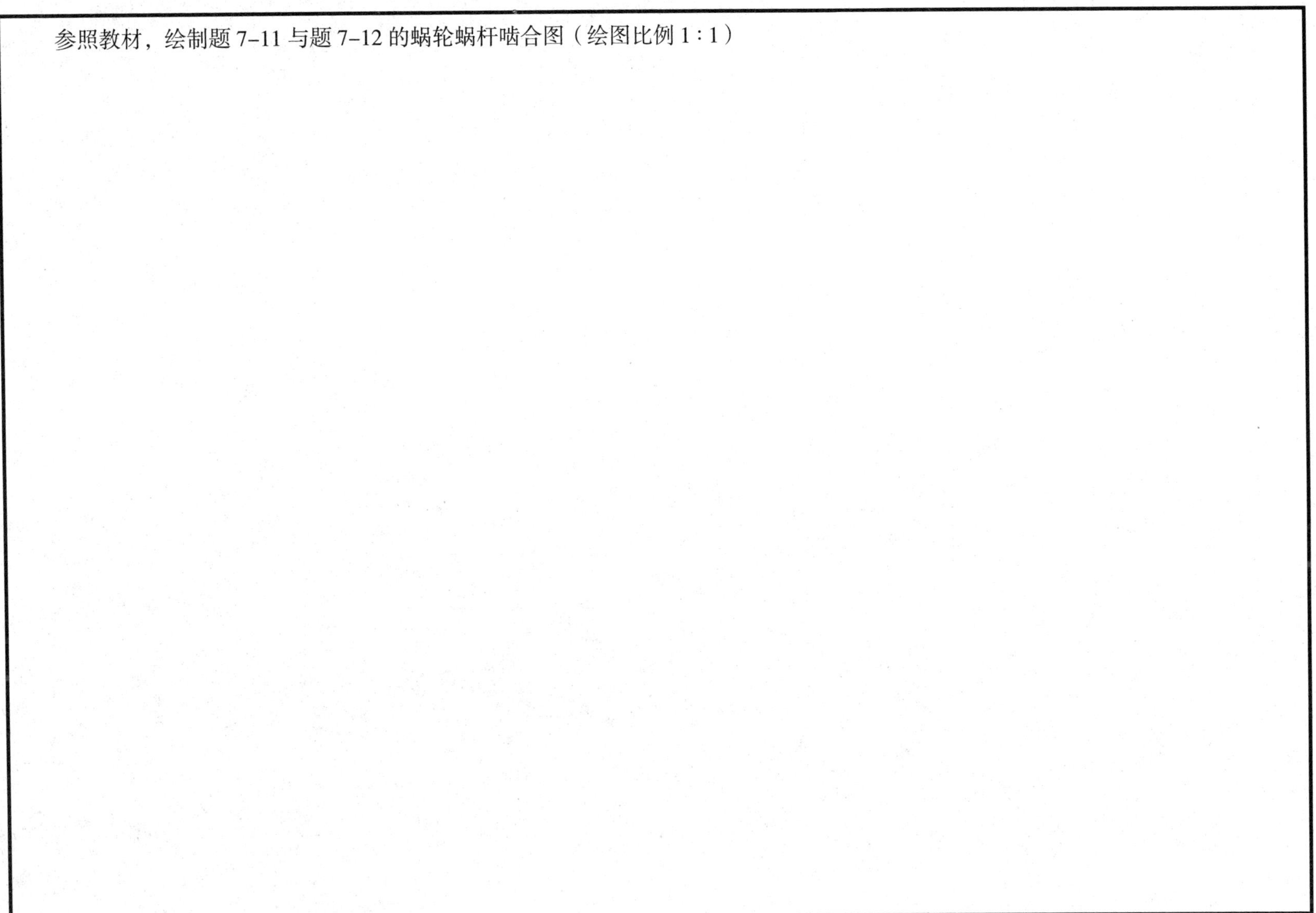

参照教材，绘制题 7-11 与题 7-12 的蜗轮蜗杆啮合图（绘图比例 1 : 1）

班级　　　　学号　　　　姓名

7-14　绘制半联轴器装配图（同步训练）

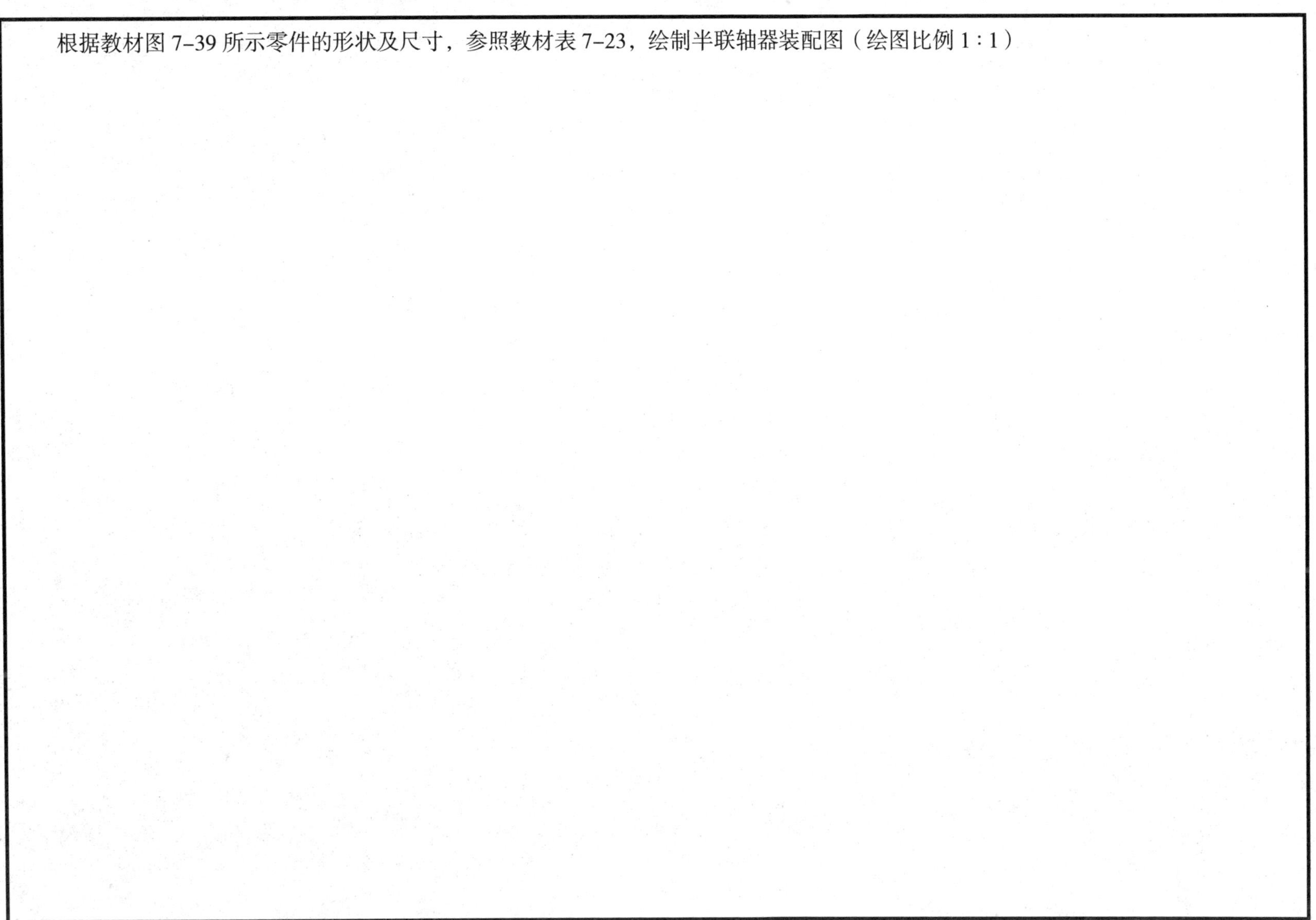

根据教材图 7-39 所示零件的形状及尺寸，参照教材表 7-23，绘制半联轴器装配图（绘图比例 1：1）

班级　　　　学号　　　　姓名

7–15　绘制套筒联轴器装配图（同步训练）

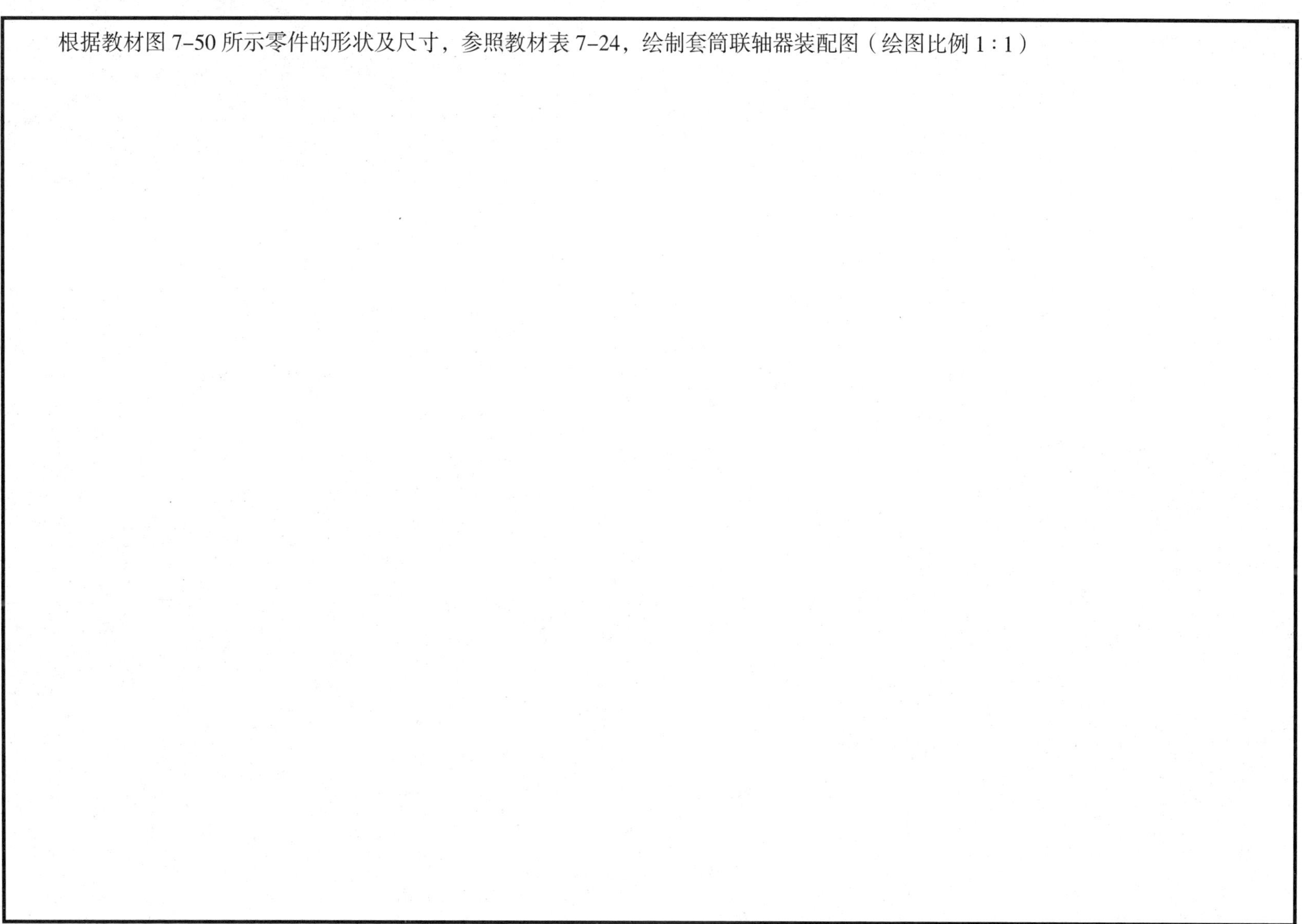

根据教材图 7–50 所示零件的形状及尺寸，参照教材表 7–24，绘制套筒联轴器装配图（绘图比例 1 : 1）

班级　　　　学号　　　　姓名

7-16 完成键连接和销连接的视图

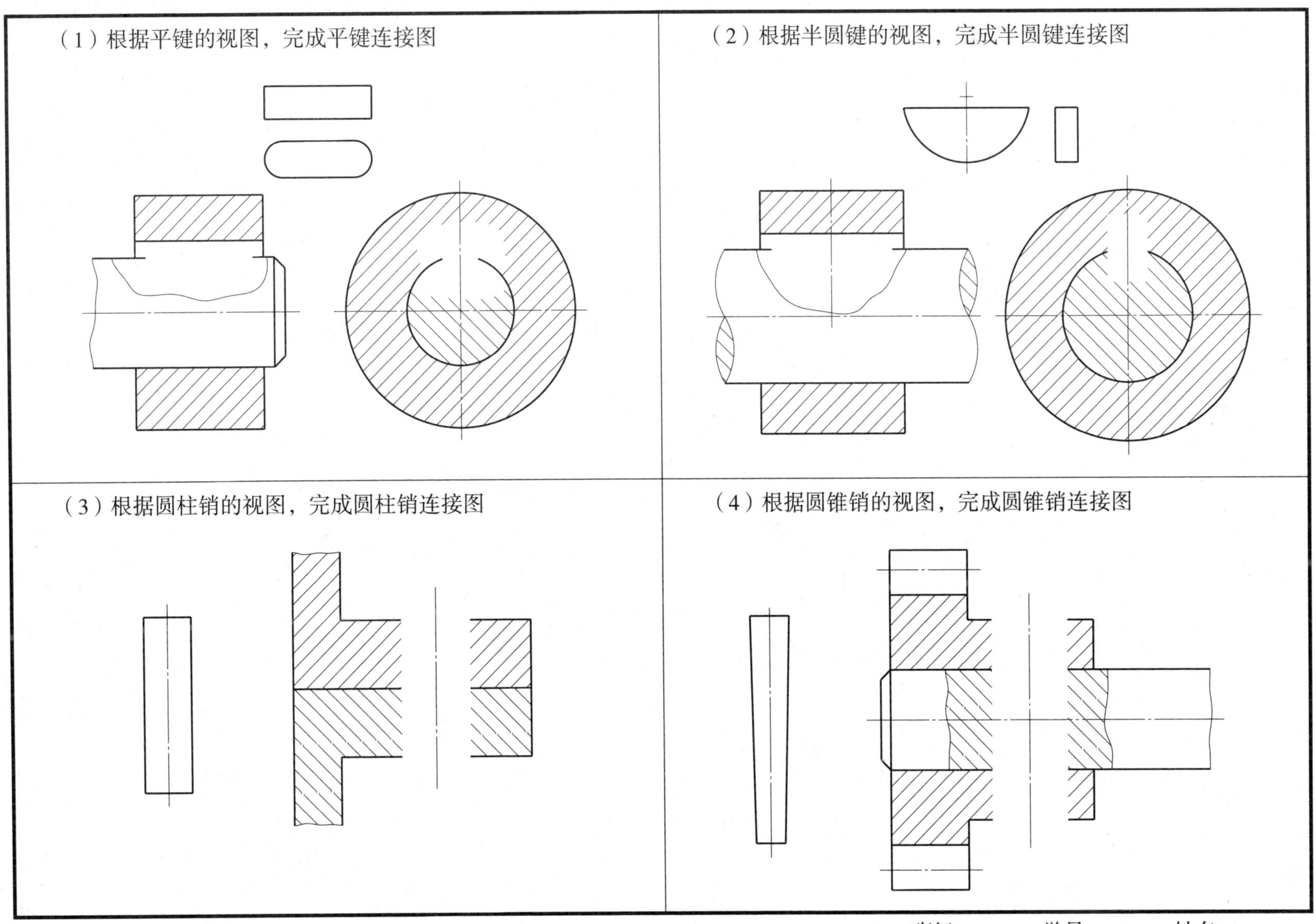

班级　　　　学号　　　　姓名

7-17　根据花键轴和齿轮的视图，绘制连接图（主视图、左视图）

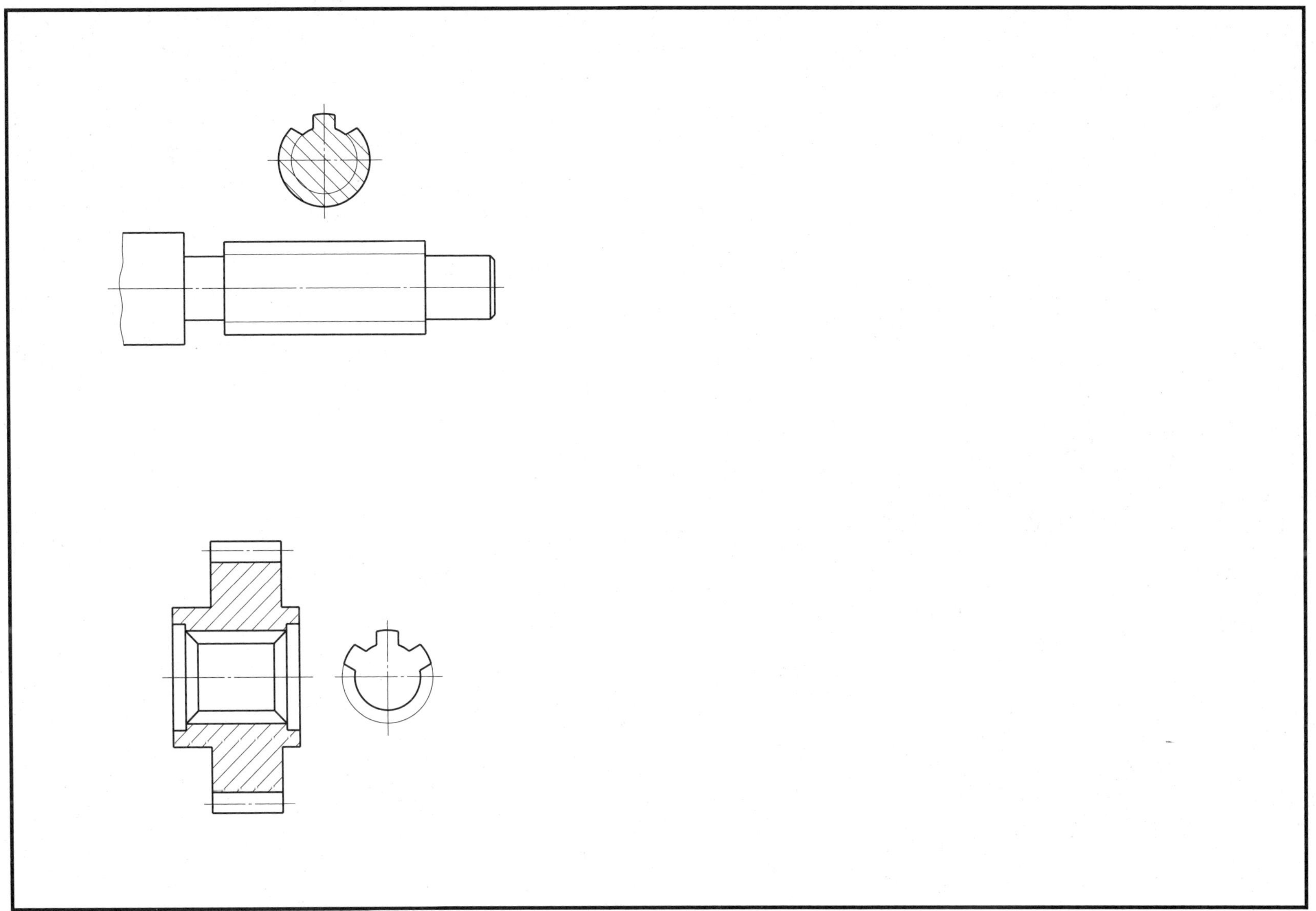

班级　　　　学号　　　　姓名

7-18　完成滚动轴承的视图

（1）完成深沟球轴承的视图（特征画法）	（2）完成圆锥滚子轴承的视图（特征画法）	（3）完成推力球轴承的视图（特征画法）
（4）完成深沟球轴承的视图（规定画法）	（5）完成圆锥滚子轴承的视图（规定画法）	（6）完成推力球轴承的视图（规定画法）

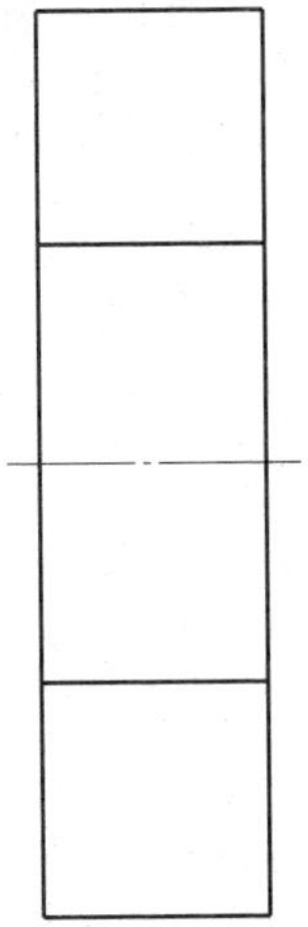

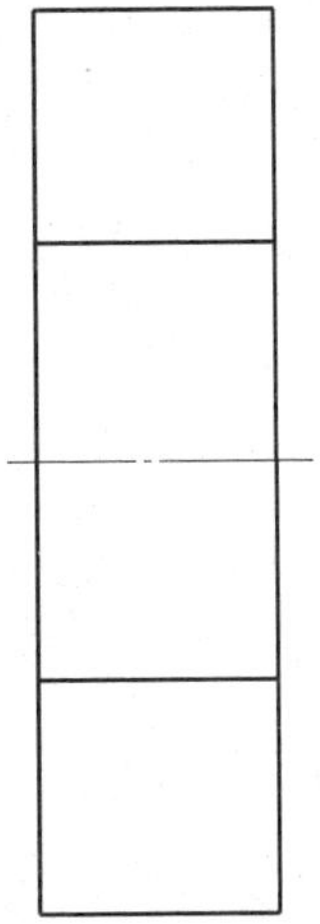

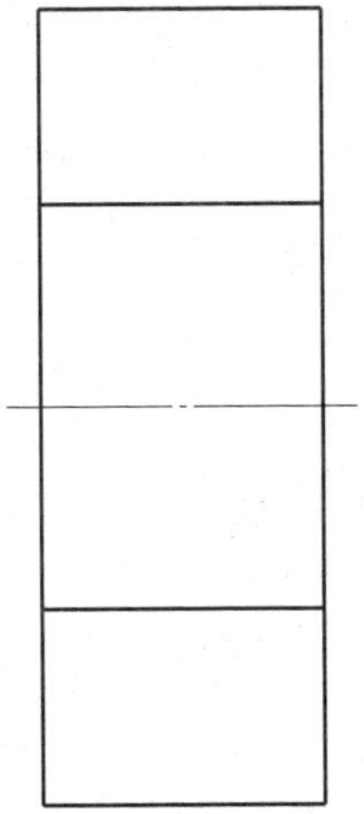

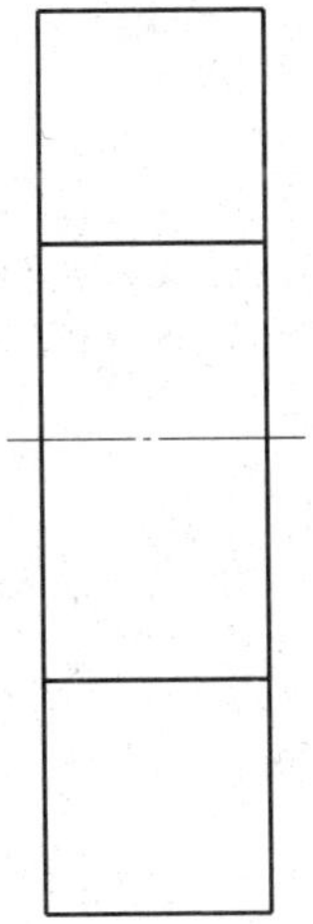

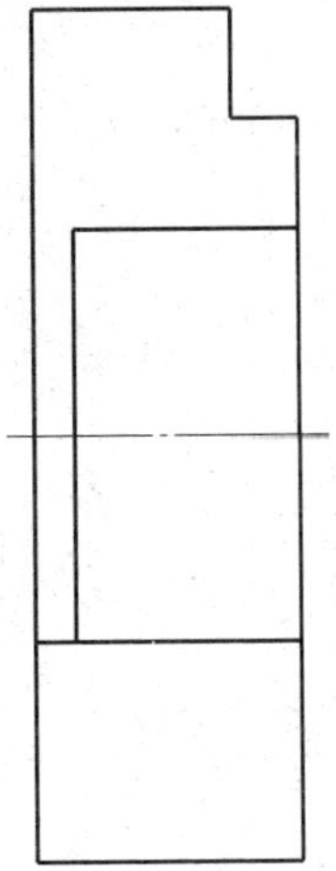

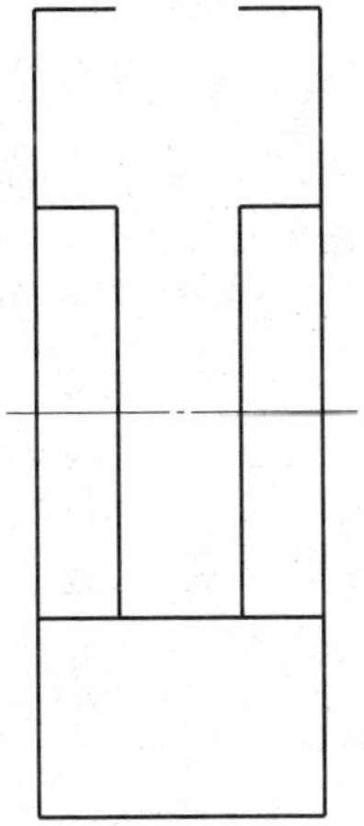

班级　　　　学号　　　　姓名

7–19　绘制弹簧（同步训练）

已知圆柱螺旋压缩弹簧外径 D=60 mm，弹簧簧丝直径 d=5 mm，节距 t=10 mm，有效圈数 n=6，支承圈数 n_2=2.5，右旋。试画出该弹簧的主视图（全剖）和俯视图

班级　　学号　　姓名

模块八 技 术 要 求

8–1 识读尺寸公差

（1）识读图中标注的极限偏差，计算各尺寸的尺寸公差、上极限尺寸和下极限尺寸，并填表（同步训练）

（2）根据图中标注的尺寸及公差，填写表格

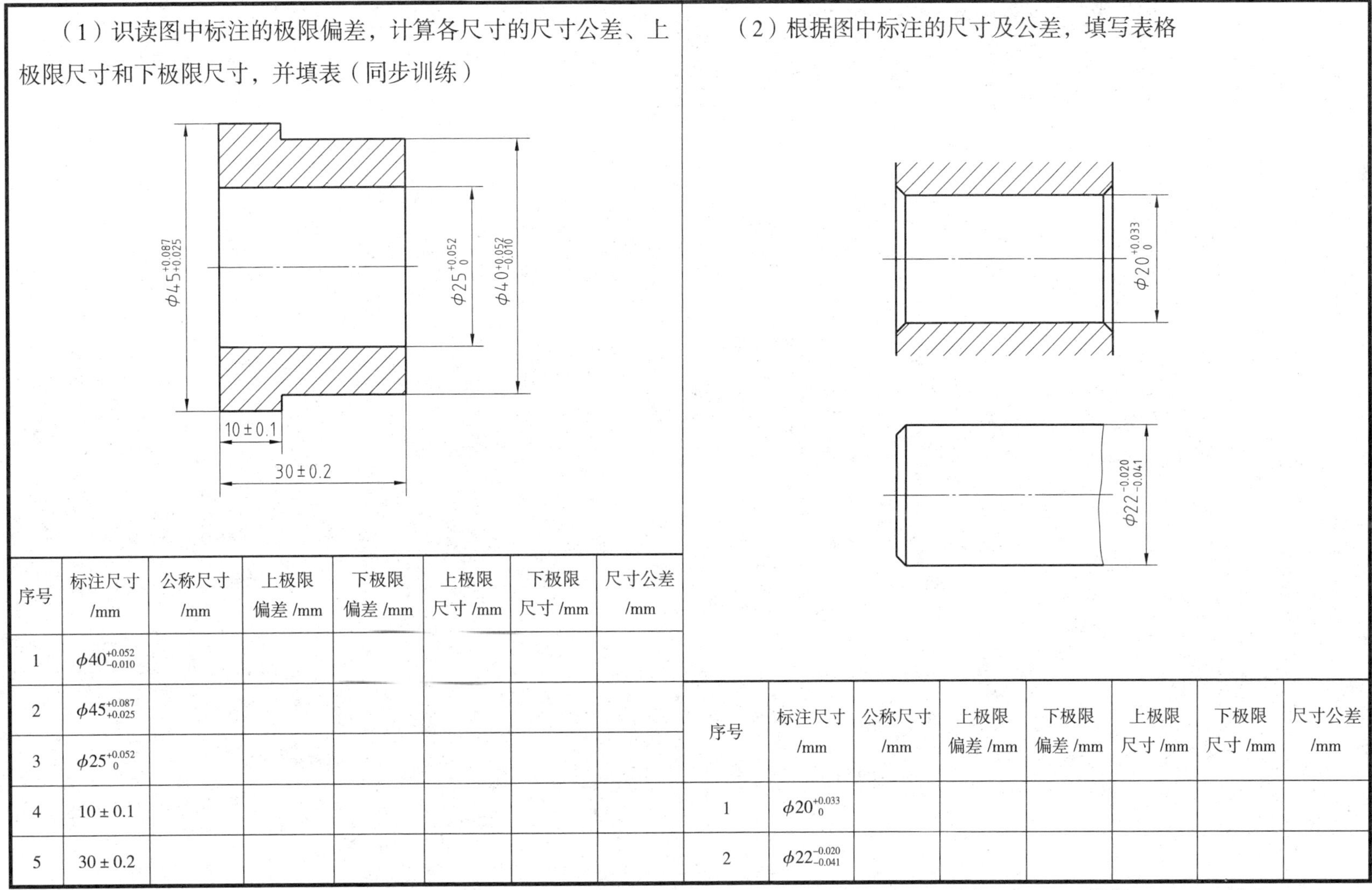

序号	标注尺寸 /mm	公称尺寸 /mm	上极限偏差 /mm	下极限偏差 /mm	上极限尺寸 /mm	下极限尺寸 /mm	尺寸公差 /mm
1	$\phi40^{+0.052}_{-0.010}$						
2	$\phi45^{+0.087}_{+0.025}$						
3	$\phi25^{+0.052}_{0}$						
4	10 ± 0.1						
5	30 ± 0.2						

序号	标注尺寸 /mm	公称尺寸 /mm	上极限偏差 /mm	下极限偏差 /mm	上极限尺寸 /mm	下极限尺寸 /mm	尺寸公差 /mm
1	$\phi20^{+0.033}_{0}$						
2	$\phi22^{-0.020}_{-0.041}$						

班级　　学号　　姓名

8–2 按表中给定的极限偏差，在图中标注相应的尺寸公差

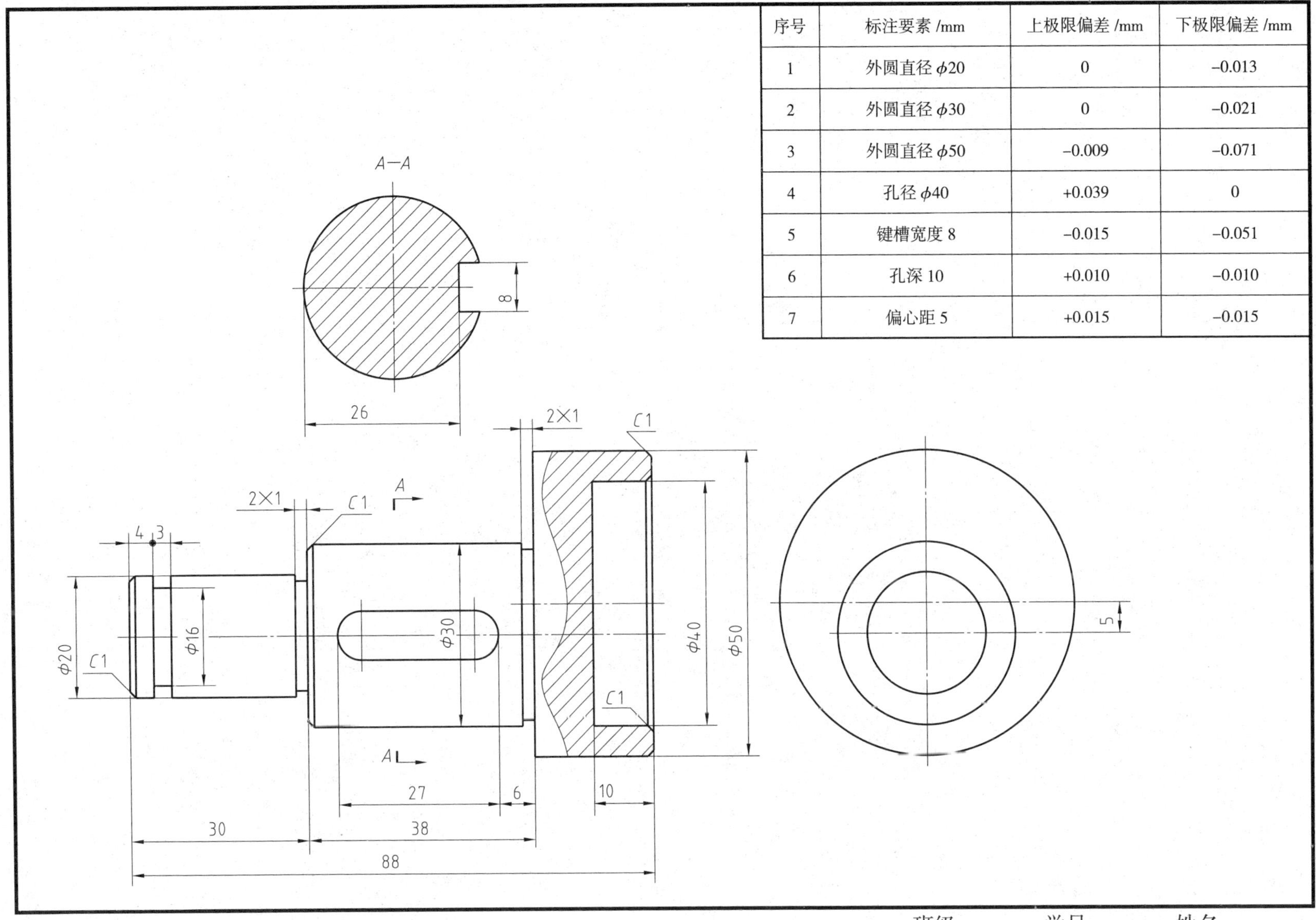

序号	标注要素 /mm	上极限偏差 /mm	下极限偏差 /mm
1	外圆直径 ϕ20	0	–0.013
2	外圆直径 ϕ30	0	–0.021
3	外圆直径 ϕ50	–0.009	–0.071
4	孔径 ϕ40	+0.039	0
5	键槽宽度 8	–0.015	–0.051
6	孔深 10	+0.010	–0.010
7	偏心距 5	+0.015	–0.015

班级　　　　学号　　　　姓名

8–3 识读和标注公差代号

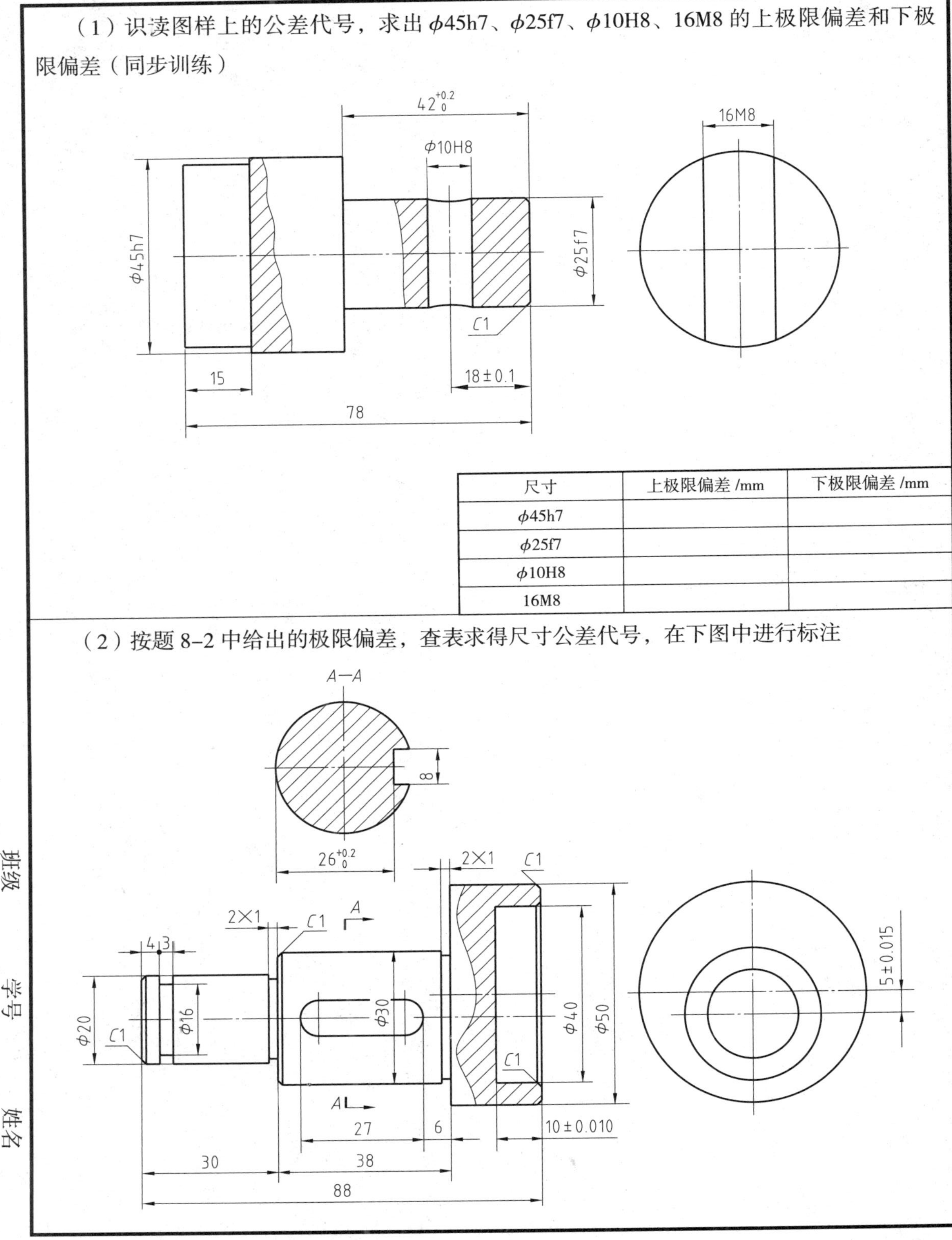

（1）识读图样上的公差代号，求出 ϕ45h7、ϕ25f7、ϕ10H8、16M8 的上极限偏差和下极限偏差（同步训练）

尺寸	上极限偏差 /mm	下极限偏差 /mm
ϕ45h7		
ϕ25f7		
ϕ10H8		
16M8		

（2）按题 8–2 中给出的极限偏差，查表求得尺寸公差代号，在下图中进行标注

班级　　学号　　姓名

8-4 标注尺寸公差（同步训练）

根据教材表 8-2 给出的尺寸公差要求，在下图中标注尺寸公差

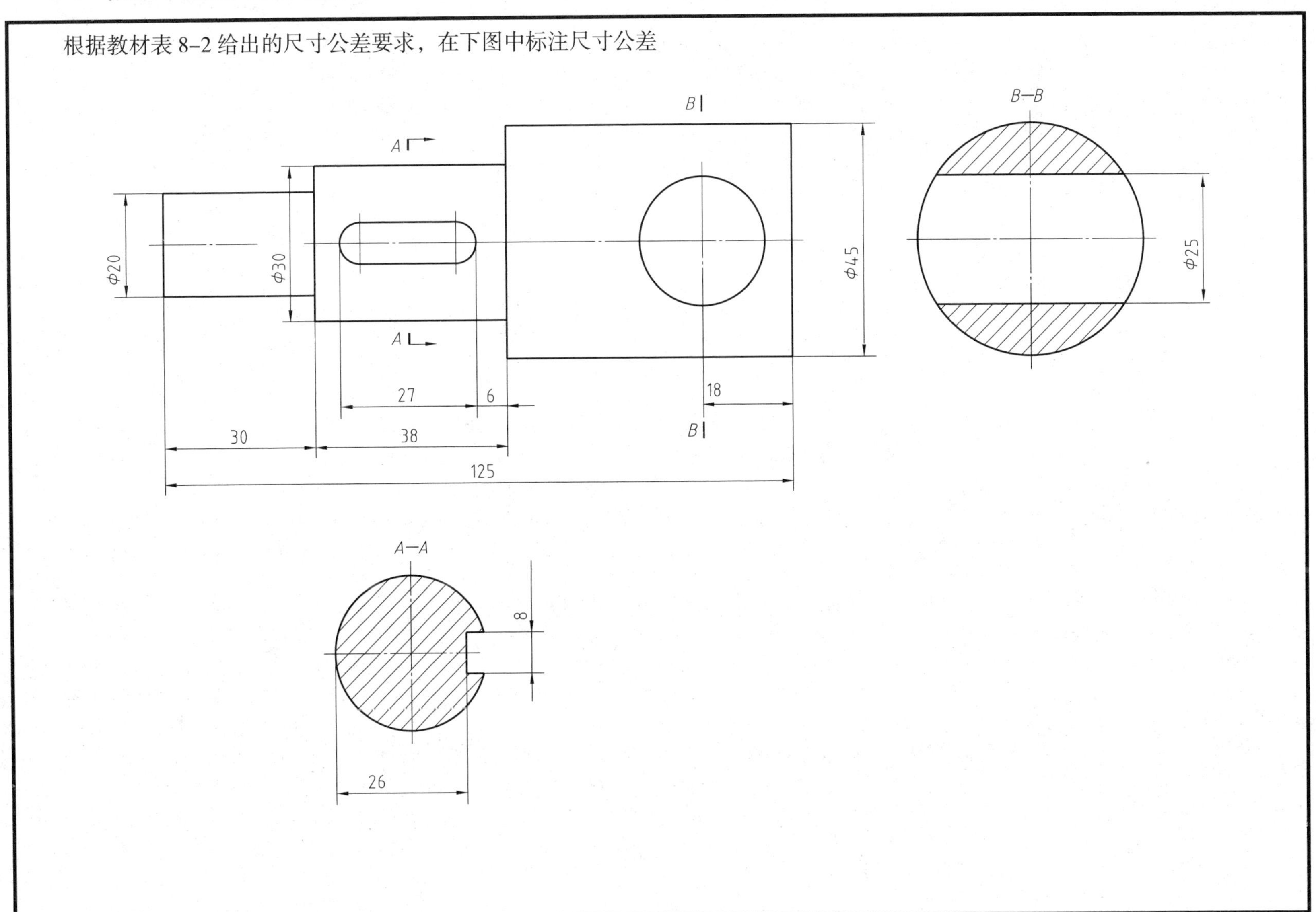

班级 学号 姓名

8-5 识读滑动轴承装配图的配合尺寸，分析配合性质，并在下侧的零件图中标注尺寸公差（同步训练）

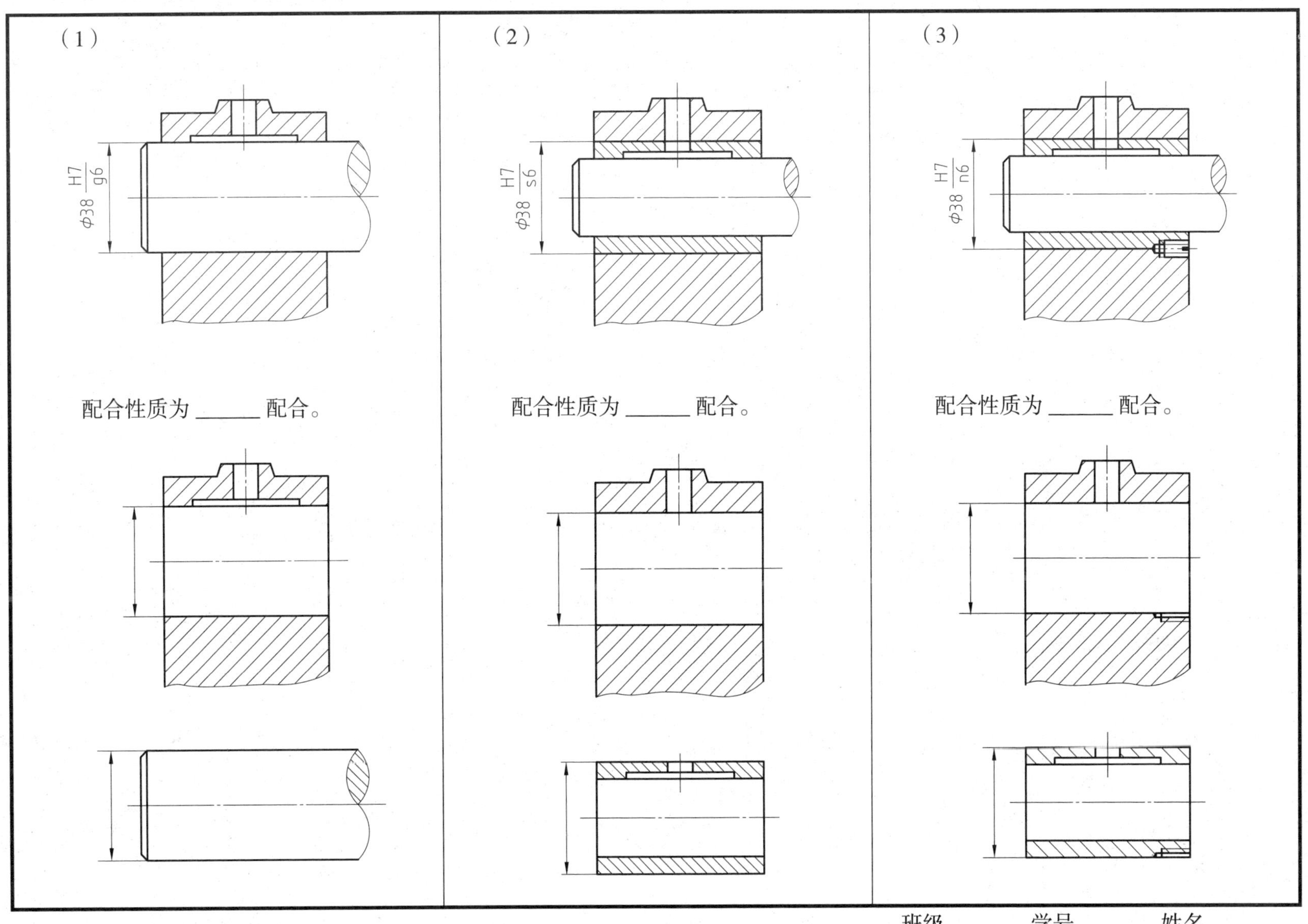

班级　　　　学号　　　　姓名

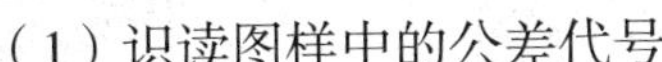

8-6 识读图样中的公差代号和配合代号

（1）识读图样中的公差代号

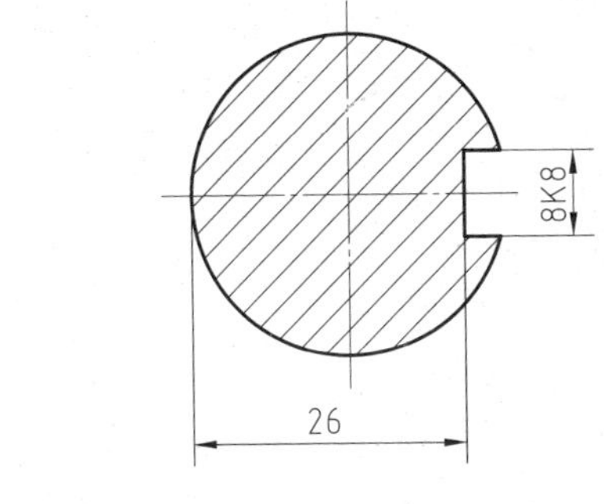

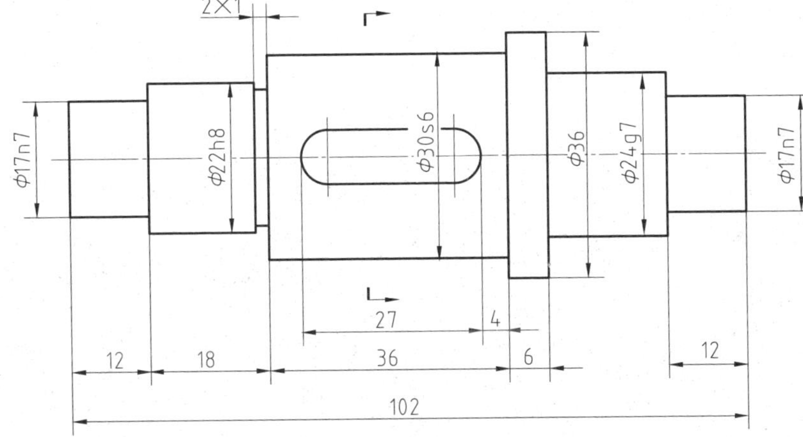

1）ϕ17n7 的公称尺寸为______，基本偏差代号为______，公差等级为______。

2）ϕ22h8 的公称尺寸为______，基本偏差代号为______，公差等级为______。

3）ϕ30s6 的公称尺寸为______，基本偏差代号为______，公差等级为______。

4）8K8 的公称尺寸为______，基本偏差代号为______，公差等级为______。

5）ϕ24g7 的公称尺寸为______，基本偏差代号为______，公差等级为______。

（2）识读图样中的配合代号

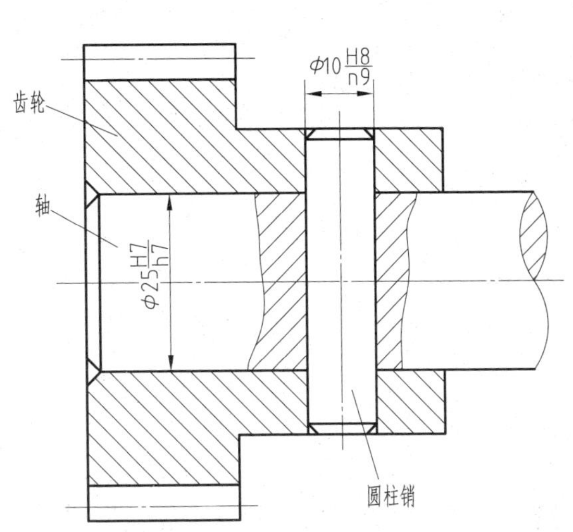

1）ϕ25H7/h7 的公称尺寸为______，是零件______与零件______的配合。其中，孔的公差等级为______，基本偏差代号为______；轴的公差等级为______，基本偏差代号为______。

2）ϕ10H8/n9 的公称尺寸为______，是零件______与零件______和______的配合。其中，孔的公差等级为______，基本偏差代号为______；轴的公差等级为______，基本偏差代号为______。

班级　　　　学号　　　　姓名

8-7 识读图中的几何公差（同步训练）

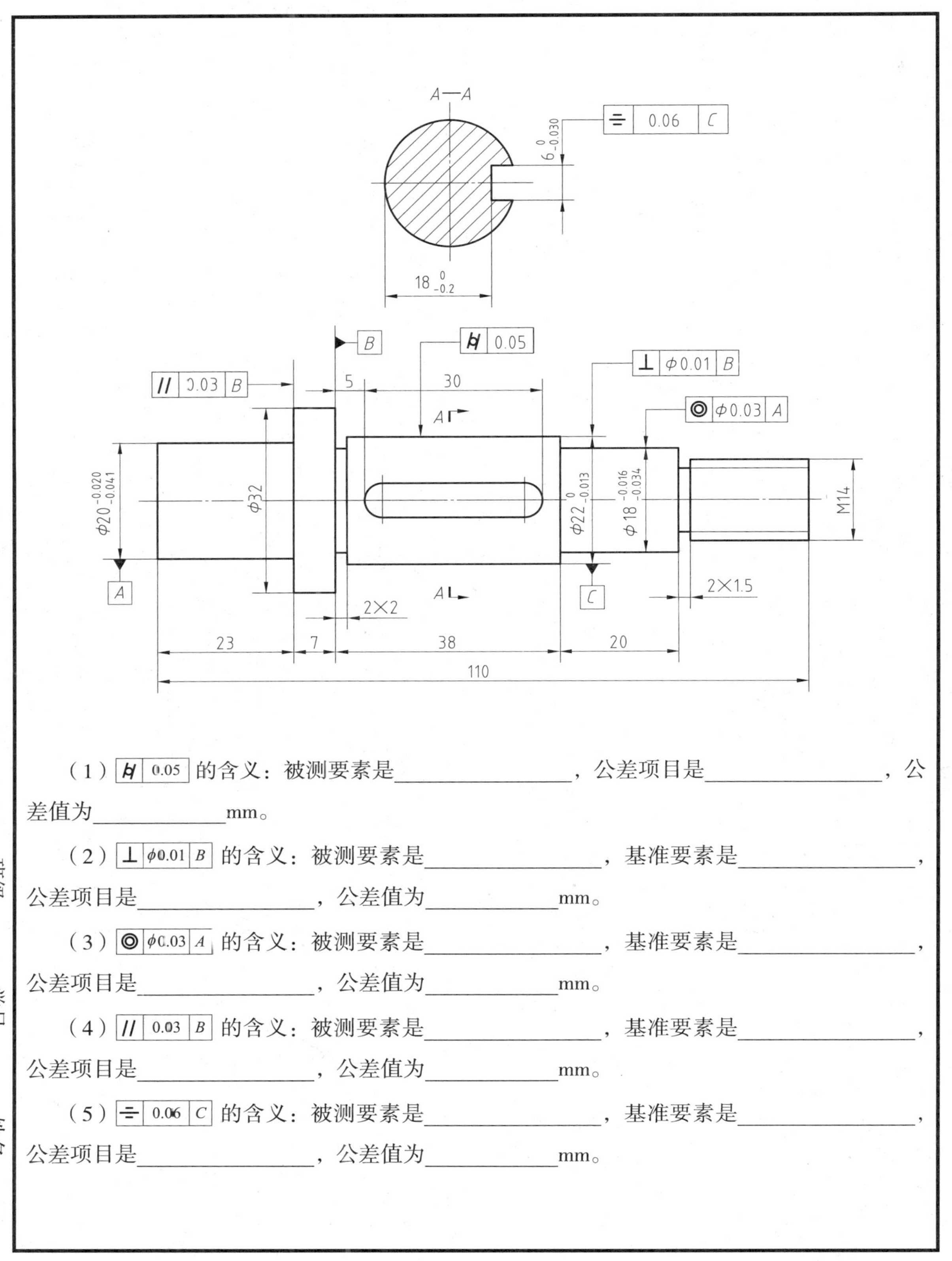

（1）⌭ 0.05 的含义：被测要素是________，公差项目是________，公差值为________mm。

（2）⊥ φ0.01 B 的含义：被测要素是________，基准要素是________，公差项目是________，公差值为________mm。

（3）◎ φ0.03 A 的含义：被测要素是________，基准要素是________，公差项目是________，公差值为________mm。

（4）// 0.03 B 的含义：被测要素是________，基准要素是________，公差项目是________，公差值为________mm。

（5）⌯ 0.06 C 的含义：被测要素是________，基准要素是________，公差项目是________，公差值为________mm。

班级　　学号　　姓名

8–8　识读图中的几何公差

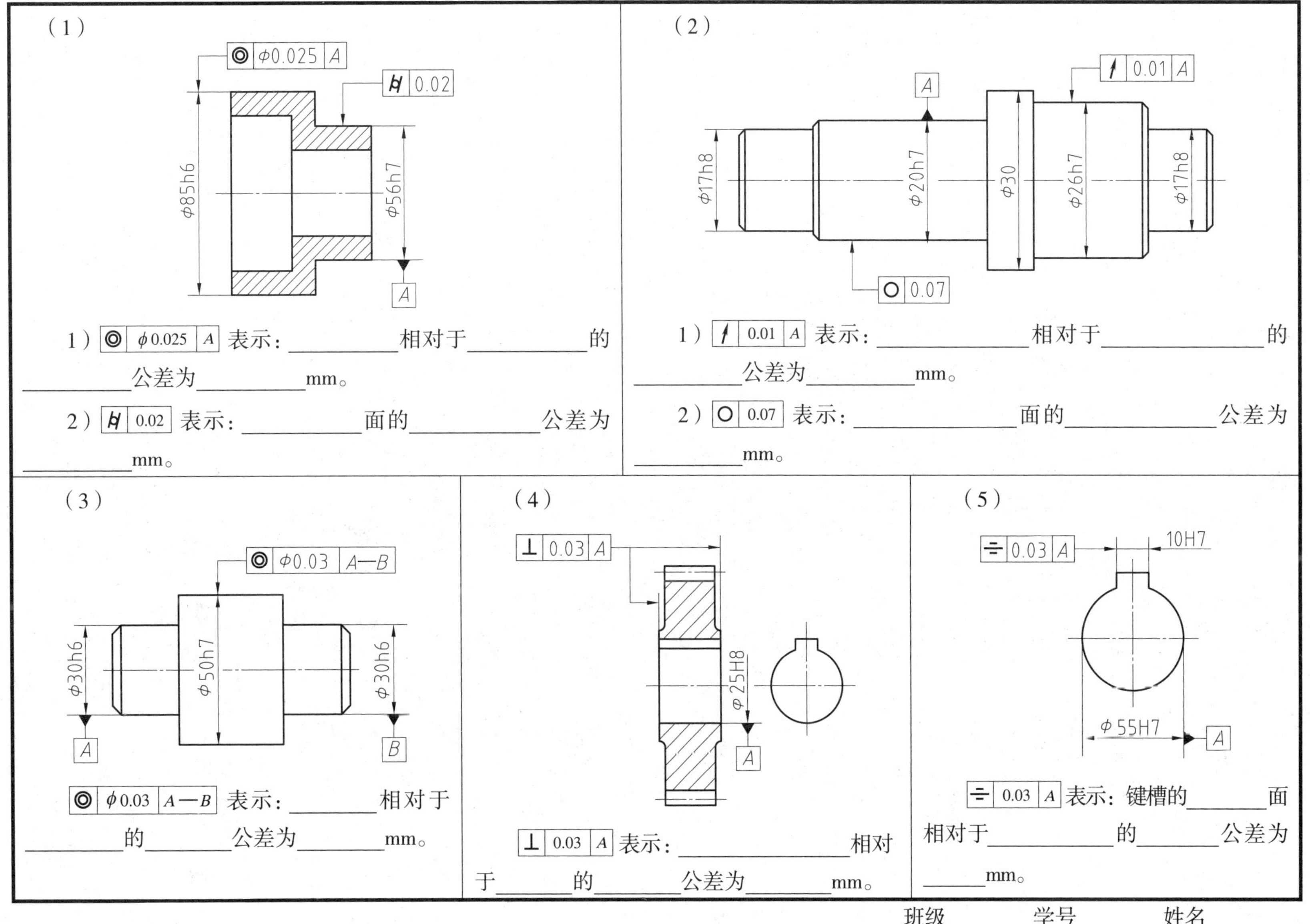

班级　　　　学号　　　　姓名

将下列用文字描述的几何公差要求标注在图样上。

（1）$\phi30^{+0.021}_{0}$ mm 孔的圆柱度公差为 0.004 mm。

（2）轮毂的左右两端面相对于$\phi30^{+0.021}_{0}$ mm 孔轴线的轴向圆跳动公差为 0.008 mm。

（3）齿轮的齿顶圆柱面的圆柱度公差为 0.008 mm。

（4）齿轮的齿顶圆柱面相对于$\phi30^{+0.021}_{0}$ mm 孔轴线的径向圆跳动公差为 0.015 mm。

（5）键槽的对称面相对于$\phi30^{+0.021}_{0}$ mm 孔轴线的对称度公差为 0.015 mm。

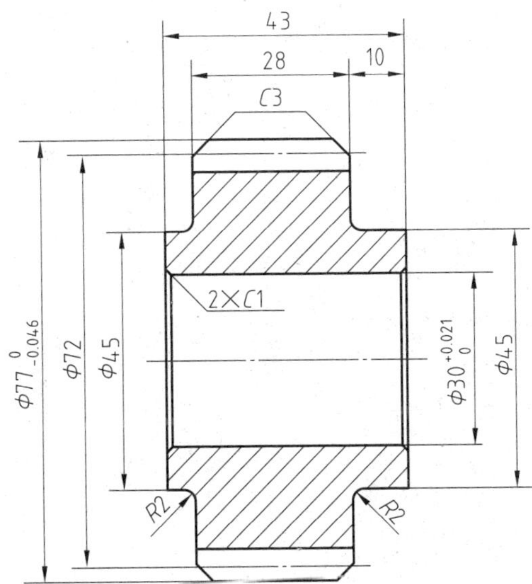

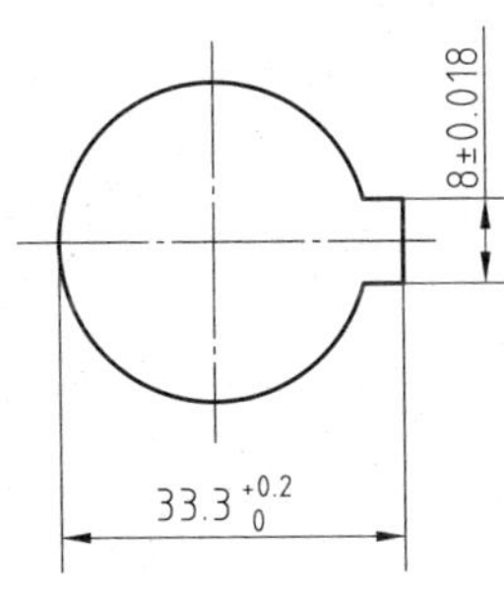

班级　　　学号　　　姓名

8–10　标注几何公差

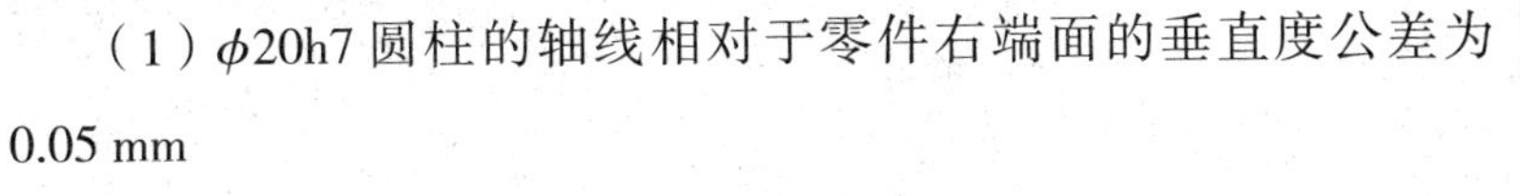

（1）ϕ20h7 圆柱的轴线相对于零件右端面的垂直度公差为 0.05 mm

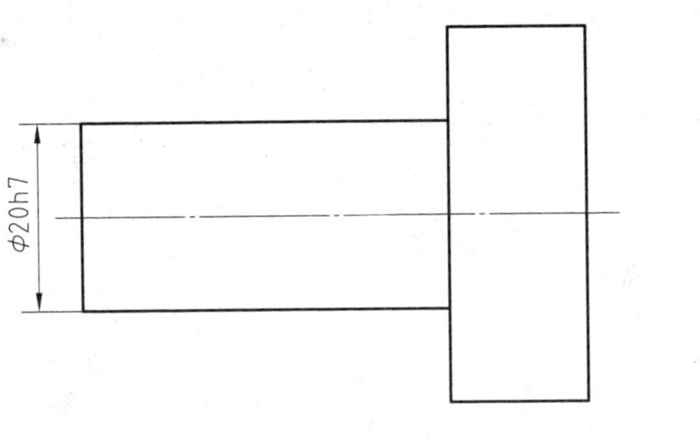

（2）ϕ21H6 孔的轴线相对于零件上侧平面的平行度公差为 0.03 mm

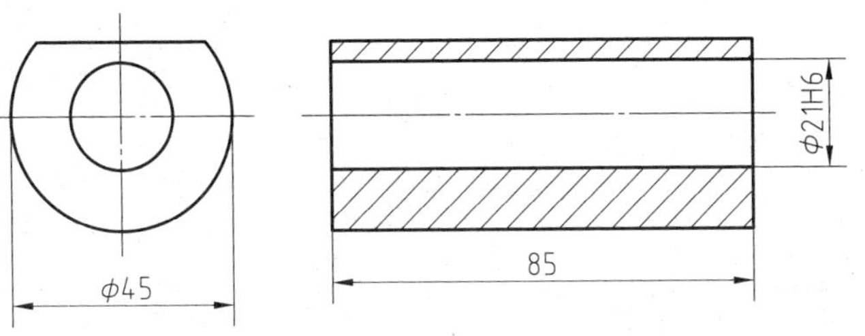

（3）上侧 ϕ45H7 孔的轴线相对于下侧 ϕ50H6 孔轴线的平行度公差为 ϕ0.05 mm

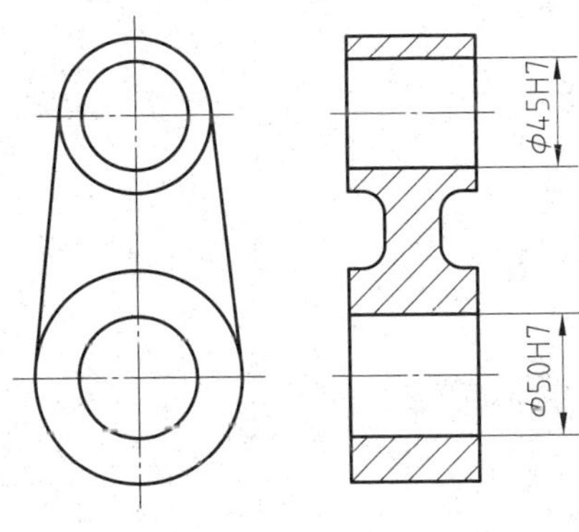

（4）ϕ64h7 圆柱面的轴线相对于 ϕ40H6 孔的轴线的同轴度公差为 ϕ0.02 mm

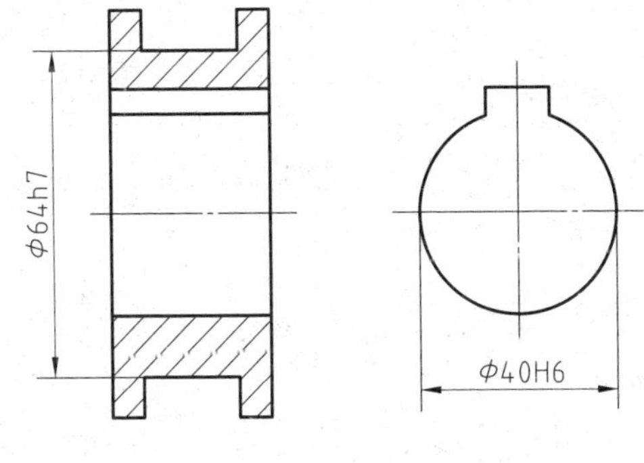

班级　　　　学号　　　　姓名

8–11 标注表面结构代号（同步训练）

根据教材表 8–6 给出的表面粗糙度参数及要求，在下图中标注表面结构代号

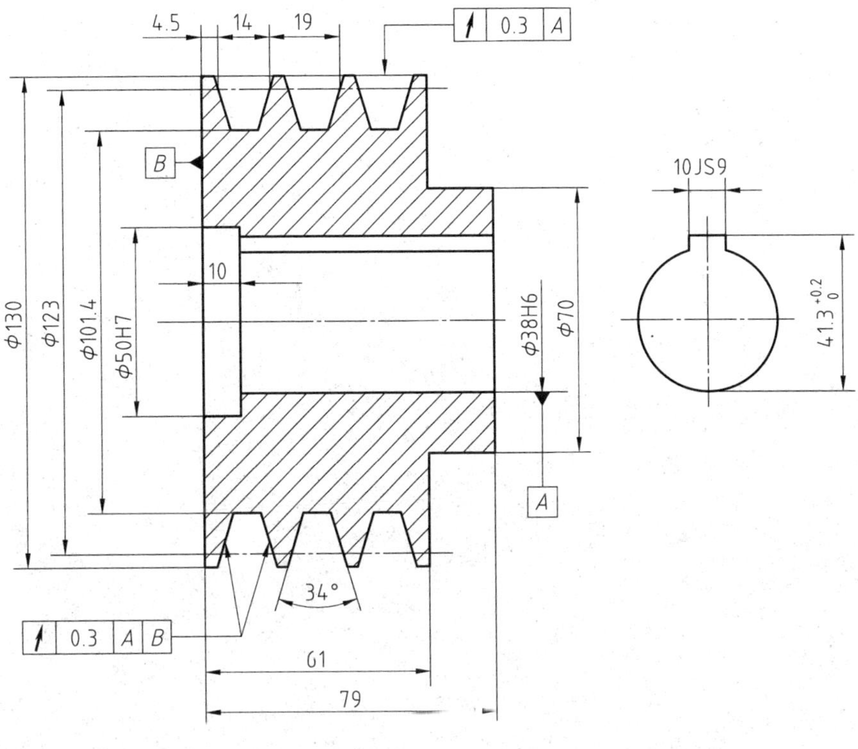

班级　　学号　　姓名

8-12 识读图中的表面结构代号

（1）

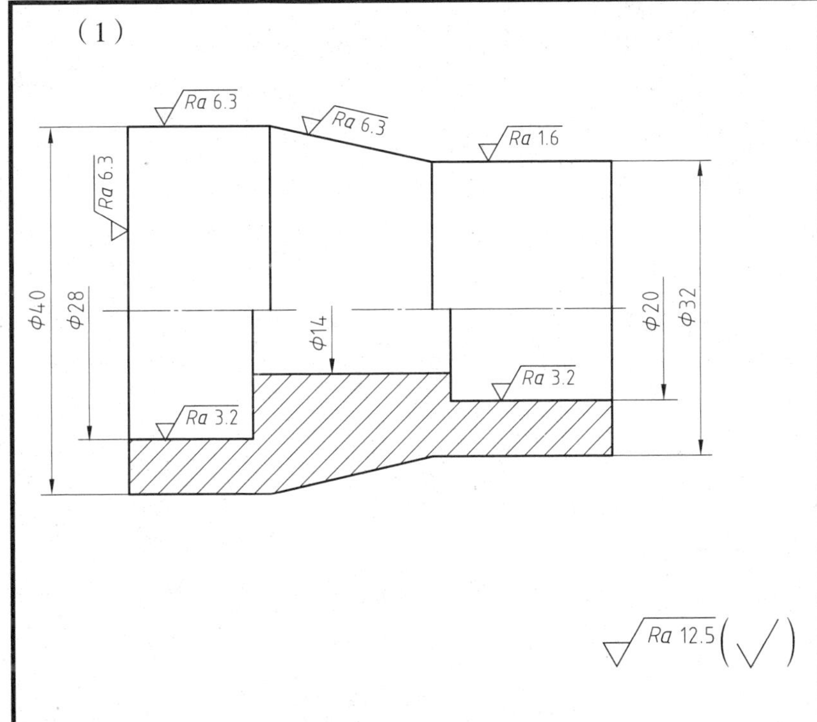

表面名称	φ28 mm 孔	φ20 mm 孔	零件左端面	零件右端面
表面结构代号				
表面名称	圆锥面	φ14 mm 孔	φ40 mm 圆柱面	φ32 mm 圆柱面
表面结构代号				

（2）

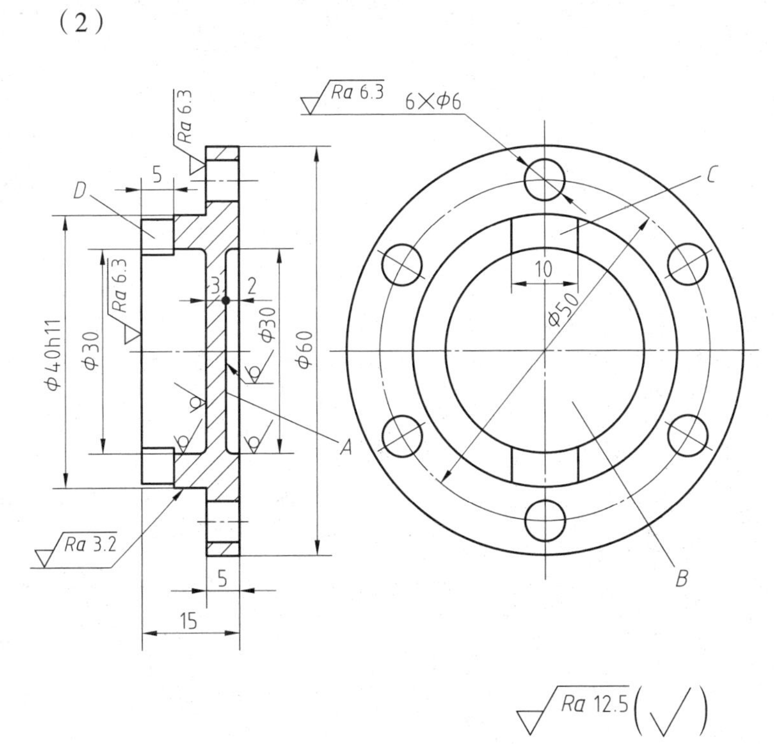

表面名称	左侧 φ30 mm 孔	6×φ6 mm 孔	零件左端面	零件右端面
表面结构代号				
表面名称	*A* 面	*B* 面	*C* 面	*D* 面
表面结构代号				

班级　　　　学号　　　　姓名

8–13 分析上图中表面结构代号标注中的错误，在下图中进行正确标注

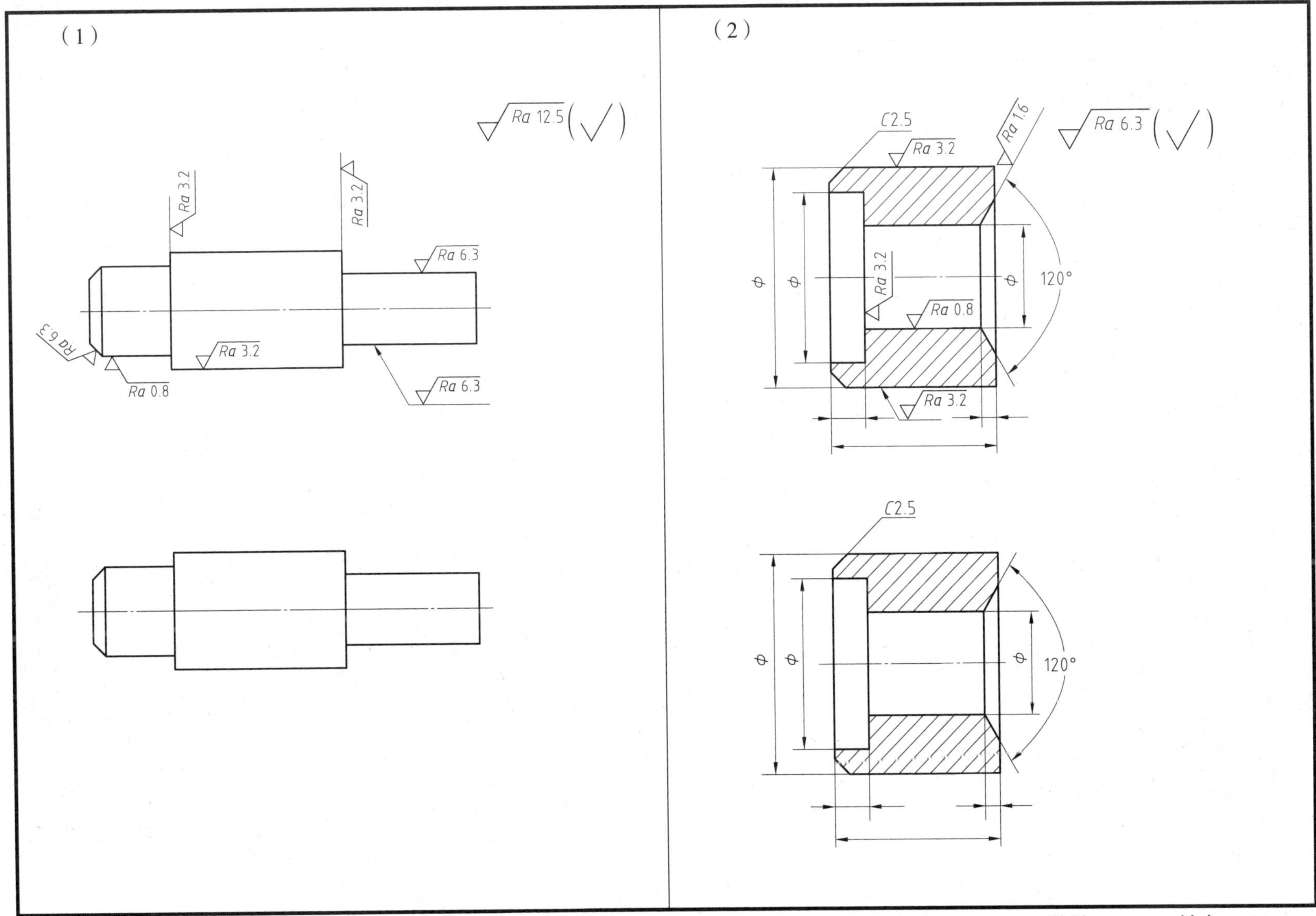

班级　　　　学号　　　　姓名

模块九　零　件　图

9–1　识读花键轴零件图

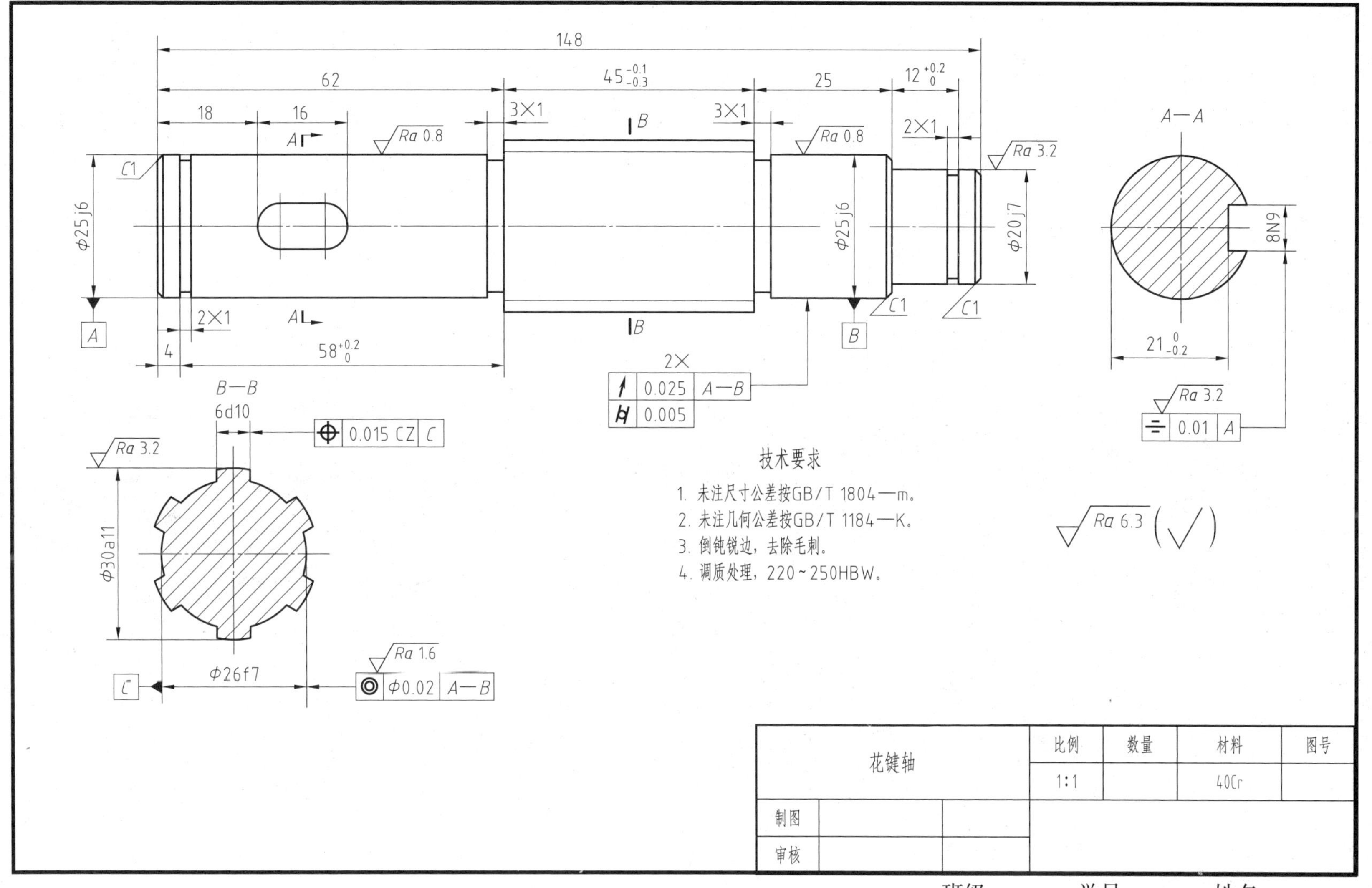

班级　　学号　　姓名

9-1（续）

识读花键轴的零件图，回答下列问题：

（1）该零件图用了______个图形表达零件结构，分别是__________、__________________和_________________。

（2）*A—A* 移出断面图用于表达________的断面形状，*B—B* 移出断面图用于表达__________的断面形状。

（3）键槽的定形尺寸有________、________和________，定位尺寸是________。

（4）花键的齿数为____齿，大径尺寸为________，小径尺寸为________，长度尺寸为________，定位尺寸为________。

（5）图中尺寸“3×1”表示：槽宽为________，槽深为________。

（6）图中尺寸“*C*1”表示：倒角圆锥面的母线与轴线的夹角为________，倒角的轴向距离为________mm。

（7）ϕ26f7 的上极限尺寸为________mm，下极限尺寸为________mm，尺寸公差为________mm。

（8）ϕ25j6 的上极限偏差为________mm，下极限偏差为________mm，尺寸公差为________mm。

（9）两处 ϕ25j6 轴颈的几何公差要求的项目分别是__________和__________，键槽的几何公差项目是__________。

（10）| ⌖ | 0.015 CZ | *C* | 的含义：公差项目为______________________公差，被测要素是______________________________，基准要素是____________________，公差值为__________mm。（注：CZ 表示组合公差带）

（11）| ◎ | ϕ0.02 | *A—B* |的含义：公差项目为______________________公差，被测要素是______________________________，基准要素是____________________，公差值为__________mm。

（12）ϕ25j6 圆柱面的表面粗糙度 *Ra* 值为__________μm，花键轴齿顶圆的表面粗糙度 *Ra* 值为__________μm，键槽两侧面的表面粗糙度 *Ra* 值为__________μm。

（13）零件的热处理要求为______________________________。

班级　　　　学号　　　　姓名

9–2 识读定位套零件图

5:1
45°
R1
45°
4
0.6
0.6
4
Ra 3.2
3×Φ12.5
⌴Φ20↧8
Ra 1.6
0.06 A
Ra 1.6
0.08 A
⊥ 0.01 A
30°
Ra 1.6
1:5
6
Φ76
Φ65
Φ110h6
Φ100
Φ82
M80×2—6H
Φ100d6
Φ100js6
A
Φ156
Φ190
70
30
40
15
33
// 0.02 B
B
22
75
190
Ra 3.2
Ra 6.3 (√)
技术要求
1. 未注倒角C3。
2. 未注尺寸公差按GB/T 1804—m。
3. 未注几何公差按GB/T 1184—K。
4. 倒钝锐边，去除毛刺。
5. 调质处理，220~250HBW。
定位套
比例
数量
材料
图号
1:1
45
制图
审核
班级
学号
姓名

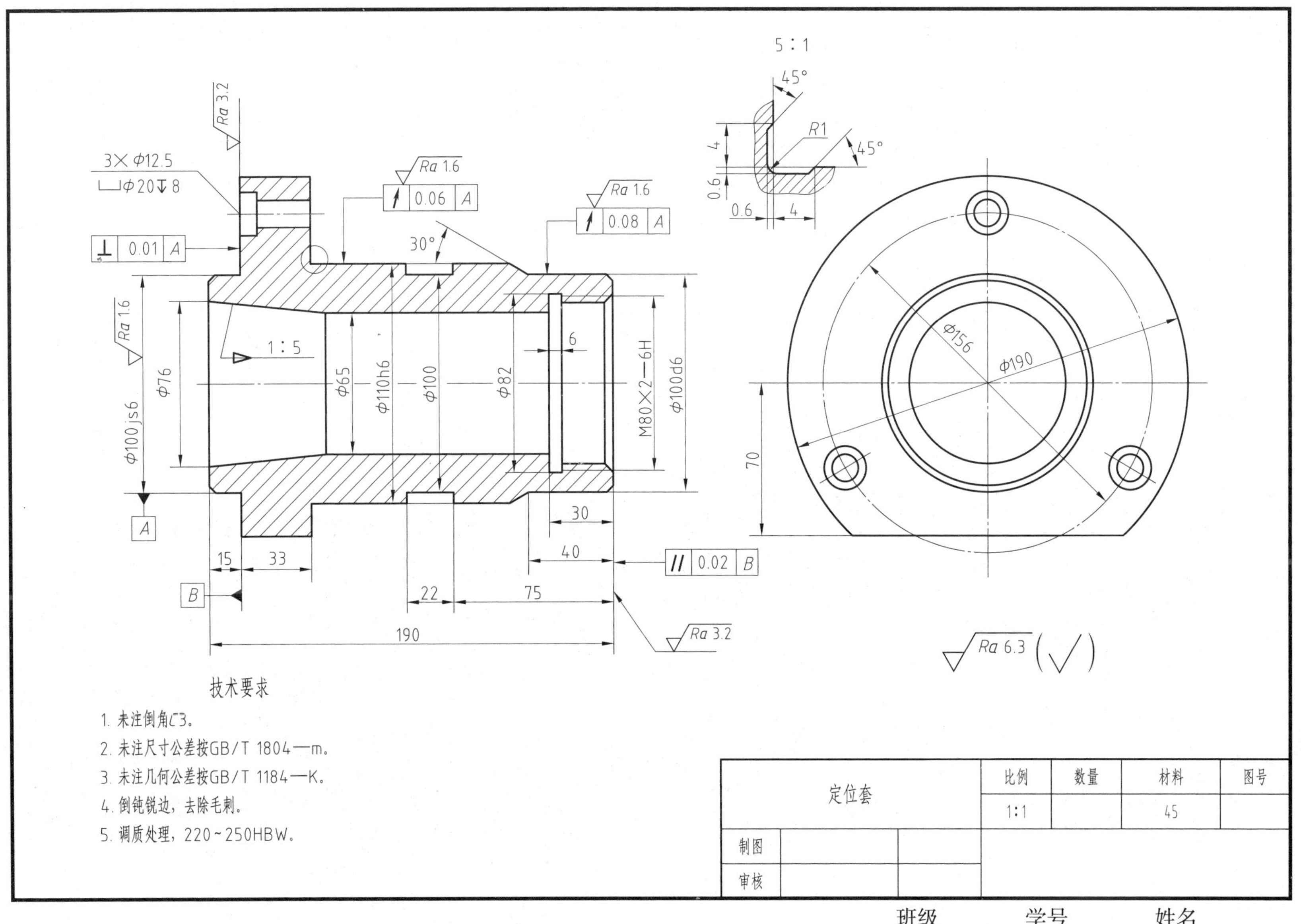

9-2（续）

识读定位套的零件图，回答下列问题：

（1）该零件用了____个图形表达零件结构，分别是________、________和______________。

（2）局部放大图的绘图比例是________，采用的表达方法是________。

（3）左侧锥孔的锥度为________，大端直径为________。

（4）ϕ190 mm 圆柱上有______个柱形沉孔，其通孔直径为______mm，沉孔直径为______mm，沉孔深度为______mm。柱形沉孔的定位尺寸是______。

（5）该零件上有______处螺纹，其标记为________________。

（6）图中 $C3$ mm 的倒角共有______处。

（7）ϕ100d6 圆柱面与 ϕ110h6 圆柱面之间有一个圆锥面，其圆锥角为______。

（8）ϕ100js6 的上极限偏差为________mm，下极限偏差为________mm，尺寸公差为________mm。

（9）图中给出径向圆跳动公差的圆柱面共有______处，其直径尺寸分别为________和________。

（10）| // | 0.02 | B | 的含义：公差项目为________公差，被测要素是______________，基准要素是__________________，公差值为________mm。

（11）| ⊥ | 0.01 | A | 的含义：公差项目为________公差，被测要素是_________________________，基准要素是_________________________，公差值为________mm。

（12）该零件上表面结构要求最高的表面是_________________、_________________和________________，其表面粗糙度 Ra 值为______μm。

（13）ϕ65 mm 孔的表面粗糙度 Ra 值为______μm。

班级　　　　学号　　　　姓名

9-3 识读缸盖零件图

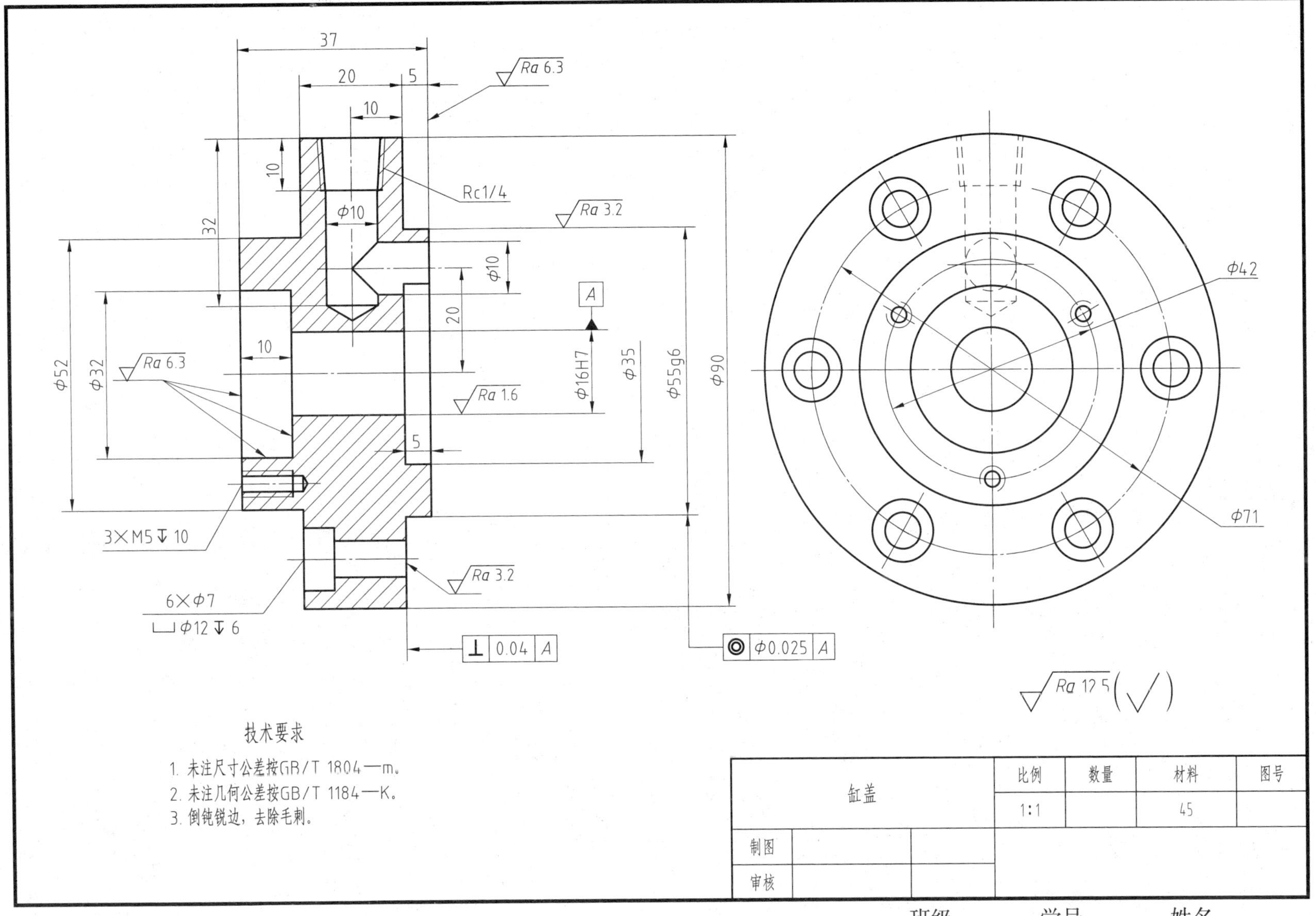

缸盖		比例	数量	材料	图号
		1:1		45	
制图					
审核					

班级　　学号　　姓名

9–3（续）

识读缸盖的零件图，回答下列问题：

（1）该零件用了______个基本视图表达，其中主视图为______剖视图，左视图为______视图。

（2）在零件的 $\phi 90$ mm 圆柱体上均匀分布着______个柱形沉孔，其定位尺寸为______，沉孔直径为______mm，深度为______mm，通孔直径为______mm。

（3）在零件左端面上有______个螺孔，螺纹的公称直径为______mm，螺纹的长度为______mm，定位尺寸为______。

（4）零件上方螺孔的螺纹代号为______，它表示该螺孔为______________螺纹。该螺孔的定位尺寸为________。

（5）| ⊥ | 0.04 | A | 表示：被测要素为________________，基准要素为________________，几何公差项目为____________，公差值为________mm。

（6）| ◎ | $\phi 0.025$ | A | 表示：被测要素为________________，基准要素为________________，几何公差项目为____________，公差值为________mm。

（7）$\phi 55g6$ 圆柱面的表面粗糙度 Ra 值为______μm，零件右侧端面的表面粗糙度 Ra 值为______μm，右侧 $\phi 35$ mm 沉孔的表面粗糙度 Ra 值为______μm。

（8）在下方绘制零件的右视图。

班级　　学号　　姓名

9–4 识读拨叉零件图

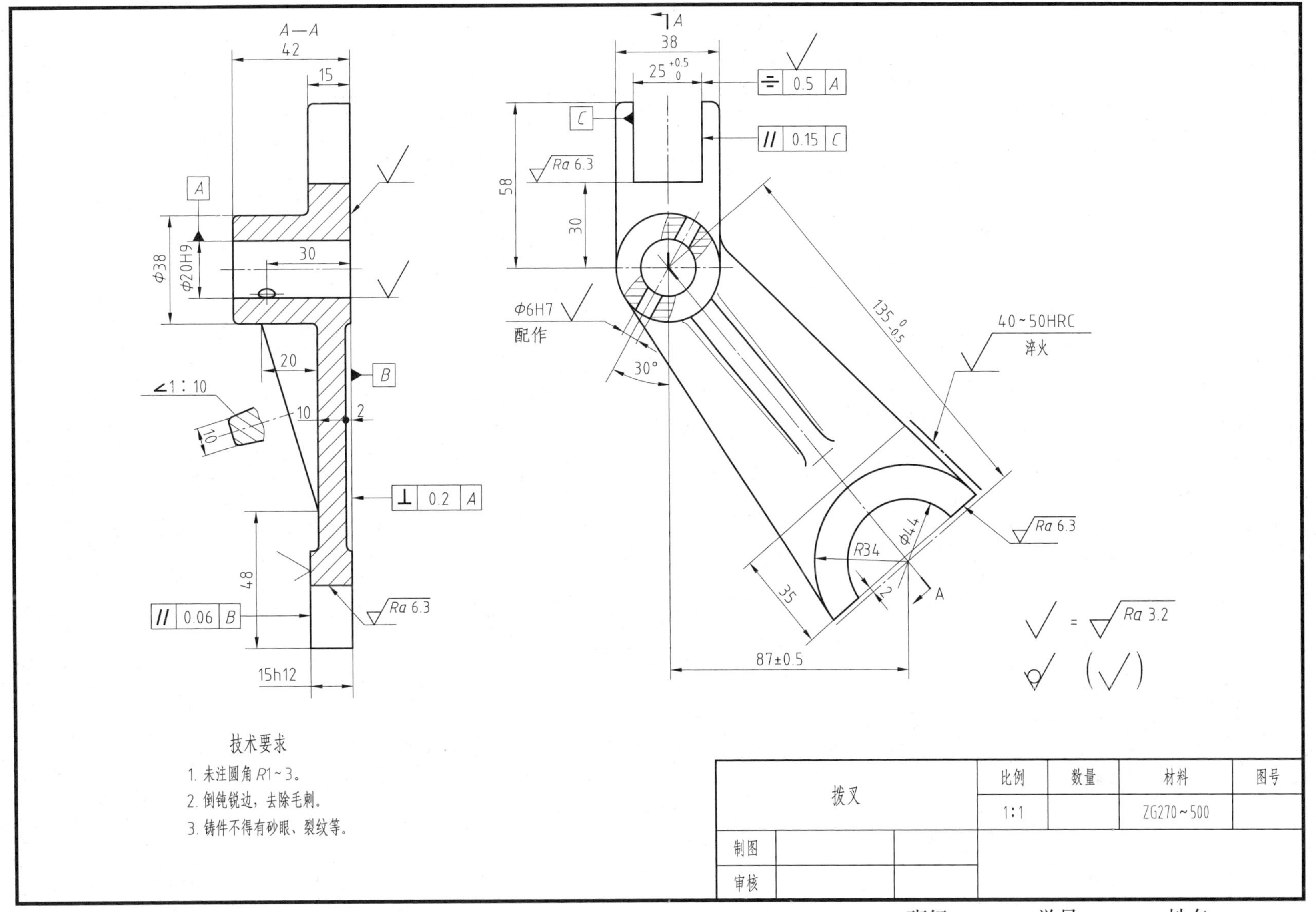

班级　　学号　　姓名

识读拨叉零件图，回答下列问题：

（1）该零件图的主视图采用了 ________ 剖切平面的 ______ 剖视，主要为了表达零件的 __________。

（2）该零件图的左视图采用了 __________ 图，主要用于表达零件的 __________ 和 __________ 的结构及位置。

（3）肋板的断面形状用 ____________ 表达。

（4）ϕ6H7 孔的定位尺寸是 ______ 和 ______，其表面粗糙度 Ra 值为 ______μm。

（5）ϕ44 mm 半圆槽的定位尺寸是 ________ 和 ________，其表面粗糙度 Ra 值为 ______μm。

（6）左视图右下侧的粗点画线表示的是 __________ 要求，该粗点画线的用途为 __________________。

（7）零件上侧拨叉槽的宽度为 ______mm，深度为 ______mm。

（8）ϕ20H9 孔的长度为 ______。肋板的定形尺寸为 _______、______、______ 和 ______。

（9）| ≑ | 0.5 | A | 表示：被测要素为 ____________________，基准要素为 ____________________，几何公差项目为 __________，公差值为 ______mm。

（10）| // | 0.15 | C | 表示：被测要素为 ____________________，基准要素为 ____________________，几何公差项目为 __________，公差值为 ______mm。

（11）| ⊥ | 0.2 | A | 表示：被测要素为 ____________________，基准要素为 ____________________，几何公差项目为 __________，公差值为 ______mm。

（12）| // | 0.06 | B | 表示：被测要素为 ____________________，基准要素为 ____________________，几何公差项目为 __________，公差值为 ______mm。

班级　　学号　　姓名

9–5 识读轴承座零件图

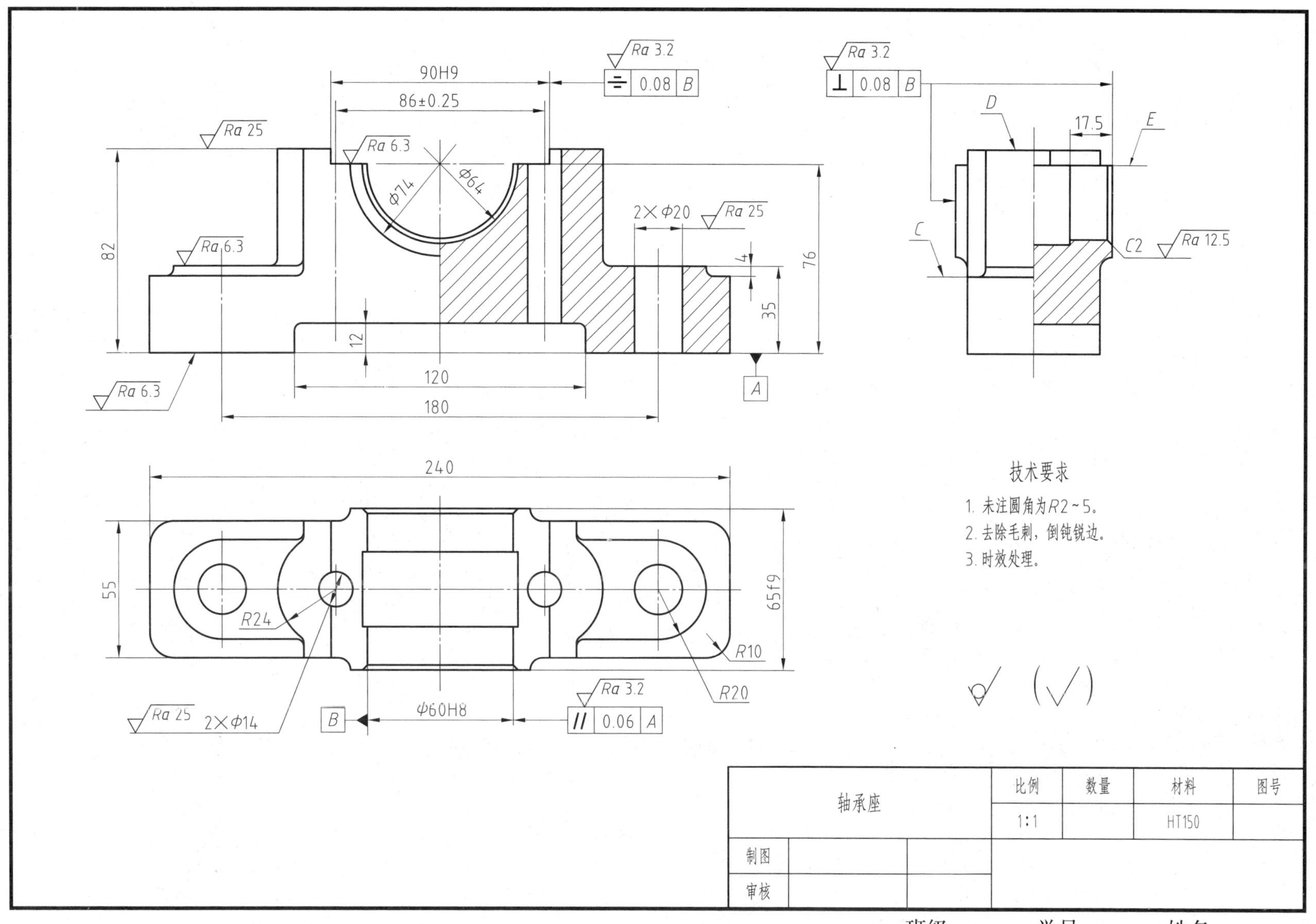

班级　学号　姓名

9–5（续）

识读轴承座零件图，回答下列问题：

（1）该零件采用了__________、__________和__________等视图表达其形状结构，其中主视图采用______剖视，左视图采用______剖视。

（2）2×ϕ14 mm 孔的定位尺寸为______，孔的表面粗糙度 Ra 值为______μm。

（3）C 面到 D 面的距离为______mm，D 面到 E 面的距离为______mm。

（4）在零件的前后各有一个半圆形的凸台，其厚度为______mm，表面粗糙度 Ra 值为______μm。

（5）零件下方凹槽的定形尺寸为______和______。ϕ64 mm 凹槽的宽度为______mm。

（6）ϕ60H8 的上极限尺寸为______mm，下极限尺寸为______mm。

（7）| // | 0.06 | A | 表示：被测要素为________________，基准要素为________________，几何公差项目为________________，公差值为__________mm。

（8）| ⊥ | 0.08 | B | 表示：被测要素为________________，基准要素为________________，几何公差项目为________________，公差值为__________mm。

（9）| ≑ | 0.08 | B | 表示：被测要素为________________，基准要素为________________，几何公差项目为________________，公差值为__________mm。

（10）在下方绘制零件的仰视图。

班级　　　　学号　　　　姓名

9–6 识读轴承盖零件图

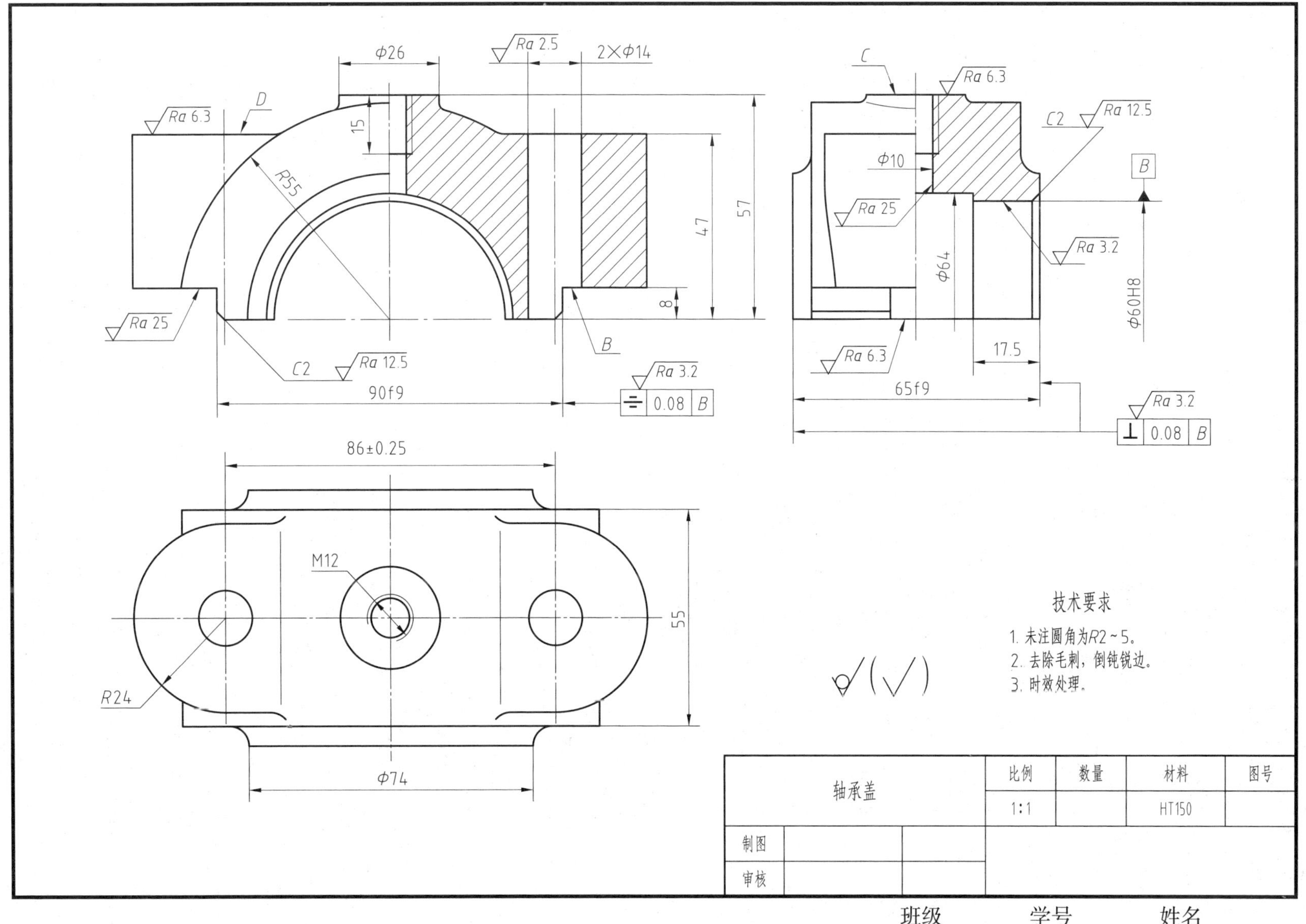

班级　　学号　　姓名

9–6（续）

识读轴承座零件图，回答下列问题：

（1）该零件采用了 ________、________ 和 ________ 等视图表达其形状结构，其中主视图采用 ________ 剖视，左视图采用 ________ 剖视。

（2）$2\times\phi14$ mm 孔的定位尺寸为 ________，孔的表面粗糙度 *Ra* 值为 ________ μm。

（3）*B* 面到 *C* 面的距离为 ________mm，*C* 面到 *D* 面的距离为 ________mm。

（4）在零件的前后各有一个半圆形的凸台，其厚度为 ________mm，表面粗糙度 *Ra* 值为 ________μm。

（5）零件上方圆柱凸台的直径为 ________mm，凸台中央螺孔的螺纹大径为 ________mm，螺纹的长度为 ________mm，其下侧通孔的直径为 ________mm。

（6）该零件上 *C*2 mm 倒角共有 ________ 处。图上未注圆角的半径为 ________mm。

（7）零件底面的表面粗糙度 *Ra* 值为 ________μm。$\phi10$ mm 孔的表面粗糙度 *Ra* 值为 ________ μm。

（8）该零件总长的公称尺寸为 ________mm，总宽的公称尺寸为 ________mm，总高的公称尺寸为 ________mm。

（9）在下方绘制零件的仰视图。

班级　　学号　　姓名

9–7 根据图示泵轴的形状、尺寸及公差和给出的技术要求，绘制泵轴的零件图

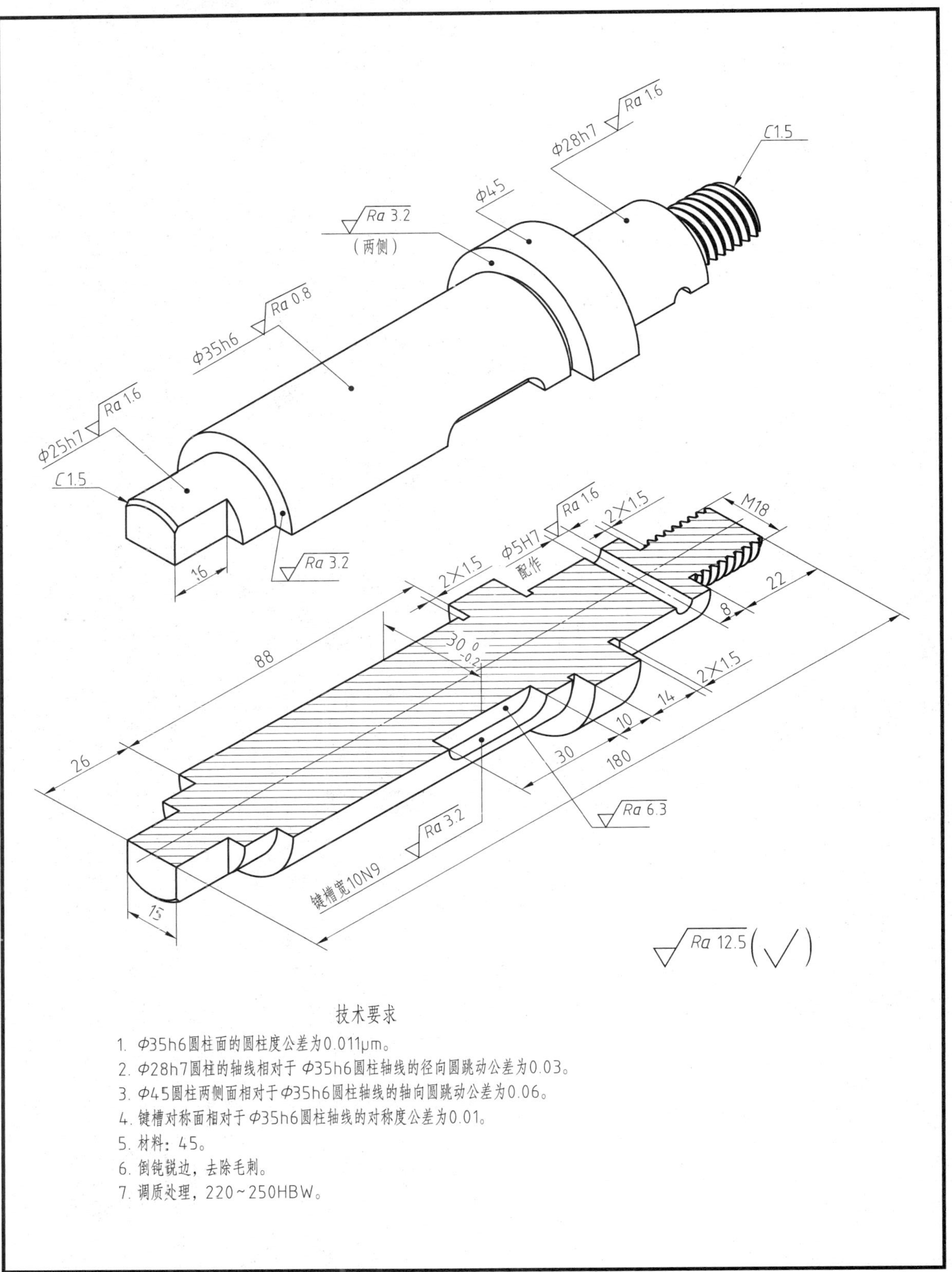

技术要求

1. Φ35h6圆柱面的圆柱度公差为0.011μm。
2. Φ28h7圆柱的轴线相对于 Φ35h6圆柱轴线的径向圆跳动公差为0.03。
3. Φ45圆柱两侧面相对于Φ35h6圆柱轴线的轴向圆跳动公差为0.06。
4. 键槽对称面相对于Φ35h6圆柱轴线的对称度公差为0.01。
5. 材料：45。
6. 倒钝锐边，去除毛刺。
7. 调质处理，220~250HBW。

班级　　学号　　姓名

9–7（续）

班级　　　　学号　　　　姓名

9-8 根据图示蜗轮减速器箱体的形状、尺寸及公差和给出的技术要求，绘制蜗轮减速器箱体的零件图

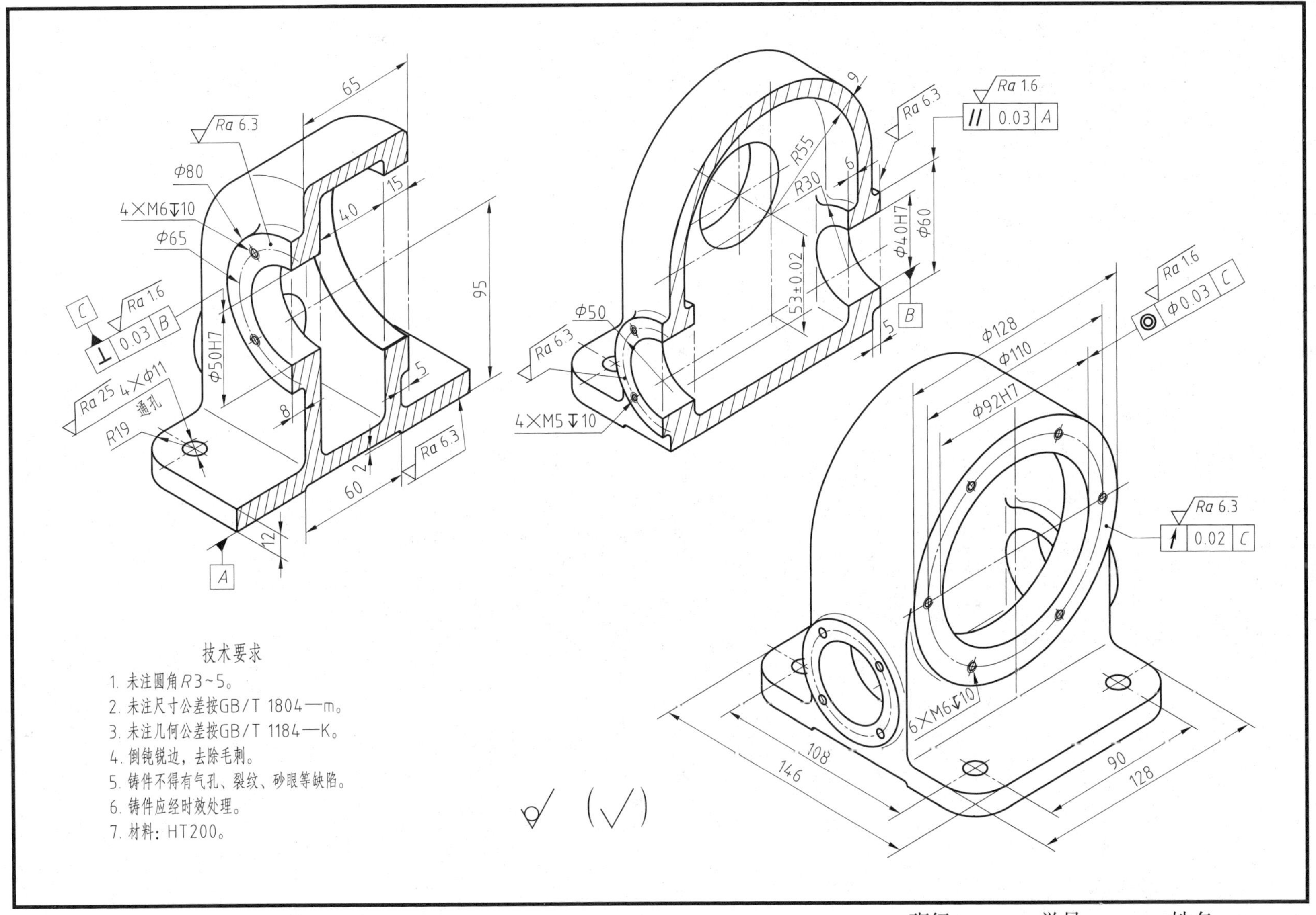

班级　　　　学号　　　　姓名

9–8（续）

班级　　　　学号　　　　姓名

模块十　装　配　图

10-1　识读传动器装配图

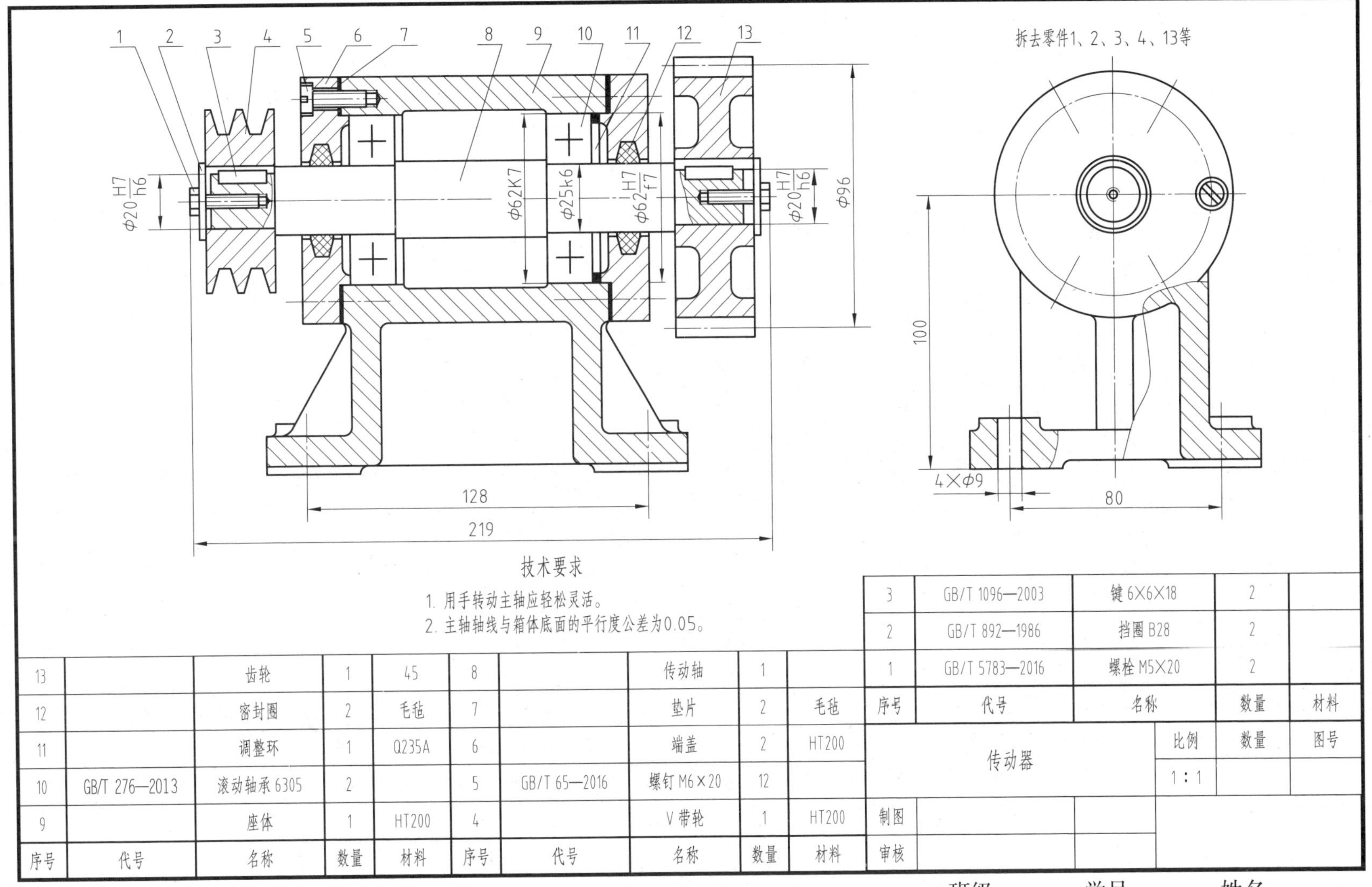

技术要求

1. 用手转动主轴应轻松灵活。
2. 主轴轴线与箱体底面的平行度公差为0.05。

3	GB/T 1096—2003	键 6×6×18	2	
2	GB/T 892—1986	挡圈 B28	2	
1	GB/T 5783—2016	螺栓 M5×20	2	
序号	代号	名称	数量	材料

序号	代号	名称	数量	材料	序号	代号	名称	数量	材料
13		齿轮	1	45	8		传动轴	1	
12		密封圈	2	毛毡	7		垫片	2	毛毡
11		调整环	1	Q235A	6		端盖	2	HT200
10	GB/T 276—2013	滚动轴承 6305	2		5	GB/T 65—2016	螺钉 M6×20	12	
9		座体	1	HT200	4		V 带轮	1	HT200

传动器	比例	数量	图号
	1 : 1		
制图			
审核			

班级　　学号　　姓名

10–1（续）

（1）该装配图共用了 ________ 个视图表达其结构，它们分别是 ____________ 视图和 ____________ 视图。

（2）该装配图的主视图采用 ____________ 剖视，在传动轴 8 的两端只剖切一部分，这是因为传动轴的其余部分为 ____________。该装配图的左视图采用了 ____________ 剖视。

（3）该装配体上有 _______ 种标准件，螺钉（件 5）的数量是 ________，它用于连接 ____________ 和 ____________。

（4）键（件 3）用于实现传动轴与 ____________ 和 ____________ 之间的连接。

（5）挡圈（件 2）和螺栓（件 1）的作用是 ________________________。

（6）两个滚动轴承的代号为 ____________，属于 ____________ 轴承，其外圈直径为 ____________，外圈与 ____________ 配合；内圈直径为 ____________，内圈与 ____________ 配合。

（7）ϕ62H7/f7 表示 ____________ 和 ____________ 之间的配合。

（8）该装配体的总长为 ____________mm。

（9）该装配体的安装尺寸有 __________mm、__________mm 和 __________mm。

（10）拆画件 6 或件 13 的零件图，齿轮（件 13）的齿数 z=32，m=3 mm。要求：只绘制图形，尺寸从图中量取。

班级　　　　学号　　　　姓名

10–2 识读气缸装配图

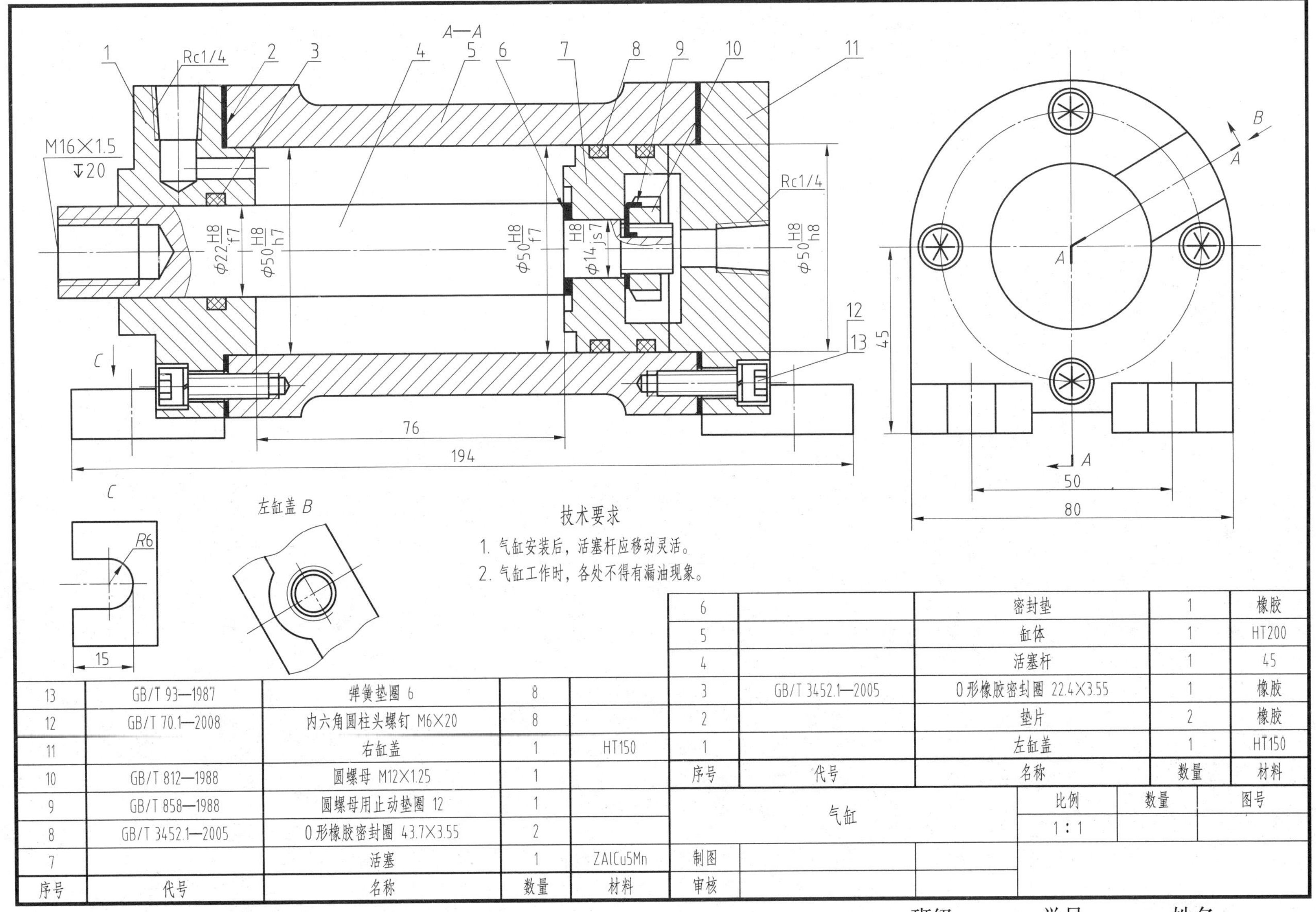

序号	代号	名称	数量	材料
13	GB/T 93—1987	弹簧垫圈 6	8	
12	GB/T 70.1—2008	内六角圆柱头螺钉 M6×20	8	
11		右缸盖	1	HT150
10	GB/T 812—1988	圆螺母 M12×1.25	1	
9	GB/T 858—1988	圆螺母用止动垫圈 12	1	
8	GB/T 3452.1—2005	O形橡胶密封圈 43.7×3.55	2	
7		活塞	1	ZAlCu5Mn

序号	代号	名称	数量	材料
6		密封垫	1	橡胶
5		缸体	1	HT200
4		活塞杆	1	45
3	GB/T 3452.1—2005	O形橡胶密封圈 22.4×3.55	1	橡胶
2		垫片	2	橡胶
1		左缸盖	1	HT150

气缸	比例	数量	图号
	1∶1		
制图			
审核			

班级　　学号　　姓名

10–2（续）

看懂气缸的装配图，回答下列问题：

（1）表达该装配体共用了______个视图，主视图采用了________剖切平面的______剖视，“*C*”是________视图，“左缸盖 *B*”是________视图。

（2）件 12 的螺钉有____个，其作用是____。

（3）该部件的安装尺寸是______、______和______。该部件的总长为______mm，总宽为______mm，总高为______mm。

（4）ϕ50H8/f7 是零件______和零件______的配合尺寸。

（5）件 7 是如何连接在件 4 上的?

（6）如何拆下件 4 ?

（7）简述气缸的工作原理。

班级　　　　学号　　　　姓名

10-3 识读直动式溢流阀装配图

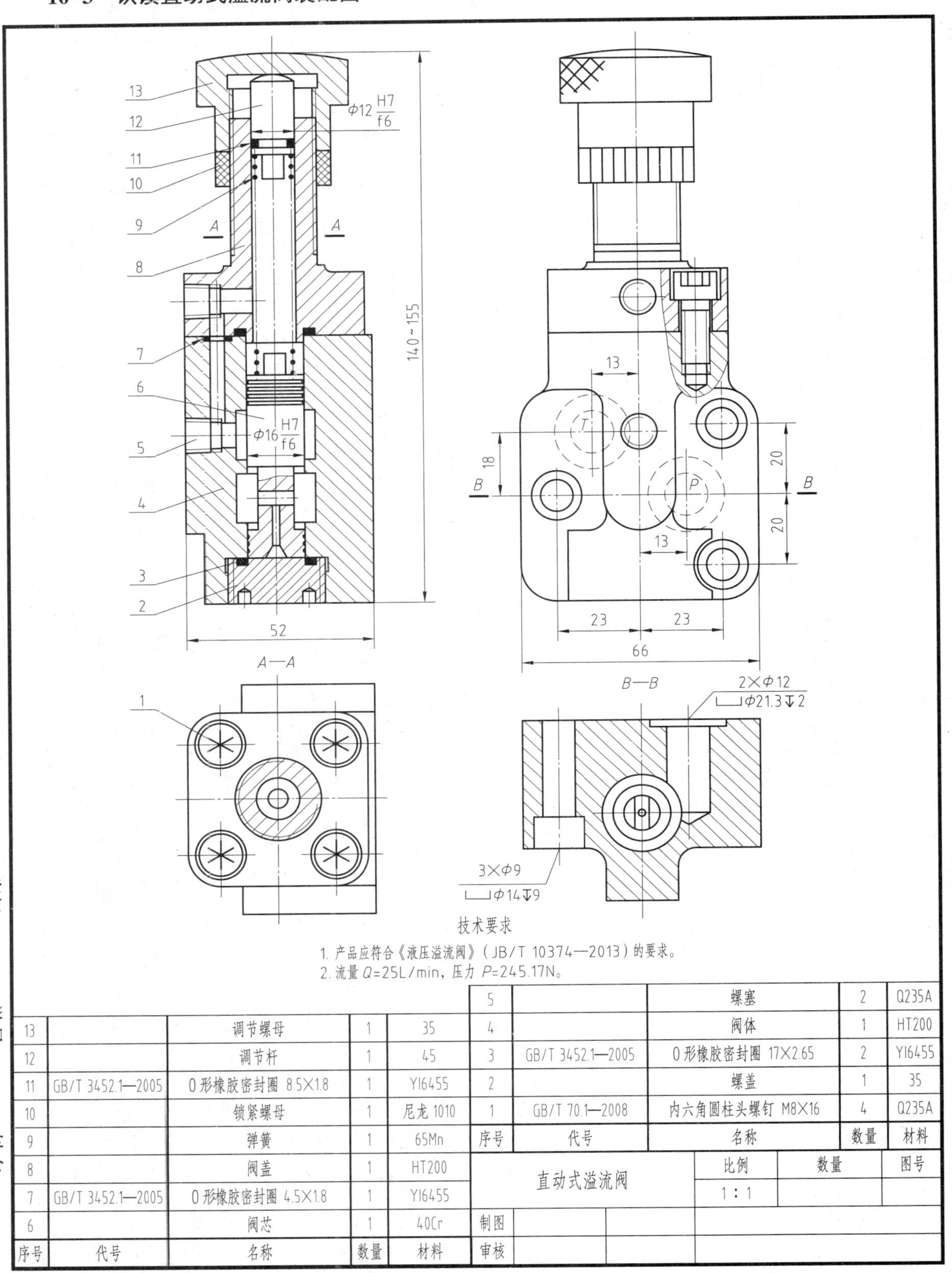

技术要求

1. 产品应符合《液压溢流阀》(JB/T 10374—2013)的要求。
2. 流量 Q=25L/min，压力 P=245.17N。

序号	代号	名称	数量	材料
13		调节螺母	1	35
12		调节杆	1	45
11	GB/T 3452.1—2005	O形橡胶密封圈 8.5×1.8	1	YI6455
10		锁紧螺母	1	尼龙 1010
9		弹簧	1	65Mn
8		阀盖	1	HT200
7	GB/T 3452.1—2005	O形橡胶密封圈 4.5×1.8	1	YI6455
6		阀芯	1	40Cr

序号	代号	名称	数量	材料
5		螺塞	2	Q235A
4		阀体	1	HT200
3	GB/T 3452.1—2005	O形橡胶密封圈 17×2.65	2	YI6455
2		螺盖	1	35
1	GB/T 70.1—2008	内六角圆柱头螺钉 M8×16	4	Q235A

直动式溢流阀	比例	数量	图号
	1:1		
制图			
审核			

班级 学号 姓名

10–3（续）

直动式溢流阀的工作原理：

直动式溢流阀主要用于液压系统中，起限压保护作用，通常并联在液压泵出口处的油路上。压力油从进油口 *P*（下侧油口）进入，通过阀芯上的小孔作用于阀芯下端。当进油口压力小于溢流阀的调定压力时，由于阀芯受调压弹簧力作用而位于阀体下端，从而使阀口关闭，油液不能溢出。当进油口压力超过溢流阀的调定压力时，液压力将阀芯向上推起，压力油从出油口 *T*（上侧油口）流回油箱，使进口处的压力不再升高。

看懂溢流阀装配图，回答下列问题：

（1）装配图采用了__________、_________和_________等基本视图，*A*—*A* 是一个_________方向的______剖视图。

（2）进出油口的直径是______mm。

（3）内六角圆柱头螺钉 1 用来连接__________和__________，共______个。

（4）螺盖 2 上有两个圆不通孔，其用途是_______________________________。

（5）该装配体的配合尺寸有________和________。

（6）该溢流阀用内六角圆柱头螺钉安装在阀座上，用于安装的沉孔有________个，其安装尺寸为______、______、______和______。

（7）该装配体上安装的密封圈共有_______个，分别用于零件______和零件____之间的轴向密封、零件和零件____之间的轴向密封（两处）、零件______和零件____之间的径向密封。

（8）在阀体和阀盖的左侧有一个连通的孔，其作用是____。

（9）若要从装配体上拆下阀芯 6，其拆卸顺序是____。

（10）如何调整溢流阀的额定压力？

班级　　　　学号　　　　姓名

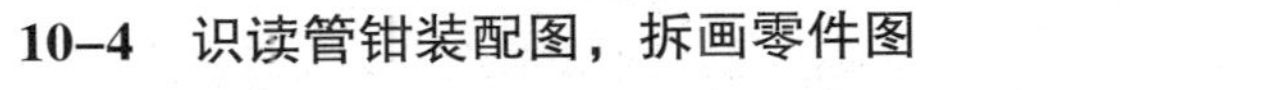

10–4 识读管钳装配图，拆画零件图

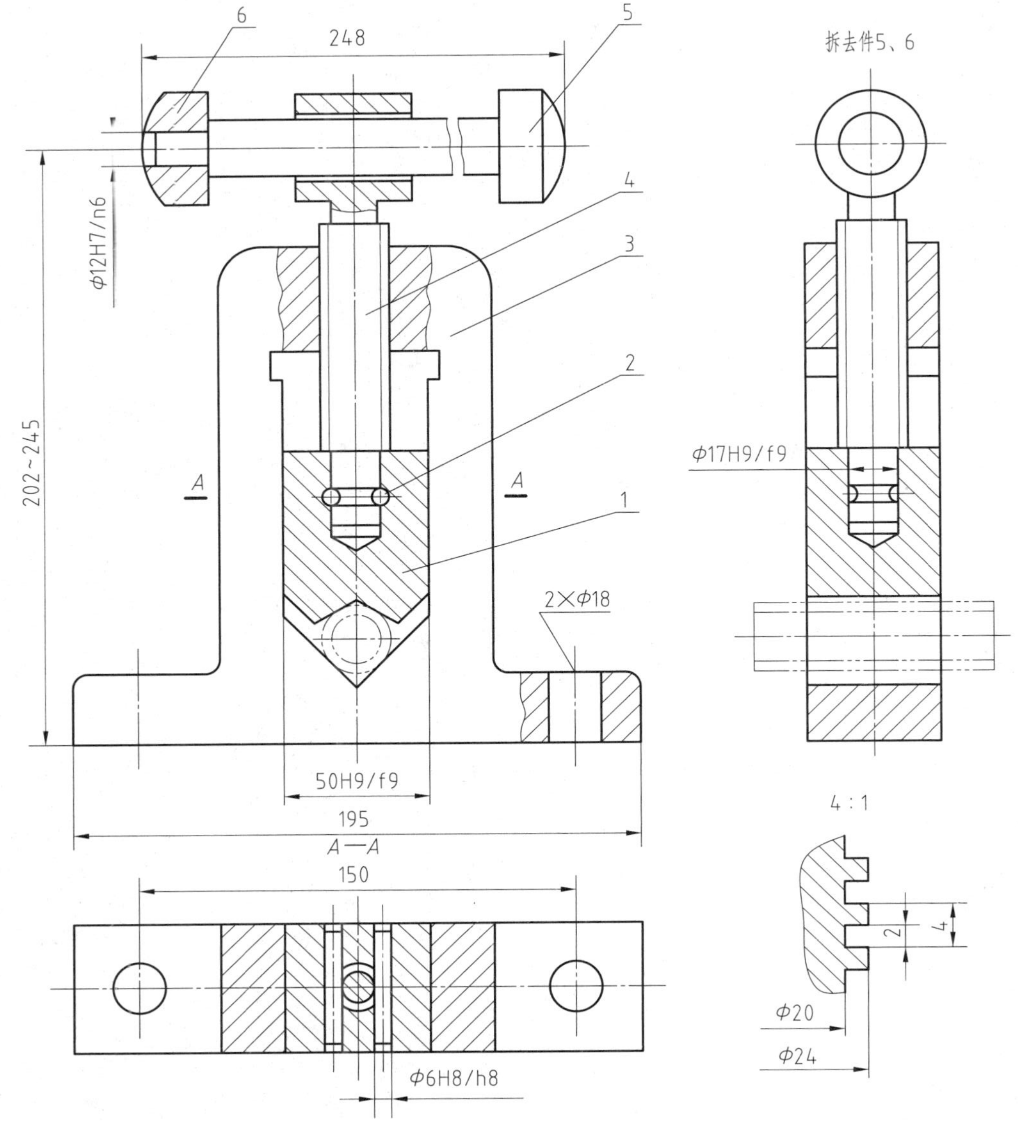

6 5 248 4 3 2 1 A A

Φ12H7/n6 202~245 50H9/f9 195 2×Φ18

拆去件5、6

Φ17H9/f9

A—A 150 Φ6H8/h8

4 : 1 2 4 Φ20 Φ24

6		手柄帽	1	Q235
5		手柄	1	Q235
4.		螺杆	1	Q275
3		钳座	1	HT250
2	GB/T 119.1—2000	圆柱销 6m6×40	2	45
1		活动钳口	1	Q275
序号	代号	名称	数量	材料

管钳	比例	数量	图号
	1:1		
制图			
审核			

班级　　学号　　姓名

10–4（续）

（1）看懂管钳装配图，回答下列问题：

1）该装配体共有______种零件组成，其中标准件有______种。

2）该装配图主视图采用了______剖视图，俯视图采用了______剖视图，左视图采用了____剖视和______画法，此外还绘制了__________图。

3）50H9/f9 是__________和__________之间的配合尺寸。

4）该零件的安装尺寸有_______和_______。

5）圆柱销 2 的作用是____。

6）螺杆 4 上的螺纹类型是________________。

7）该管钳能够夹紧管子的最大直径是_______mm。

8）螺杆上螺纹的大径为_______mm，小径为_______mm，螺距为_______mm，牙厚为_______mm。

9）简述管钳的工作原理。

（2）拆画钳座、螺杆的零件图，要求如下：

1）主要尺寸依据管钳装配图上标注的尺寸，其他尺寸根据结构形状自行确定。

2）技术要求查询机械设计手册和有关专业书籍，或参照同类图样，矩形螺纹可不标注公差。

班级　　　　学号　　　　姓名

10–4（续）

班级　　学号　　姓名

10-5 识读钻模装配图，拆画零件图

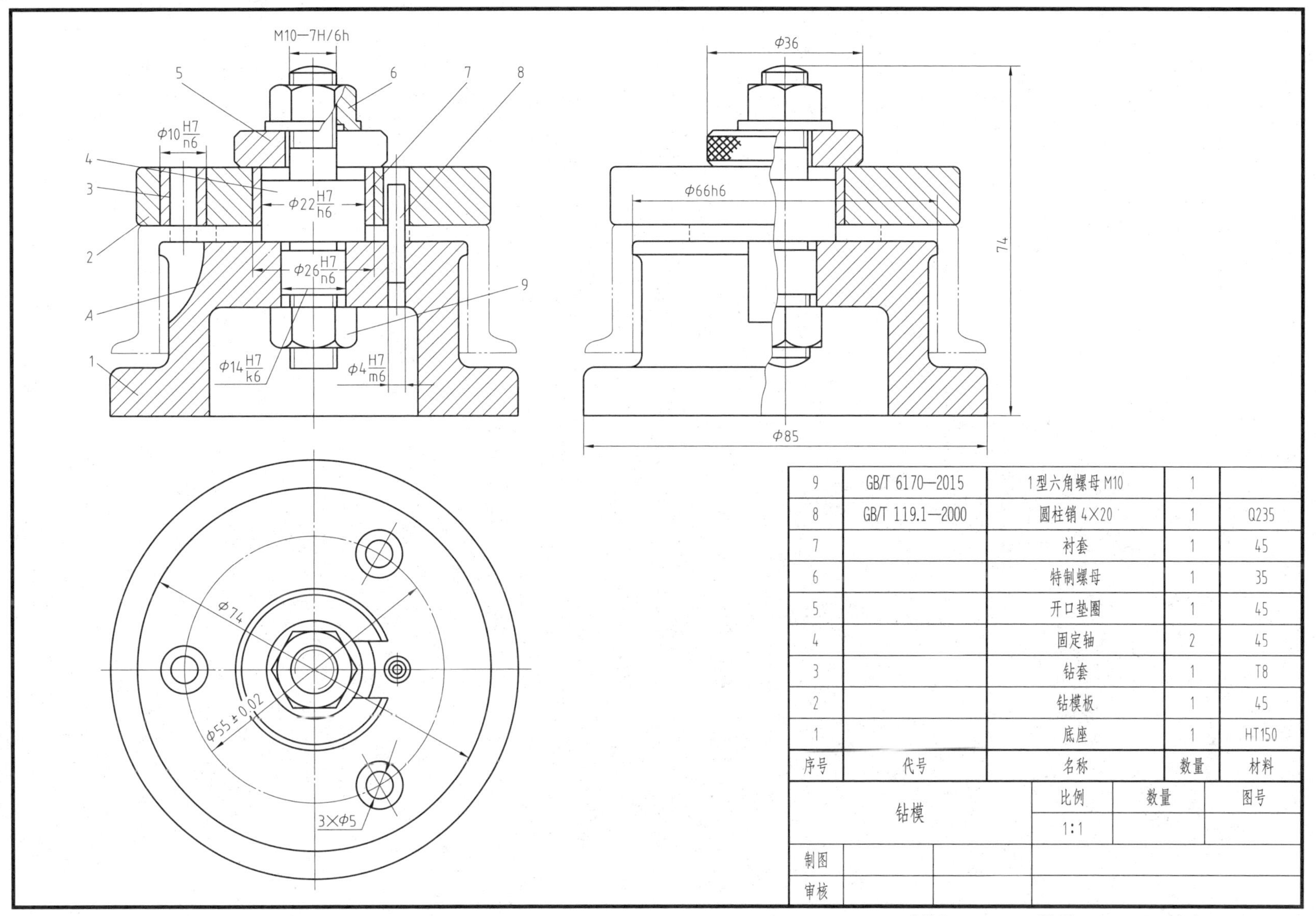

9	GB/T 6170—2015	1型六角螺母 M10	1	
8	GB/T 119.1—2000	圆柱销 4×20	1	Q235
7		衬套	1	45
6		特制螺母	1	35
5		开口垫圈	1	45
4		固定轴	2	45
3		钻套	1	T8
2		钻模板	1	45
1		底座	1	HT150
序号	代号	名称	数量	材料

钻模	比例	数量	图号
	1:1		
制图			
审核			

班级　　学号　　姓名

10–5（续）

（1）看懂钻模装配图，回答下列问题：

1）该装配体共由______种零件组成，其中标准件有______种。

2）该装配图主视图采用了______剖视图，采用的特殊表达方法是______画法，左视图采用了______剖视图，此外还绘制了______视图。

3）件 1 和件 4 之间的配合尺寸为______，其轴的公差带代号为______，孔的公差带代号为______，该配合属于______配合。

4）主视图上圆弧 *A* 表示的结构形状是____________________，它在底座上共有______处。

5）圆柱销 8 的主要作用是__________________________。

6）钻套 3 的主要作用是__________________________。

7）在左视图上用指引线标出件 1、2、4、5、6、7、9。

8）如何拆下被加工好的工件？

9）简述钻模的工作原理。

（2）拆画底座和钻模板的零件图，要求如下：

1）主要尺寸依据钻模装配图上标注的尺寸，其他尺寸根据结构形状自行确定。

2）技术要求查询机械设计手册和有关专业书籍，或参照同类图样。

班级　　　　学号　　　　姓名

10–5（续）

班级　　　　学号　　　　姓名

10-6 根据螺旋千斤顶的三维图和零件图，绘制其装配图

螺旋千斤顶是一种小型起重工具，用于顶起重物。螺套镶嵌在底座中，用紧定螺钉定位。螺杆顶部呈球面状，其上套一个顶垫，顶垫用一个开槽长圆柱端紧定螺钉轴向固定，但不限制紧定顶垫与螺杆的相对转动。因螺杆顶端与顶垫为球面接触，所以顶垫可以有轻微的倾斜。铰杠穿在螺杆上部的孔中。当转动铰杠时，螺杆随之转动，通过螺旋副使螺杆向上（或向下）移动，通过顶垫使重物顶起或落下。

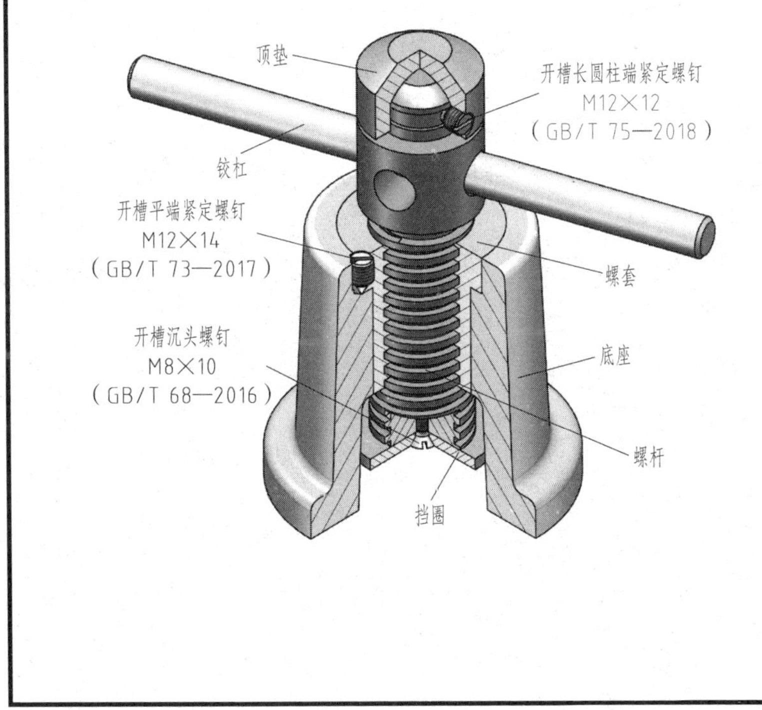

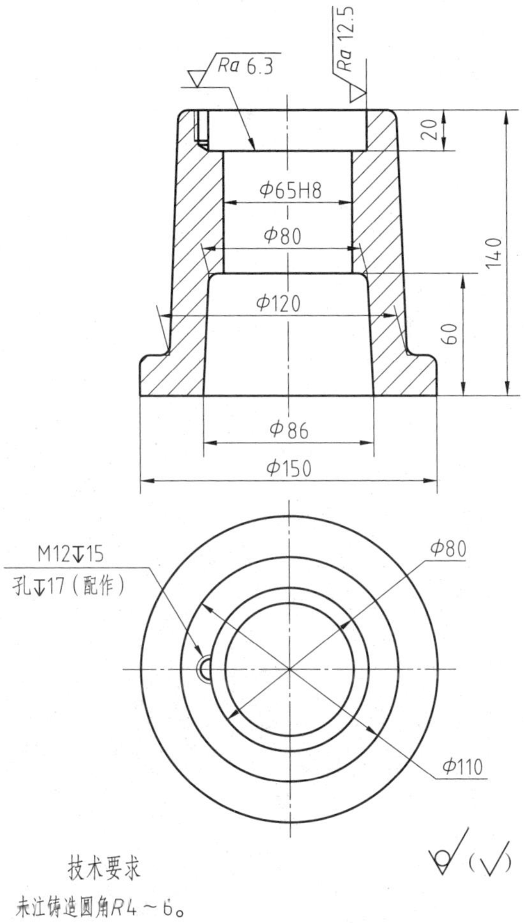

技术要求

未注铸造圆角R4～6。

零件名称	比例	材料
底座	1:1	HT150

班级　　　　学号　　　　姓名

10–6 （续）

200
45
130
10
9
10
C5
Ra 3.2
M8↧17
φ39
Ra 3.2
SR25
φ35
2.5
25
22.5
2:1
8±0.04
Ra 6.3
Ra 3.2
$4^{+0.02}_{0}$
$φ50^{0}_{-0.45}$
$φ42^{0}_{-0.919}$
φ60
φ22
φ22
Ra 12.5 (√)
零件名称
比例
材料
螺杆
1:1
Q275
φ79.5
A
Ra 3.2
φ65j7
2:1
$φ50^{+0.69}_{0}$
Ra 6.3
$φ42^{+0.063}_{0}$
4±0.02
$2^{+0.01}_{0}$
Ra 3.2
A
2:1
M12↧15
孔↧17（配作）
Ra 12.5 (√)
零件名称
比例
材料
螺套
1:1
45
300
φ20
2×C2
Ra 6.3
零件名称
比例
材料
铰杠
1:1
45
3
90°
φ9
φ70
6
零件名称
比例
材料
挡圈
1:1
45
φ30
SR25
Ra 3.2
M12
8
25
35
φ40
φ60
Ra 6.3 (√)
零件名称
比例
材料
顶垫
1:1
45

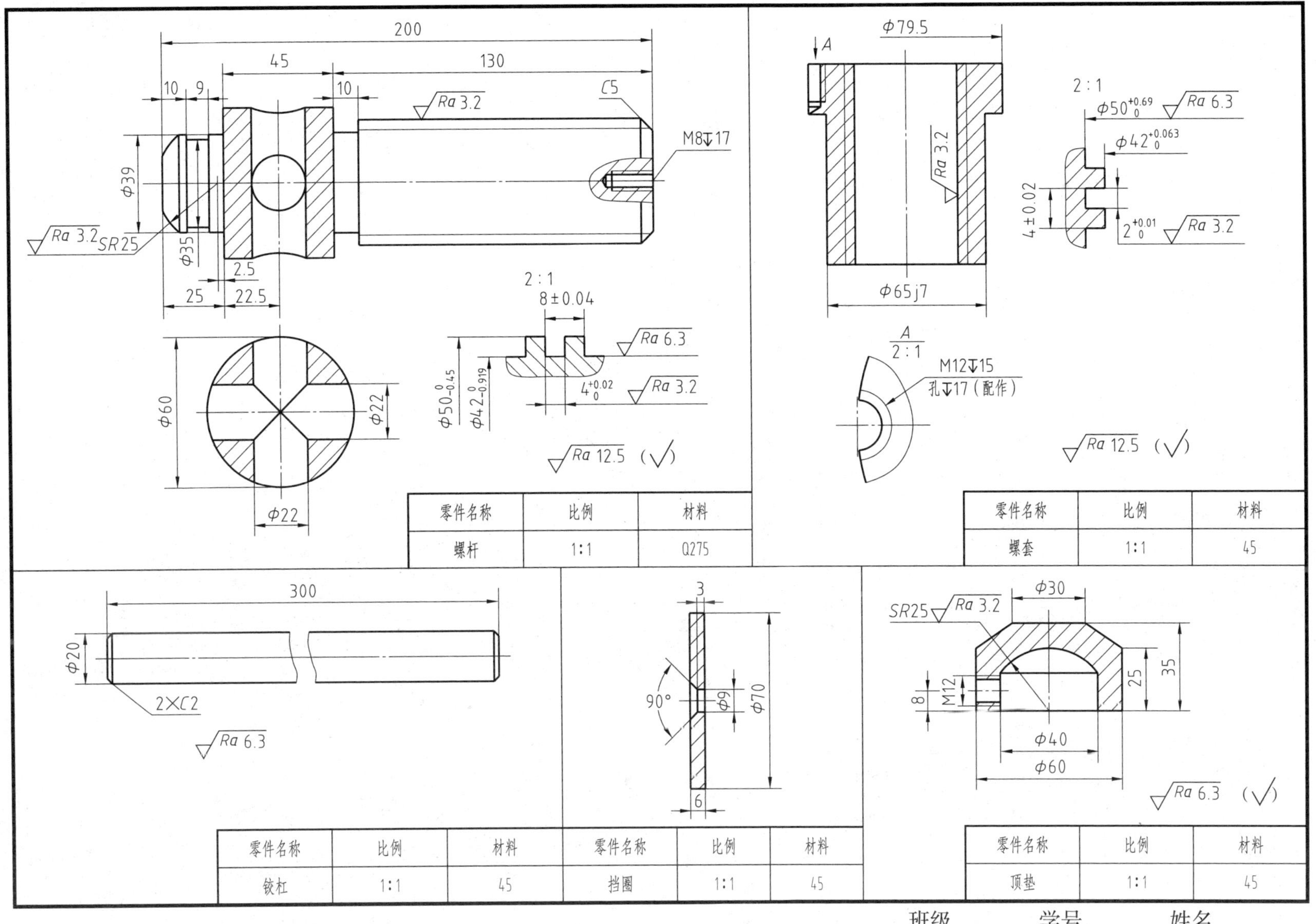

班级　　　学号　　　姓名

10–6 （续）

班级　　　　　学号　　　　　姓名

10–7　根据机用虎钳各零件的零件图，参照教材图 10–3，绘制机用虎钳装配图

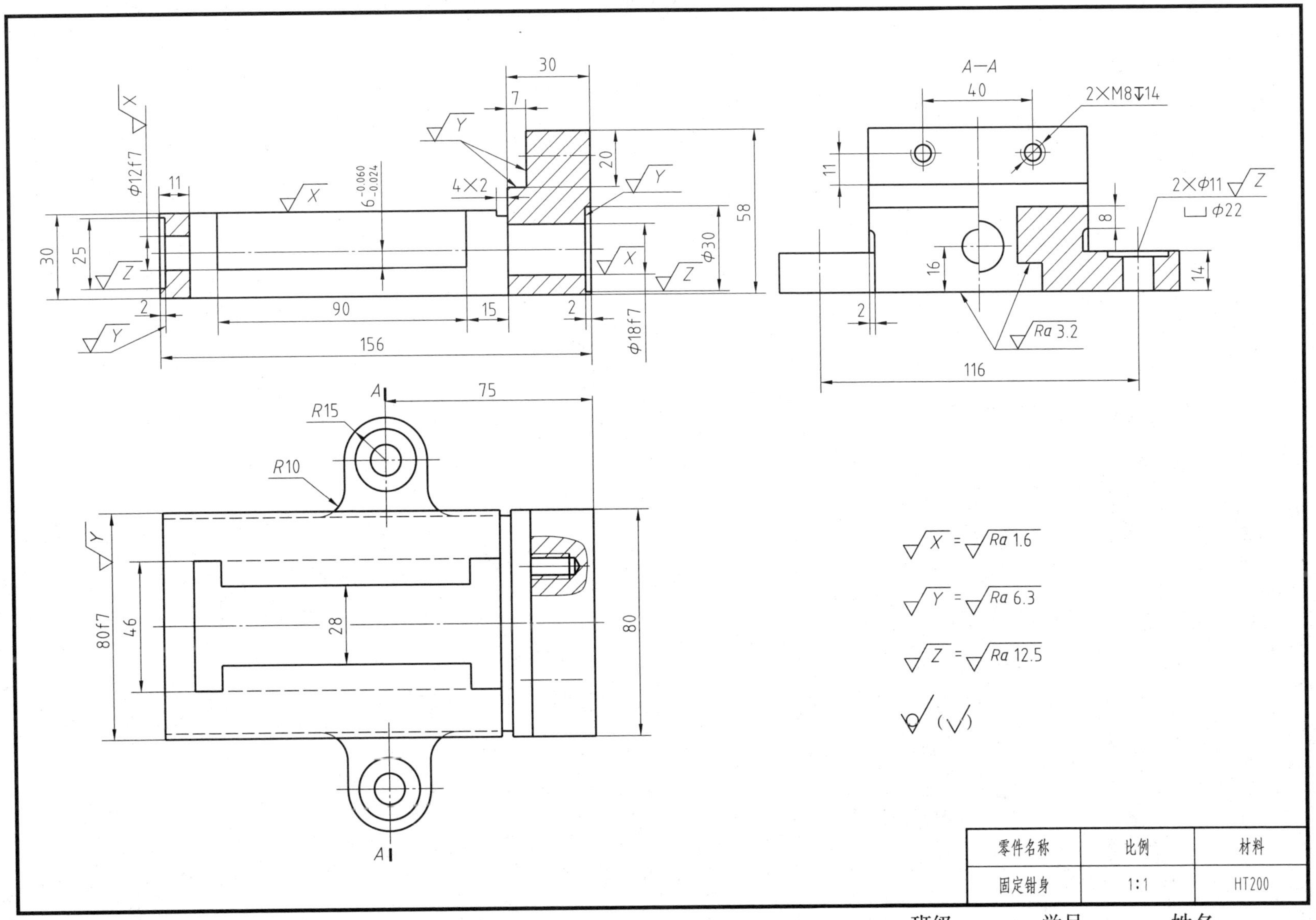

零件名称	比例	材料
固定钳身	1:1	HT200

班级　　　　学号　　　　姓名

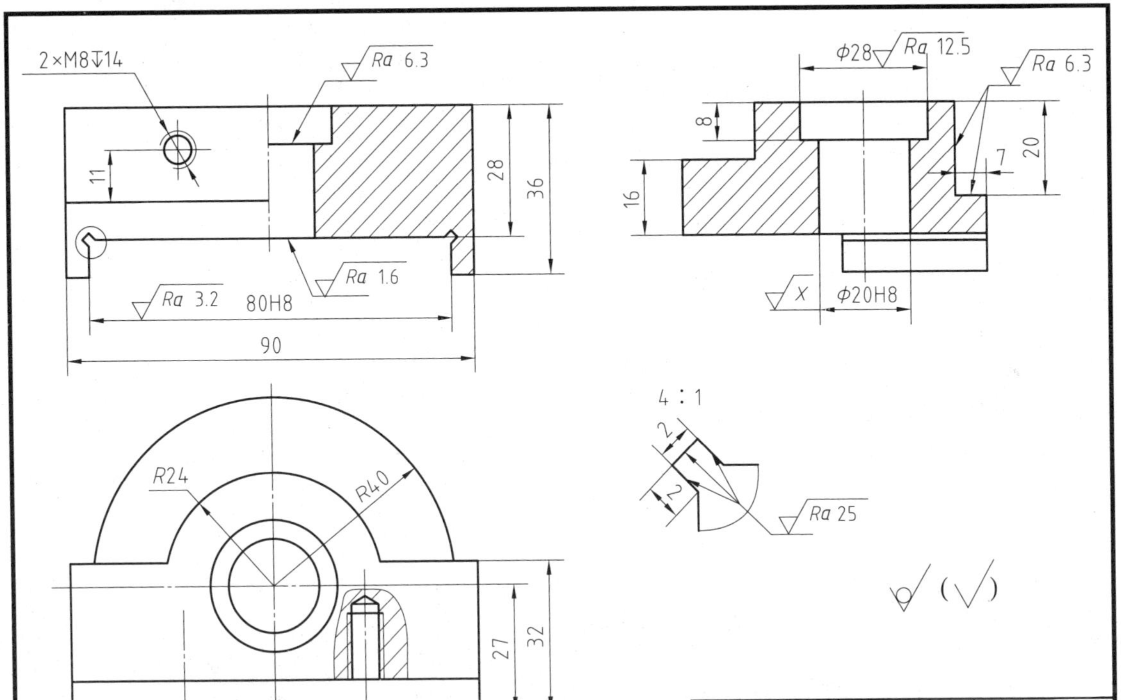

10–7（续）

零件名称	比例	材料
活动钳身	1:1	HT200

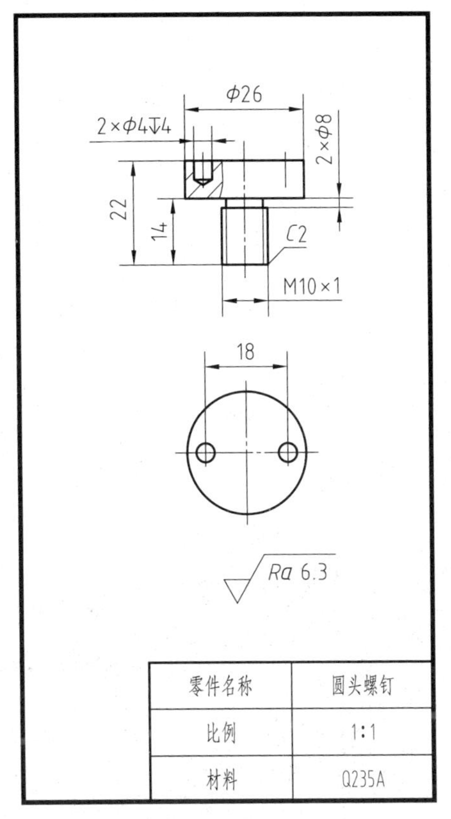

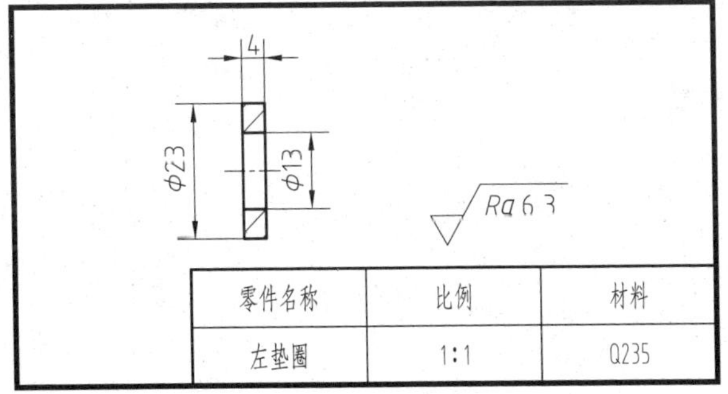

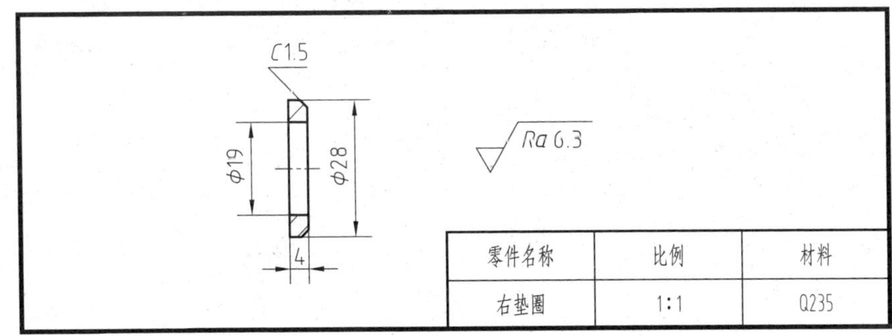

班级　　　　学号　　　　姓名

10–7 （续）

165
Ra 1.6
22
$\phi12^{-0.016}_{-0.059}$
C1
Ra 1.6
A
φ18f7
φ22
φ18
34
9×φ13
A
30
锥销孔φ4配钻
135
174
212
2:1
$2^{-0.03}_{-0.05}$
$2^{+0.05}_{+0.03}$
Ra 3.2
$\phi18^{-0.2}_{-0.4}$
$\phi14^{-0.2}_{-0.4}$
A—A
14×14
Ra 6.3
零件名称
比例
材料
螺杆
1:1
45

M10×1↧14
φ20f7
Ra 3.2
45
26
$6^{+0.018}_{0}$
7
38
2:1
$2^{-0.03}_{-0.05}$
$2^{+0.05}_{+0.03}$
Ra 3.2
26
40
$\phi18^{-0.2}_{-0.4}$
$\phi14^{-0.2}_{-0.4}$
Ra 6.3
零件名称
比例
材料
方块螺母
1:1
35

B—B
60°
1
4
A
45°
45°
B
22
A
40
B
80
A—A
9
φ9
φ17
90°
Ra 6.3
零件名称
比例
材料
钳口板
1:1
45

10
2×C1
φ12f7
φ22
锥销孔φ4
配钻
Ra 6.3
零件名称
比例
材料
固定套
1:1
Q235

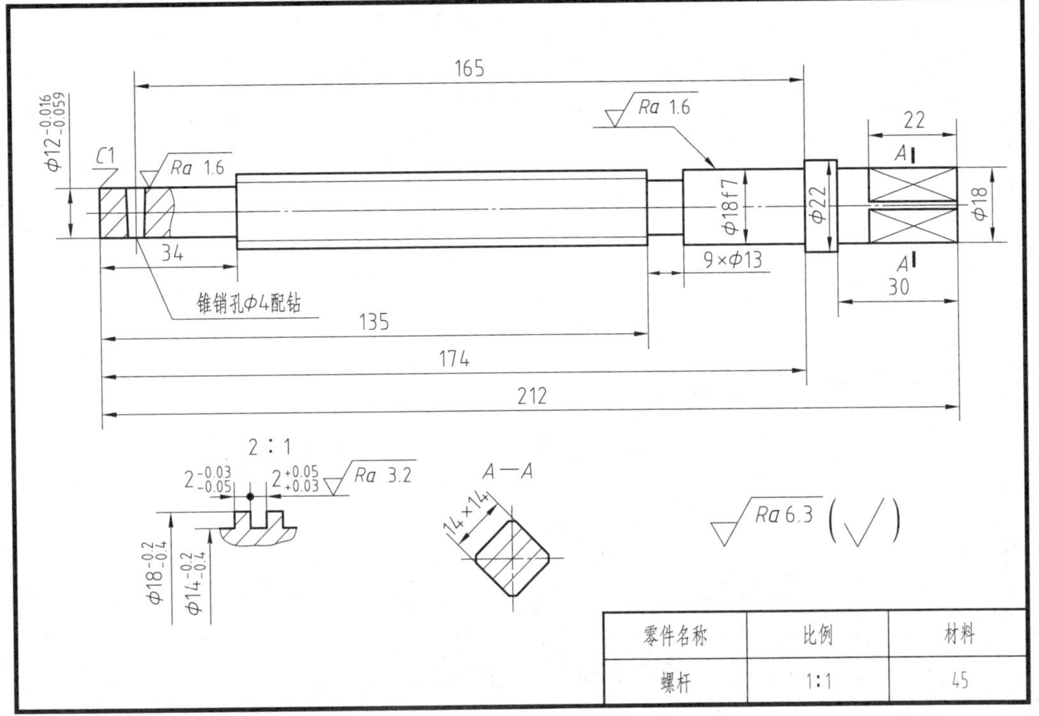

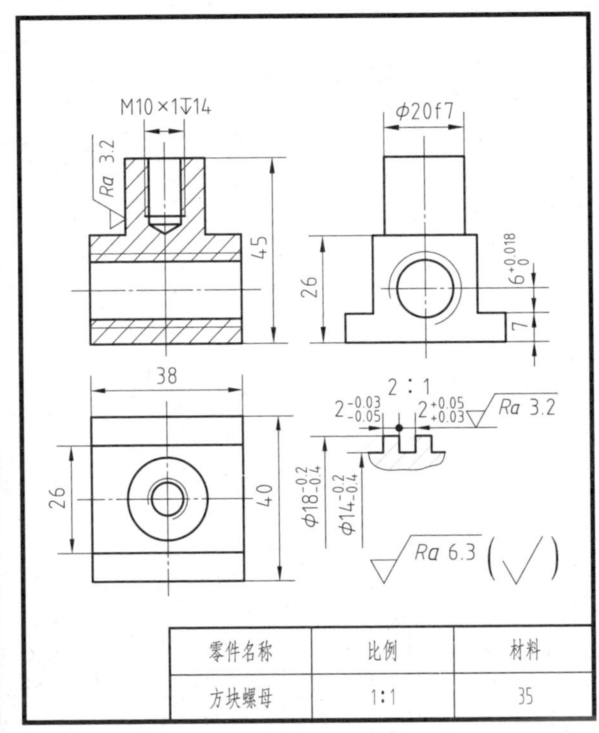

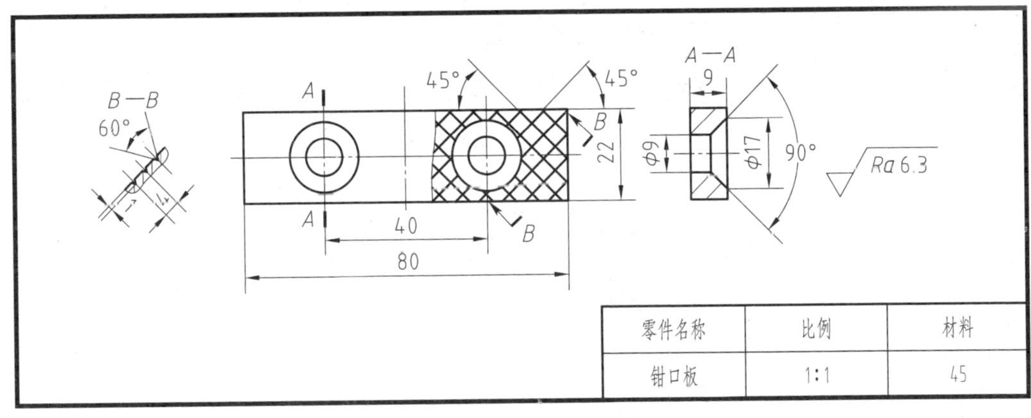

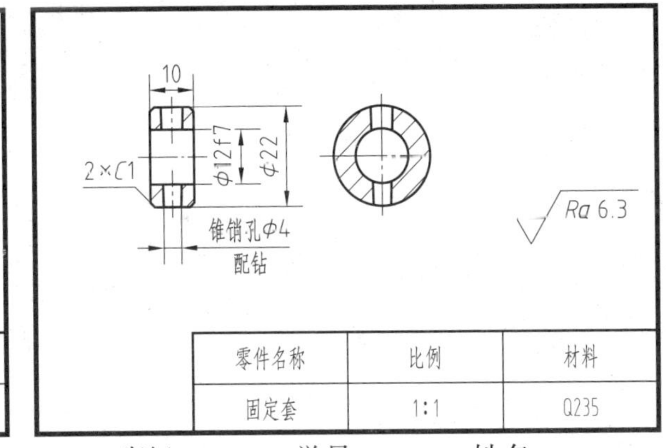

10–7 （续）

班级　　　　　学号　　　　　姓名

模块十一　计算机绘图

11–1　操作与问答题

1．启动软件 AutoCAD 2020，进入“草图与注释”工作空间，叙述其操作步骤。

2．查看标题栏中的内容，在下图中标注各项内容的名称。

3．查看快速访问工具栏中各按钮的名称及功能，写出各按钮的名称。将光标移到按钮上，了解其功能，解释新建、打开、保存、另存为、打印、放弃以及重做的含义。

4．显示菜单栏，说出菜单栏各主菜单的名称，打开各主菜单，了解其中的内容。

班级　　　　学号　　　　姓名

11-2 操作与问答题

1．软件 AutoCAD 2020 的功能区在什么位置？包含哪几部分？最常用的是哪个功能区？

2．在绘图区任意绘制几条直线，观察光标在执行命令前后的变化和命令行的显示内容，并叙述。

3．在下图中标注状态栏上各按钮的名称。

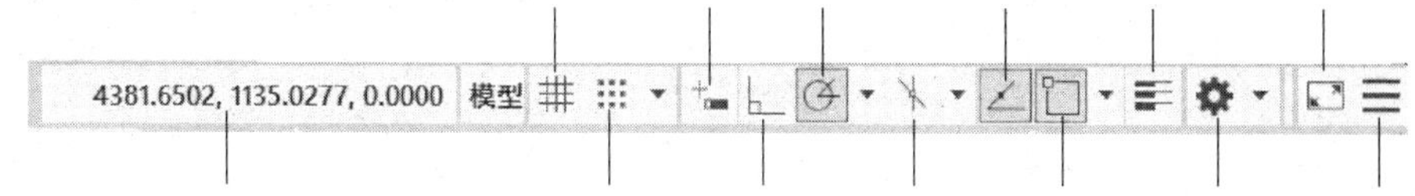

4．将光标移到导航栏上，了解各按钮的名称及功能，并叙述。单击“缩放”按钮下方的下拉箭头，打开“缩放”菜单，了解各种缩放命令，并叙述。

班级　　　　学号　　　　姓名

11–3　操作与问答题

1．在不选中图形对象和选中图形对象的两种情况下，单击鼠标右键，弹出快捷菜单，了解快捷菜单中的内容，并叙述。

2．启动“保存”命令的方法有哪些？

3．关闭 AutoCAD 软件的方法有哪些？

4．如何用鼠标缩放和平移图形？

5．如何打开 dwg 格式的图形文件？

6．新建图形文件，绘制几条直线，进行命令的重复、撤销与重做操作，保存图形文件。

7．打开图形文件，用“另存为”命令将当前文件以新的文件名保存。

8．新建图形文件，对绘图区的背景颜色进行设置。

班级　　　　学号　　　　姓名

11–4　根据给定条件利用绘图软件绘制图形

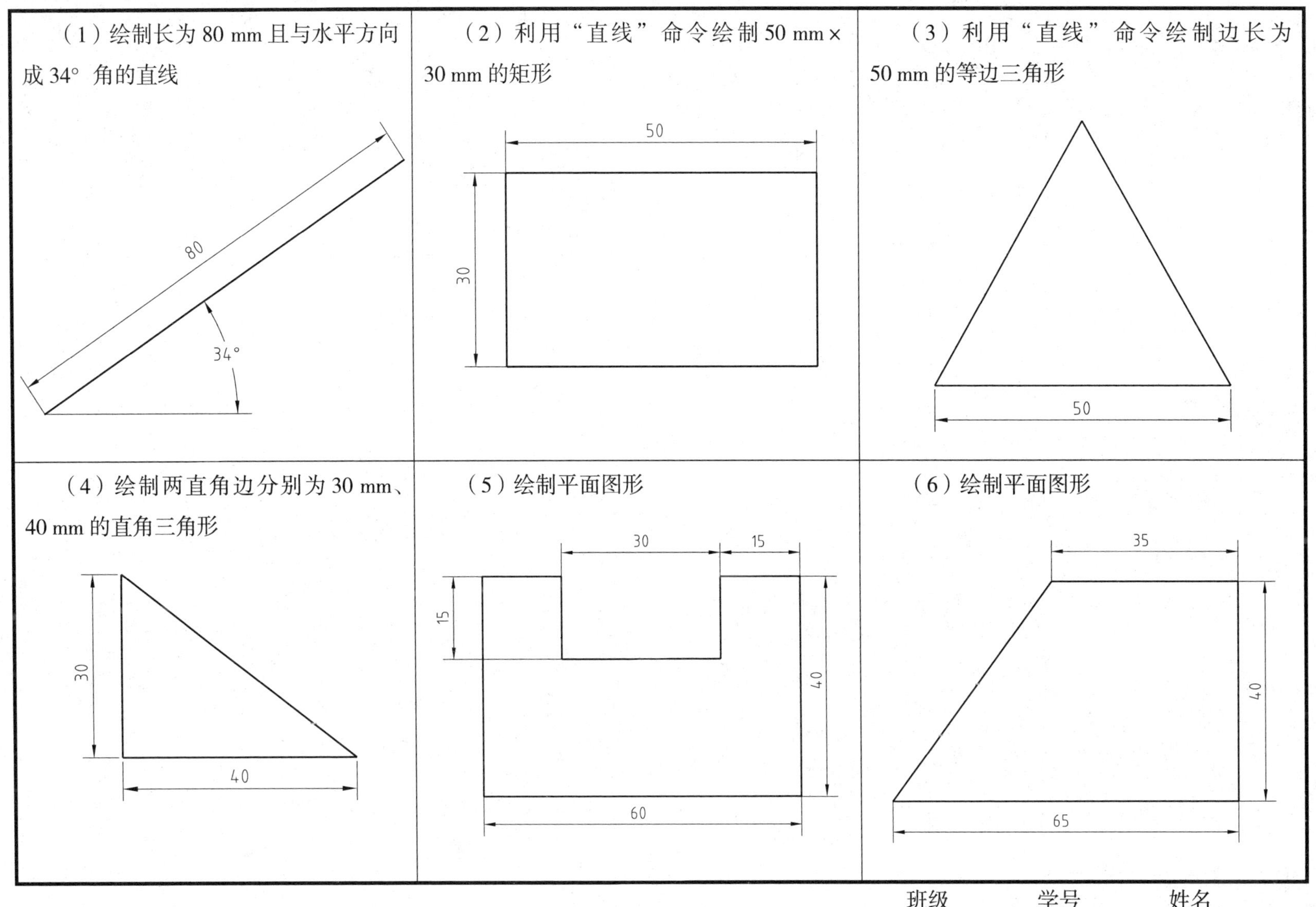

11–5　根据给定条件利用绘图软件绘制图形

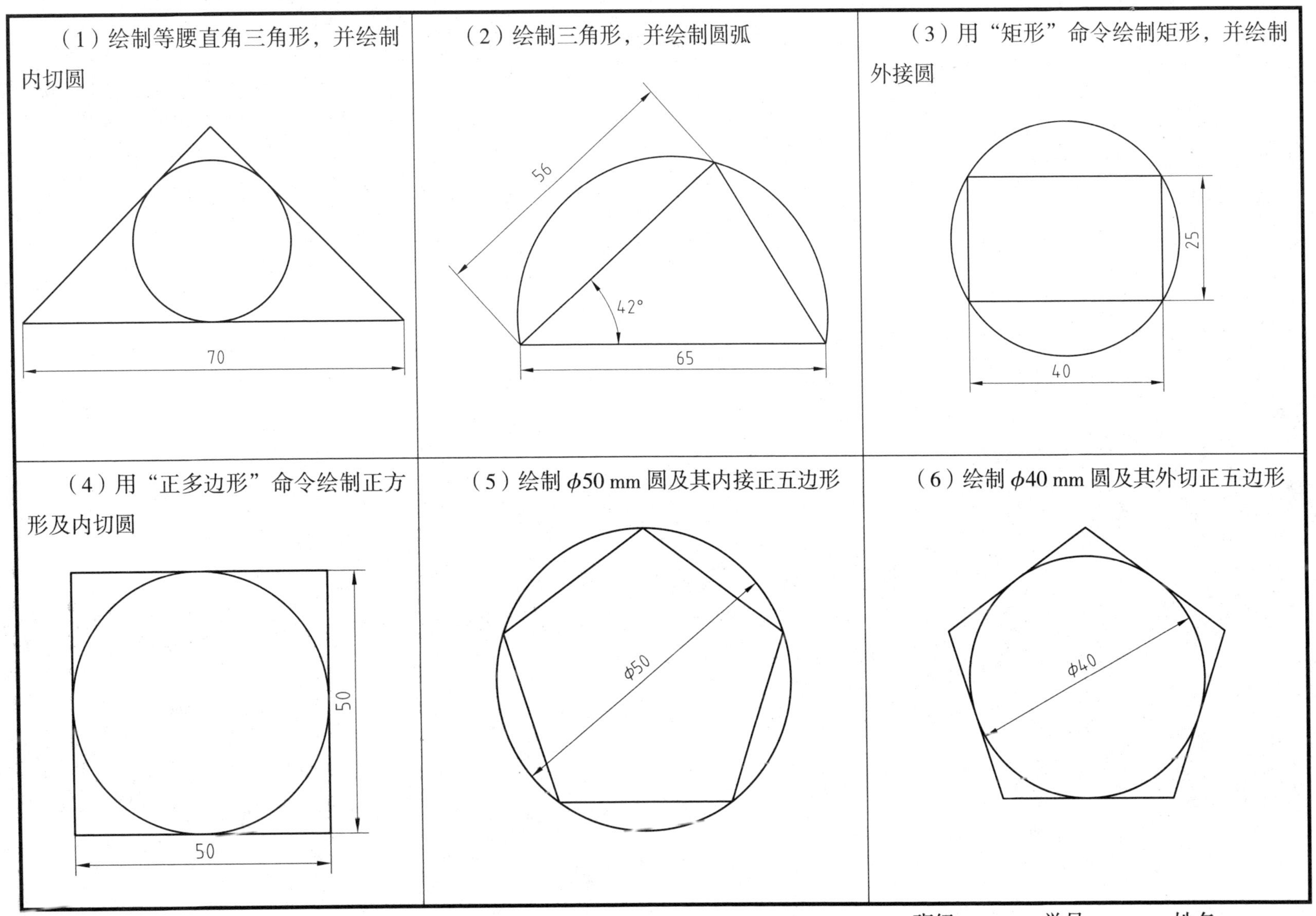

班级　　　　学号　　　　姓名

11-6 根据尺寸利用绘图软件绘制平面图

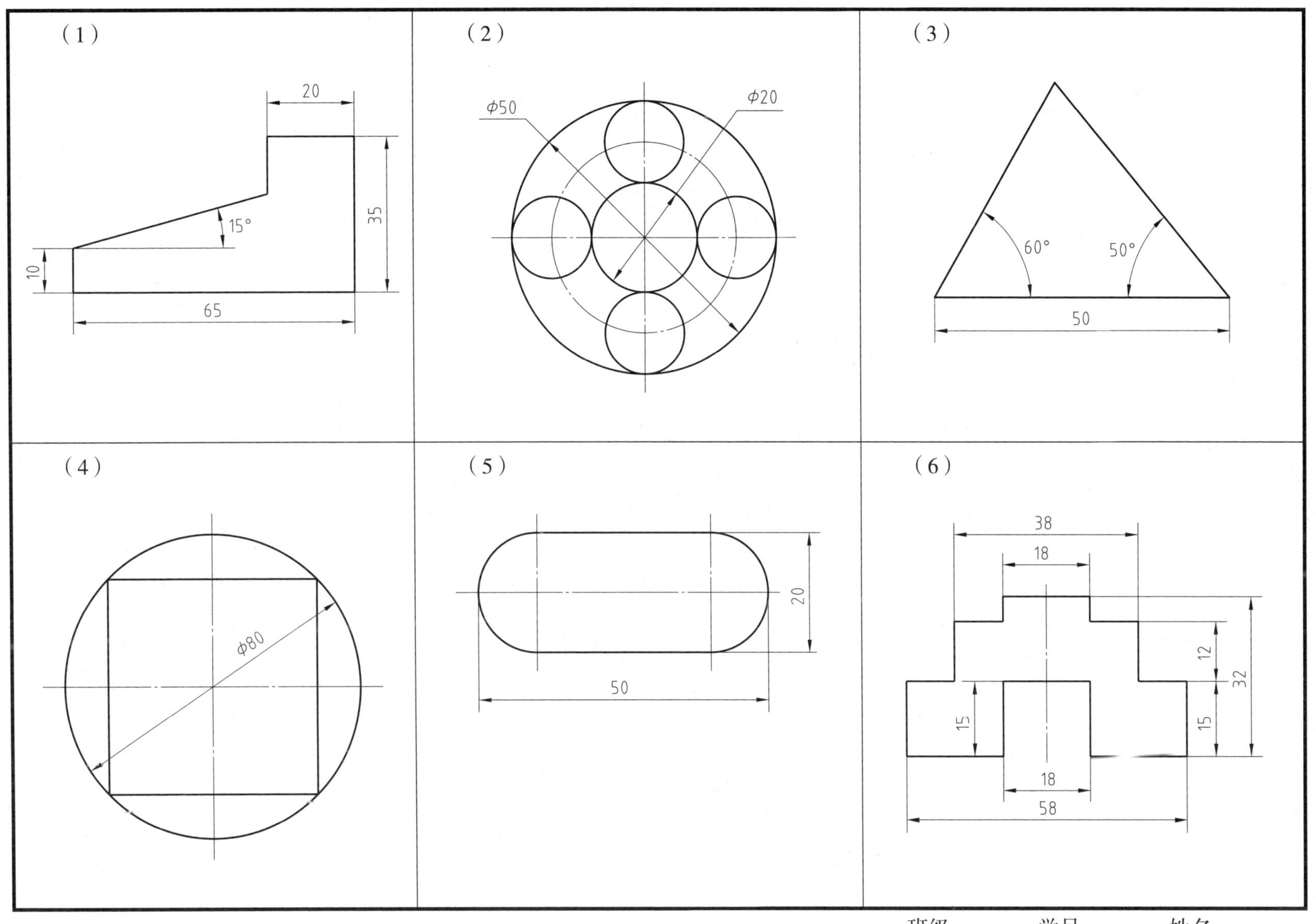

班级　　学号　　姓名

11–7 根据尺寸利用绘图软件绘制平面图

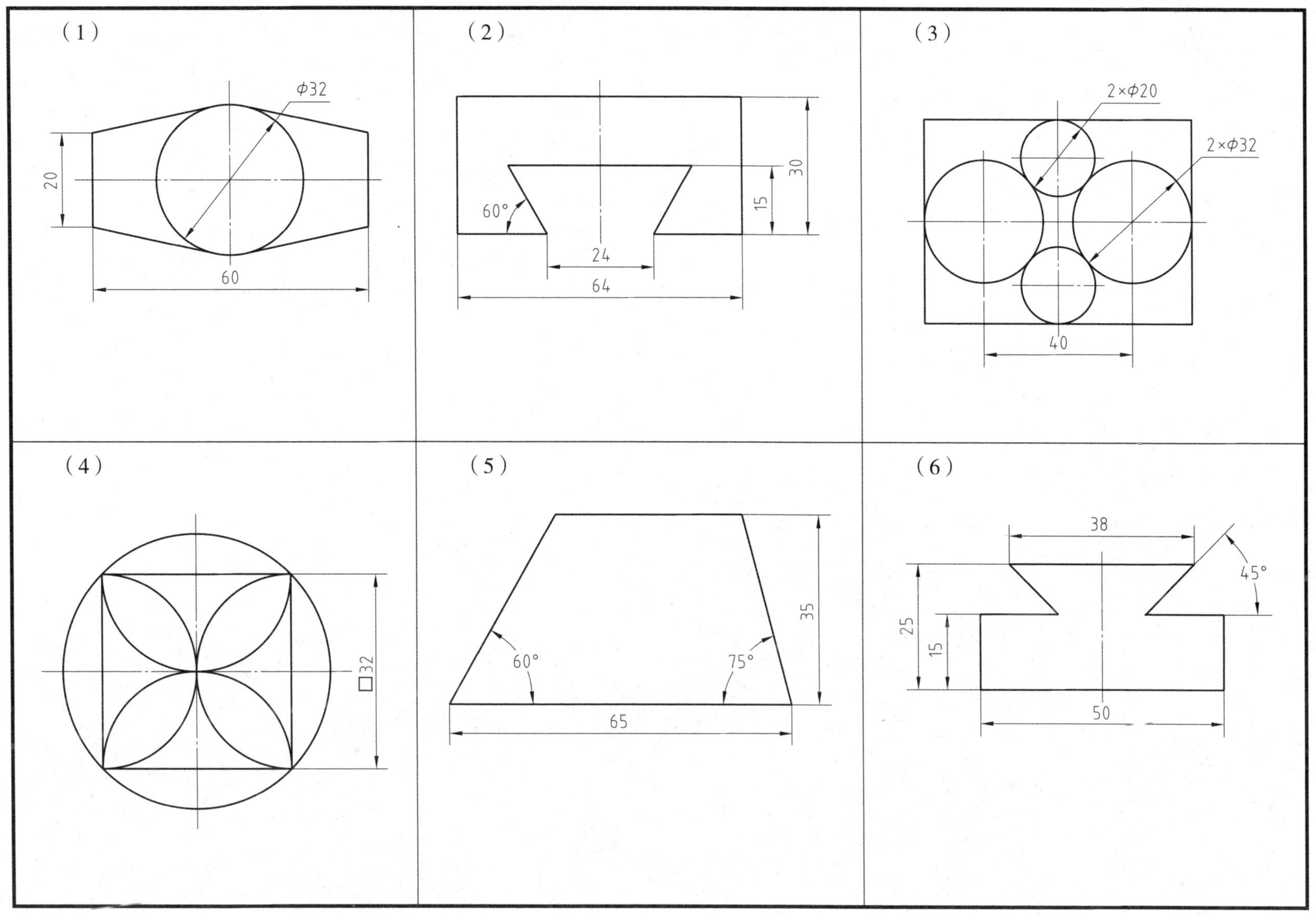

班级　　　学号　　　姓名

11–8　根据尺寸利用绘图软件绘制平面图

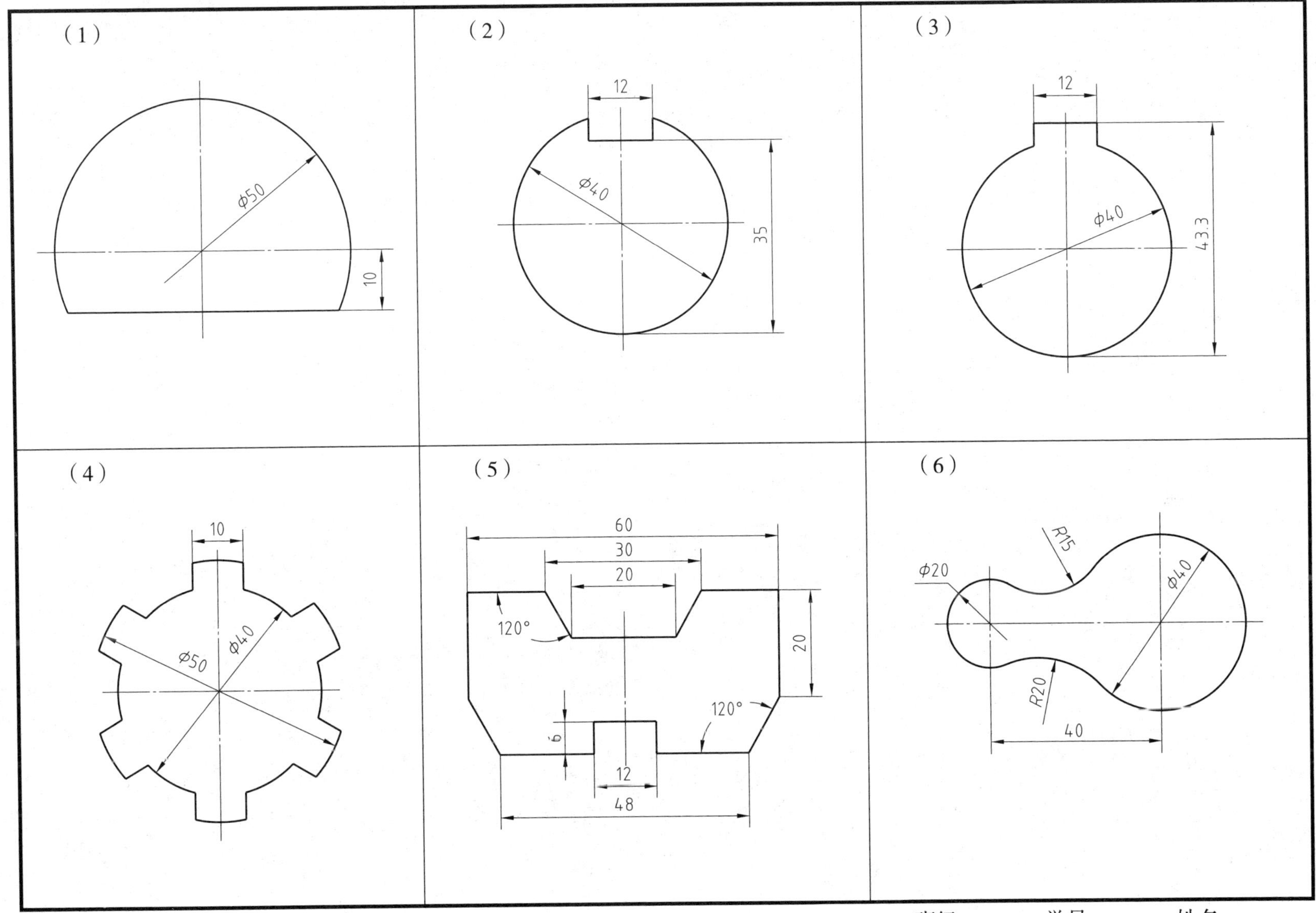

班级　　　　学号　　　　姓名

11-9　根据尺寸利用绘图软件绘制平面图

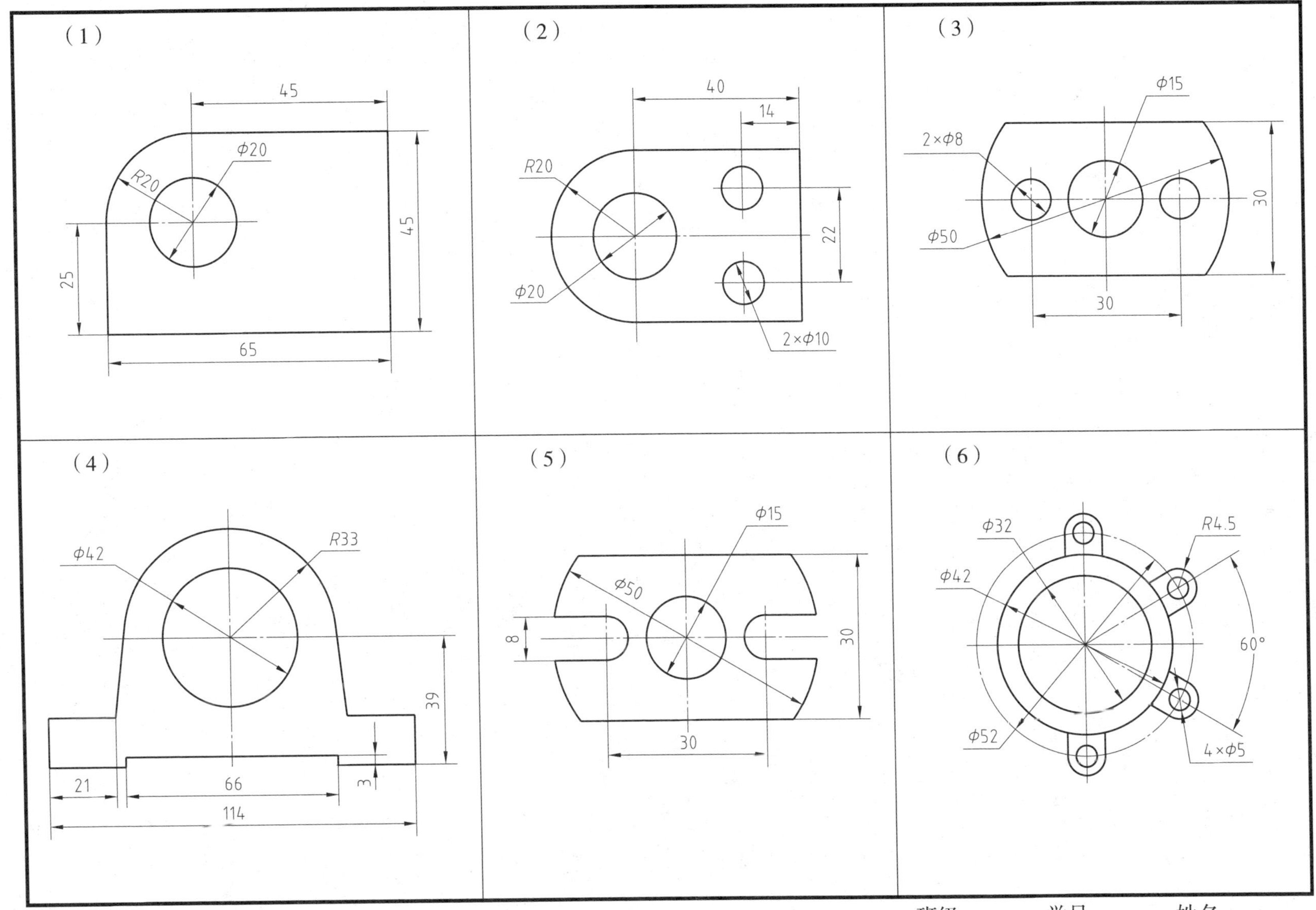

班级　　　　学号　　　　姓名

11–10　根据尺寸利用绘图软件绘制平面图

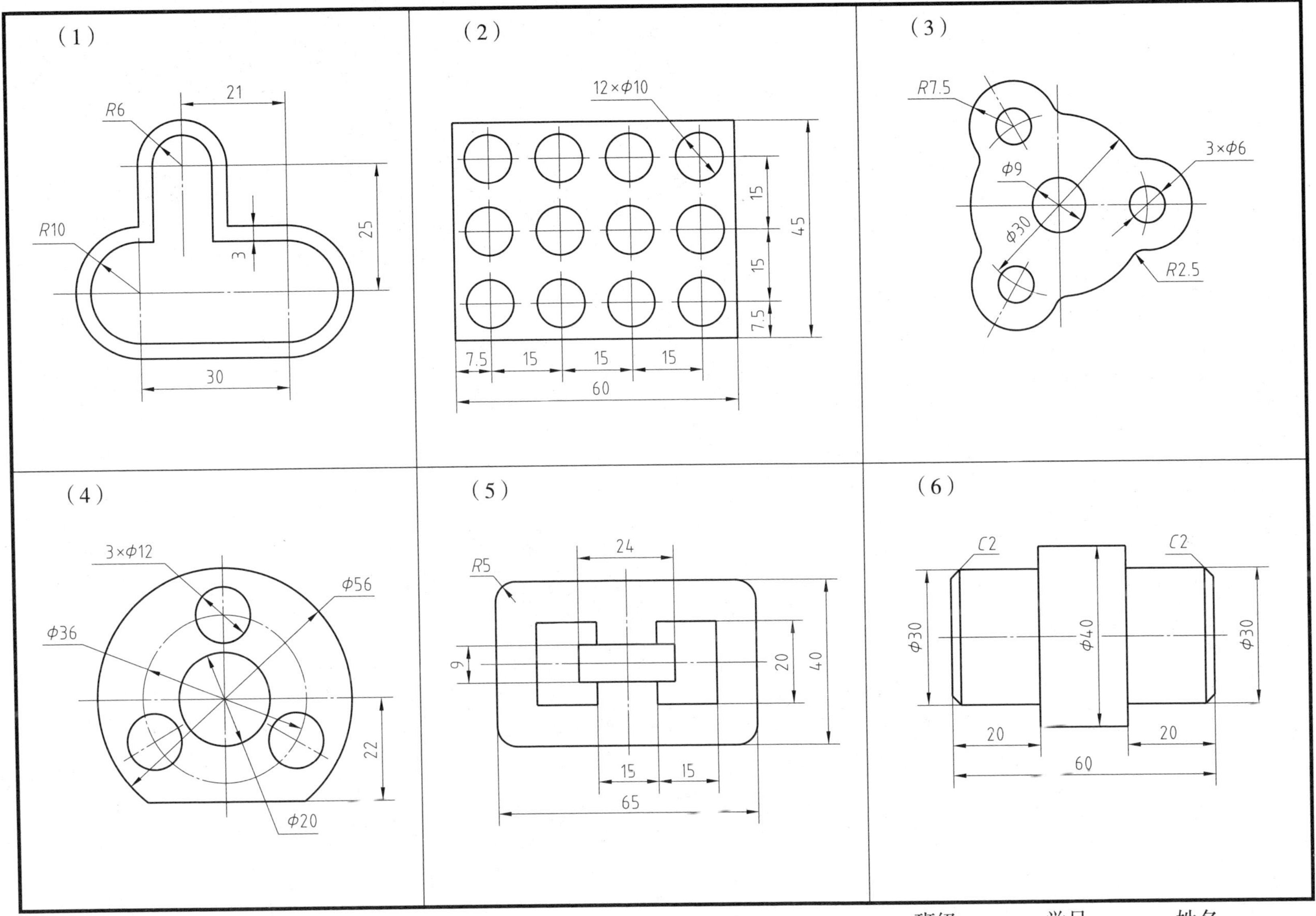

班级　　　　学号　　　　姓名

11-11 根据尺寸利用绘图软件绘制三视图

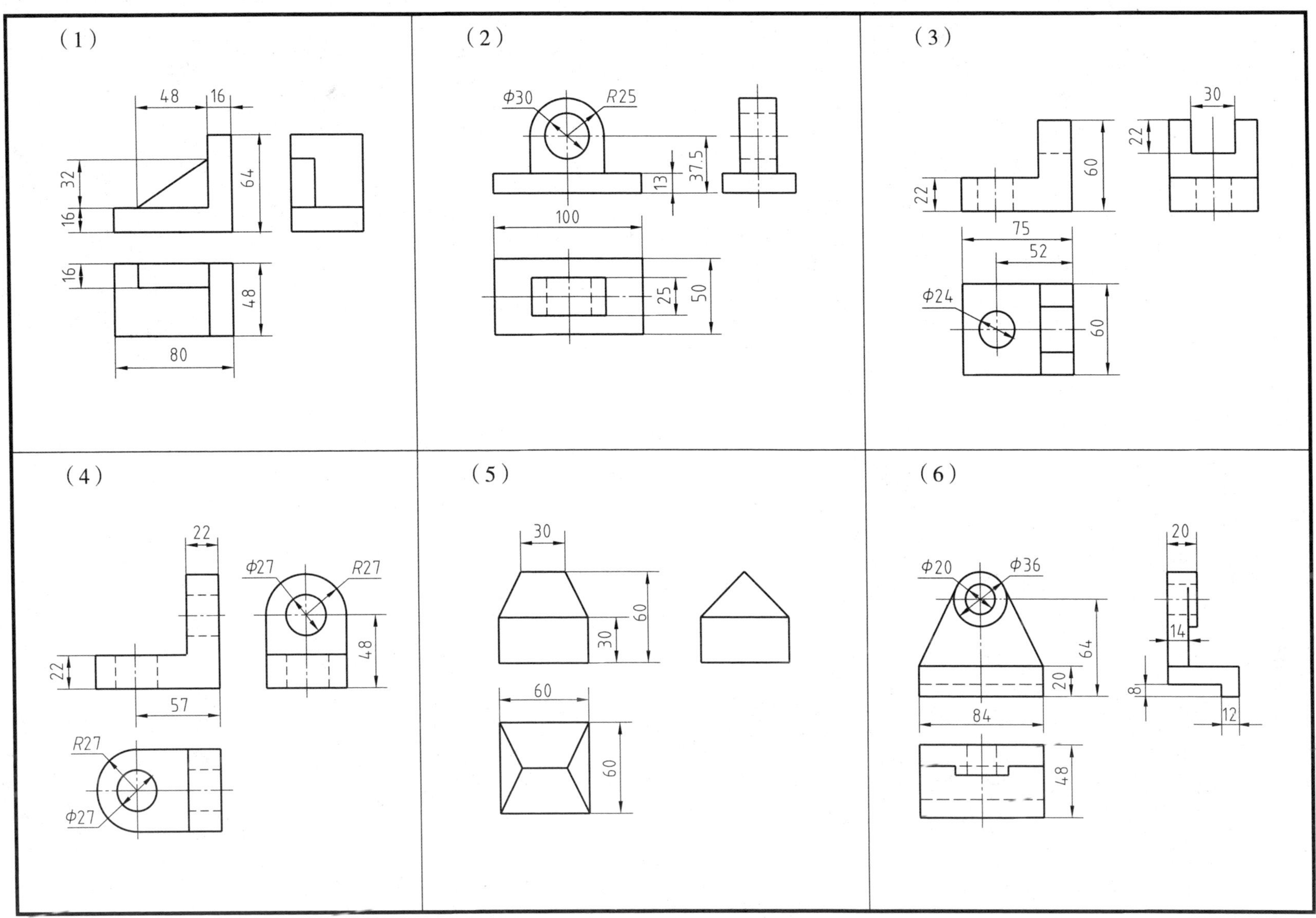

班级　　　　学号　　　　姓名

11–12　根据尺寸利用绘图软件绘制剖视图

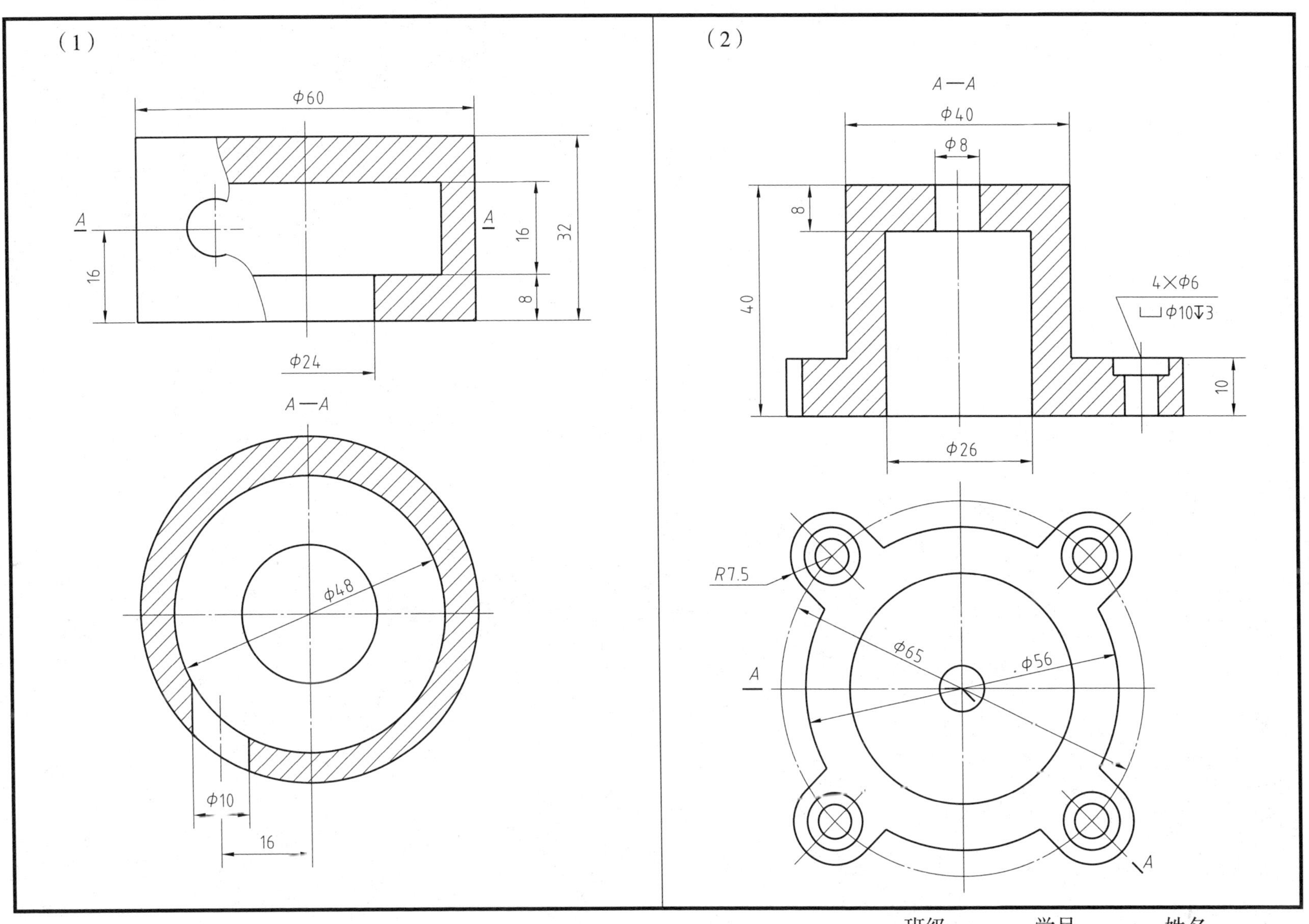

班级　　　　学号　　　　姓名

11-13 根据尺寸利用绘图软件绘制剖视图并标注尺寸

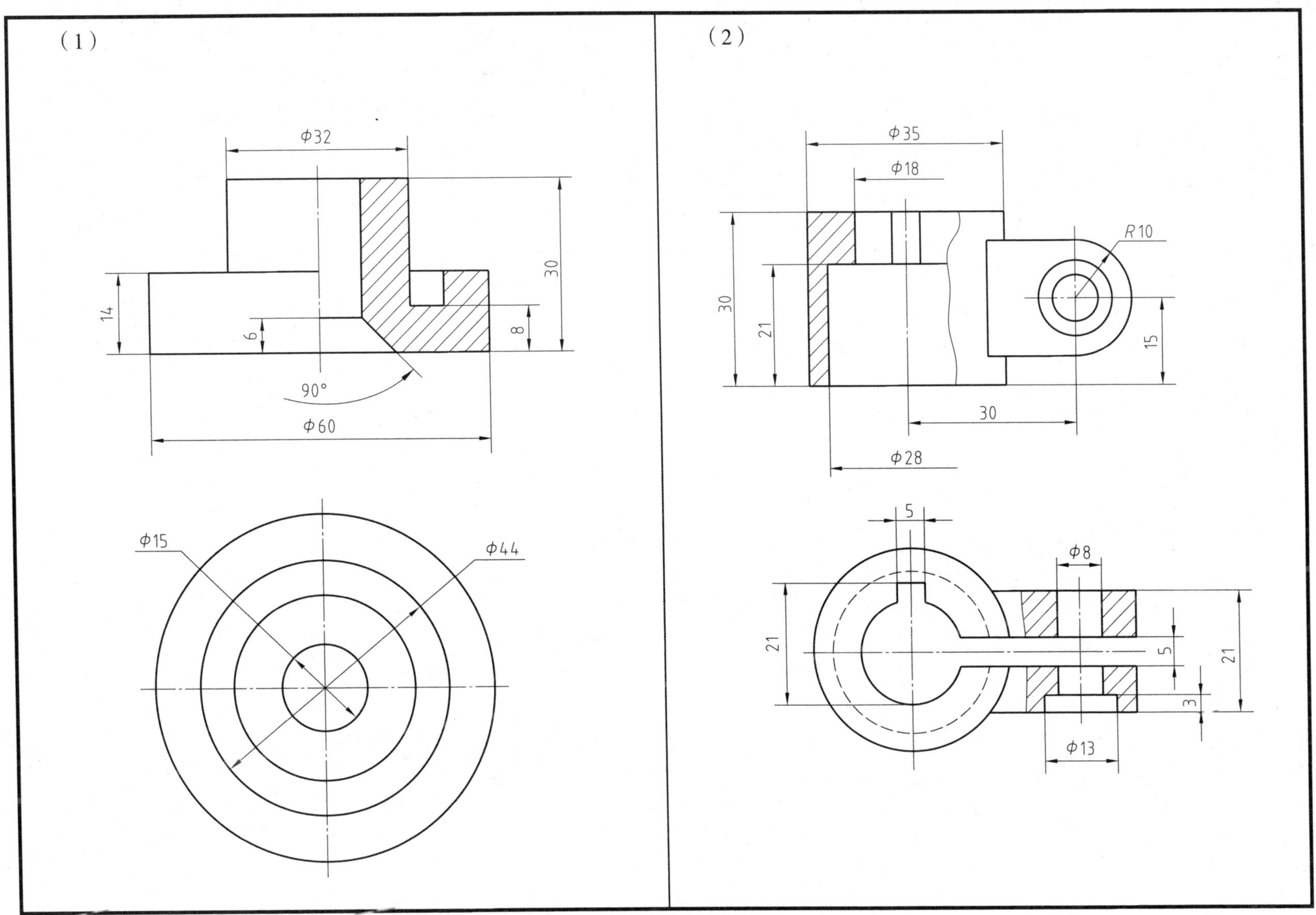

班级　　　　学号　　　　姓名

11-14　根据尺寸利用绘图软件绘制泵轴零件图

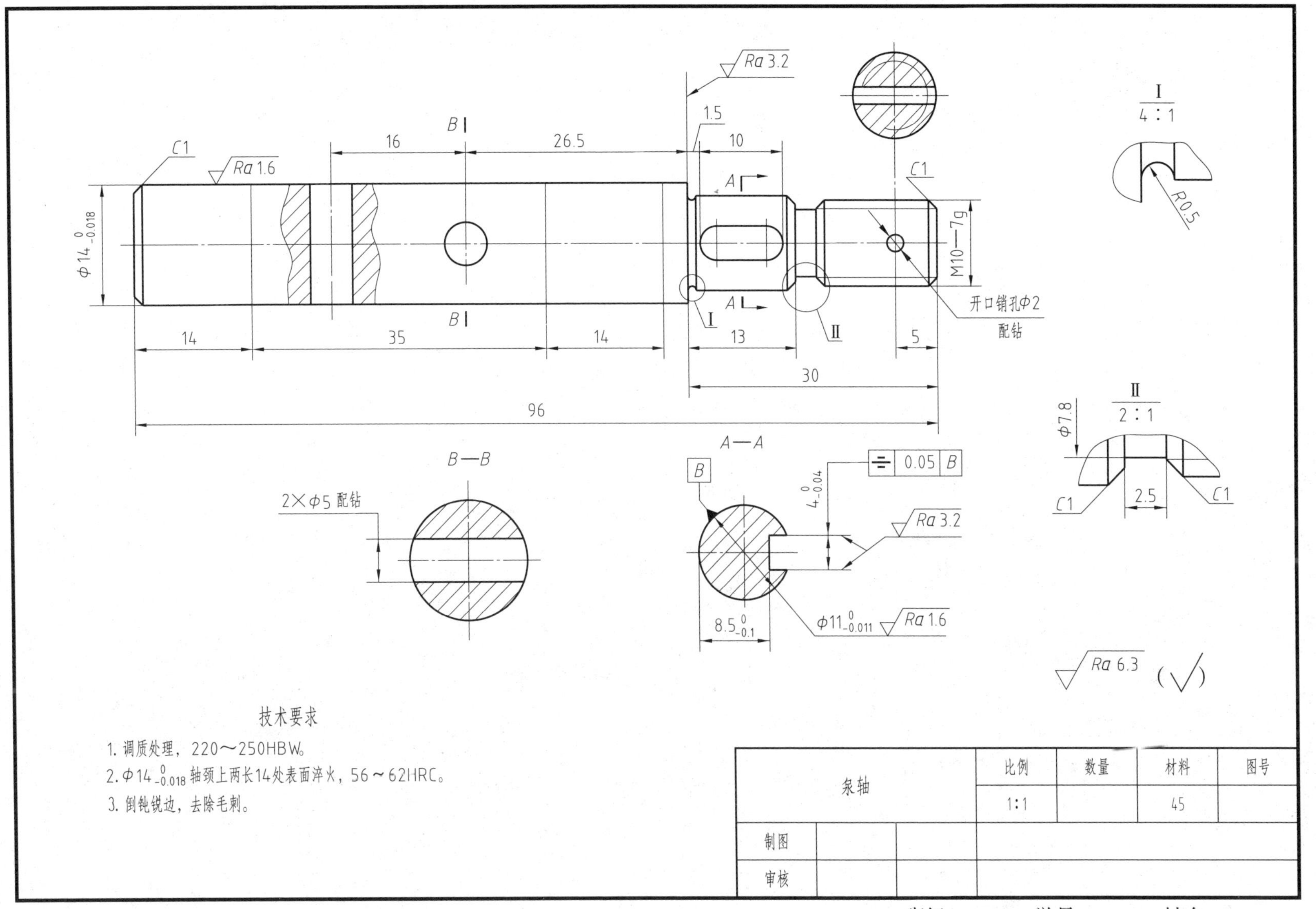

班级　　学号　　姓名

11-15 根据尺寸利用绘图软件绘制密封盖零件图

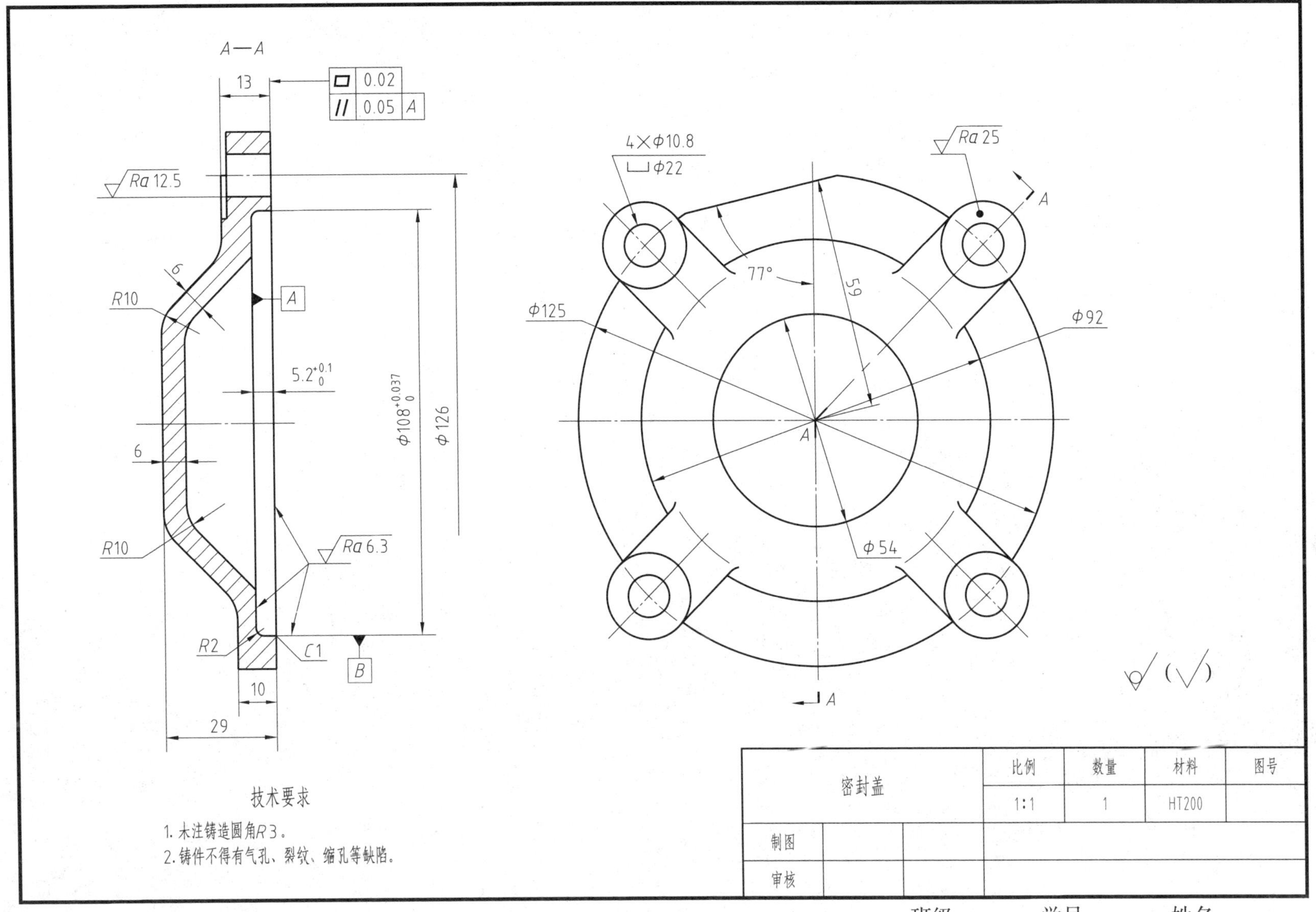

技术要求

1. 未注铸造圆角R3。
2. 铸件不得有气孔、裂纹、缩孔等缺陷。

密封盖		比例	数量	材料	图号
		1:1	1	HT200	
制图					
审核					

班级　　学号　　姓名

11–16 根据下列车床刀架定位器的零件图和装配图，用绘图软件绘制装配图

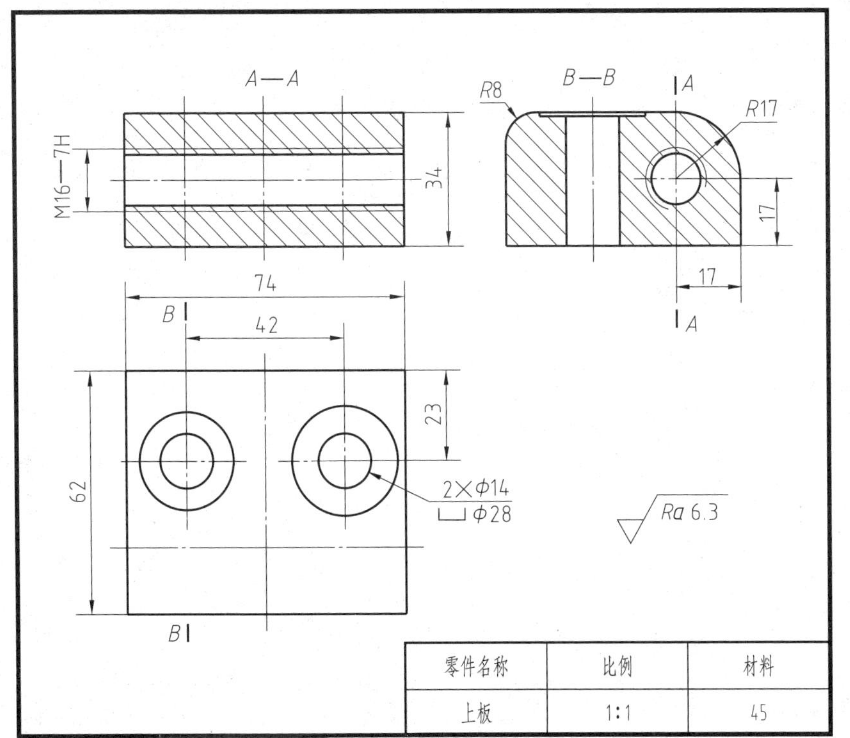

零件名称	比例	材料
上板	1:1	45

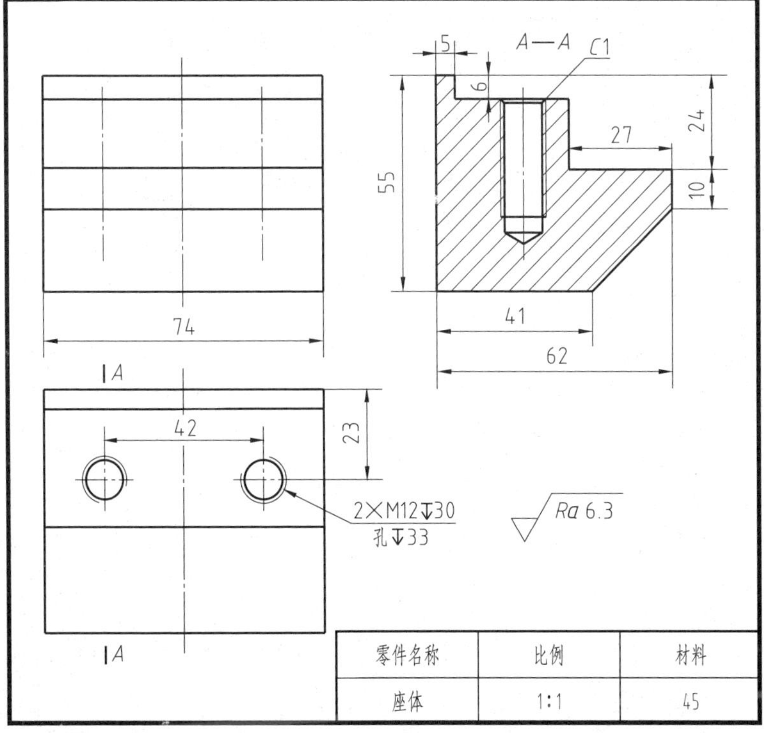

零件名称	比例	材料
座体	1:1	45

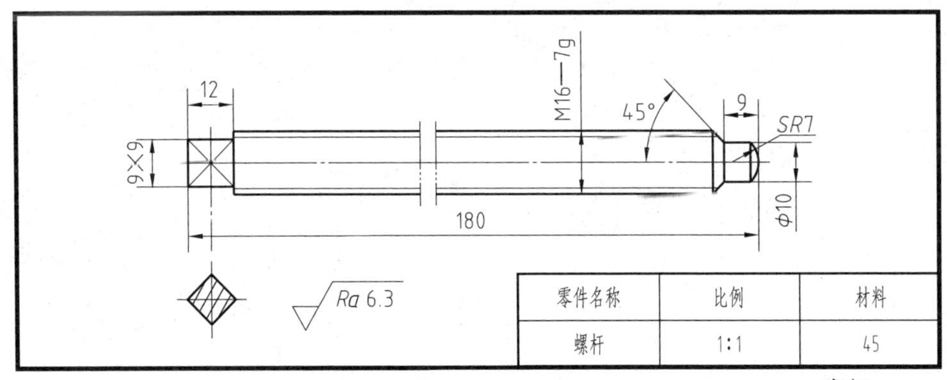

零件名称	比例	材料
螺杆	1:1	45

班级　　　学号　　　姓名

11-16 （续）

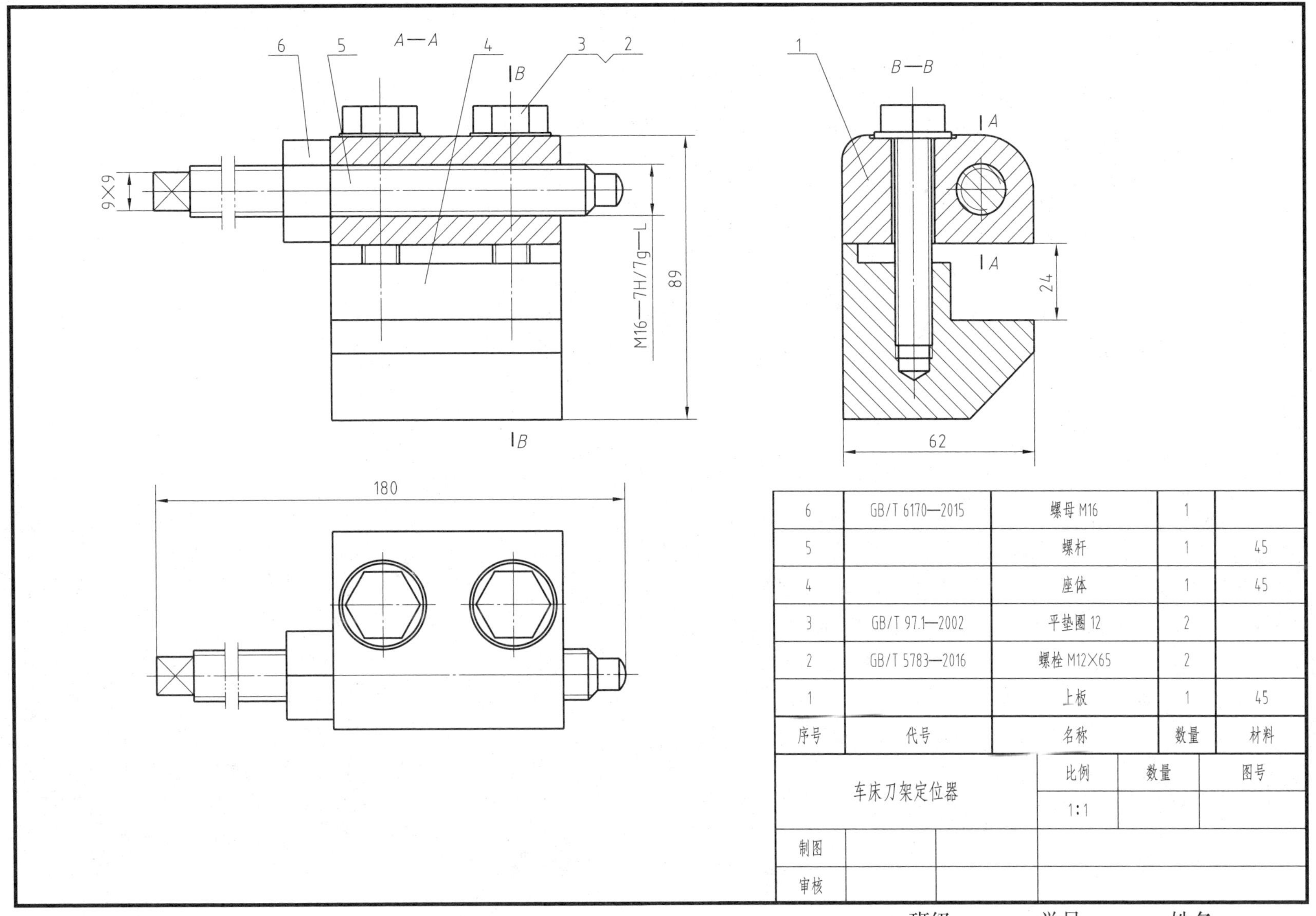

6	GB/T 6170—2015	螺母 M16	1	
5		螺杆	1	45
4		座体	1	45
3	GB/T 97.1—2002	平垫圈 12	2	
2	GB/T 5783—2016	螺栓 M12×65	2	
1		上板	1	45
序号	代号	名称	数量	材料

车床刀架定位器		比例	数量	图号
		1:1		
制图				
审核				

班级　　学号　　姓名

附录　零件图和装配图对应的三维图

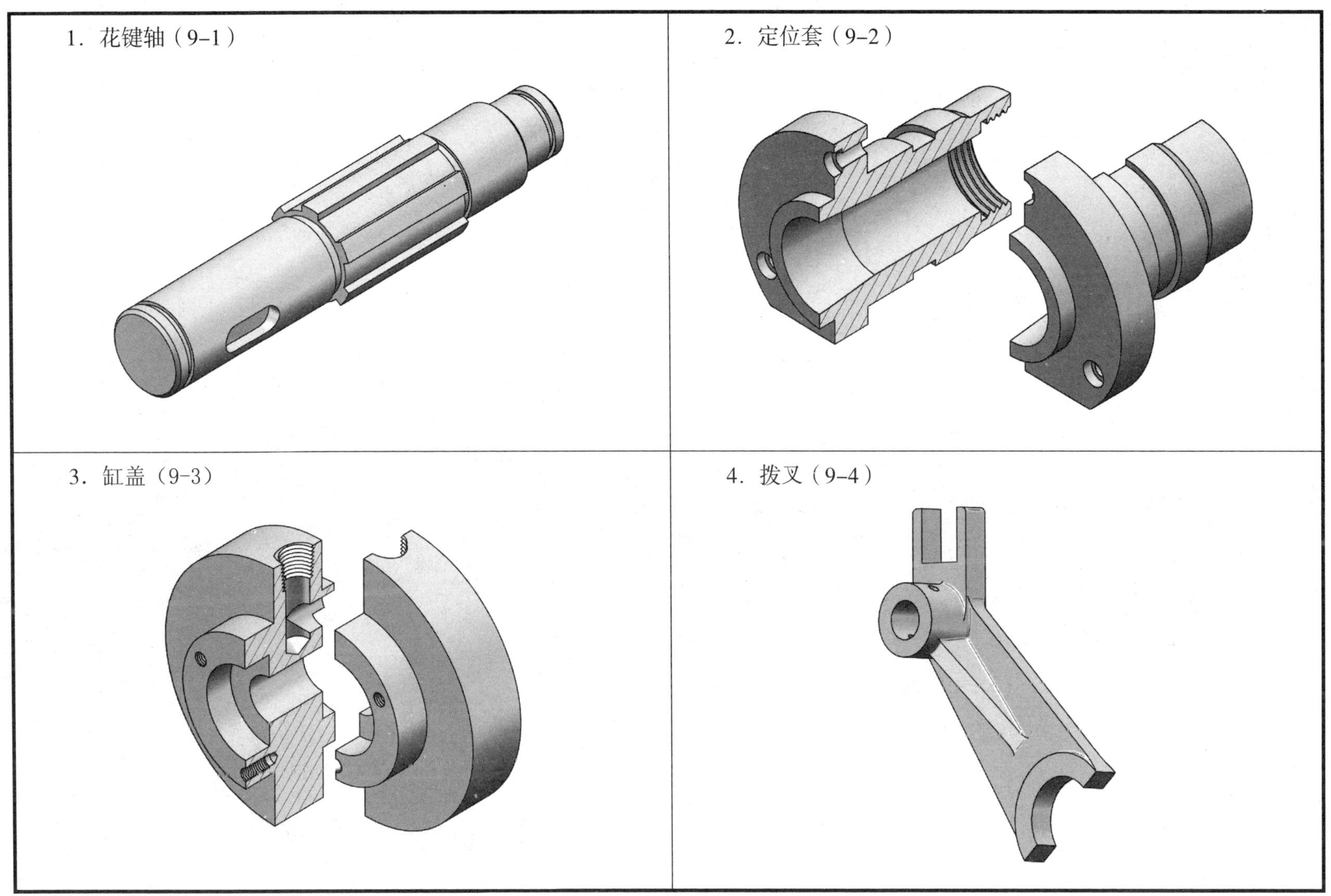

班级　　　　学号　　　　姓名

5．轴承座（9–5）

6．轴承盖（9–6）

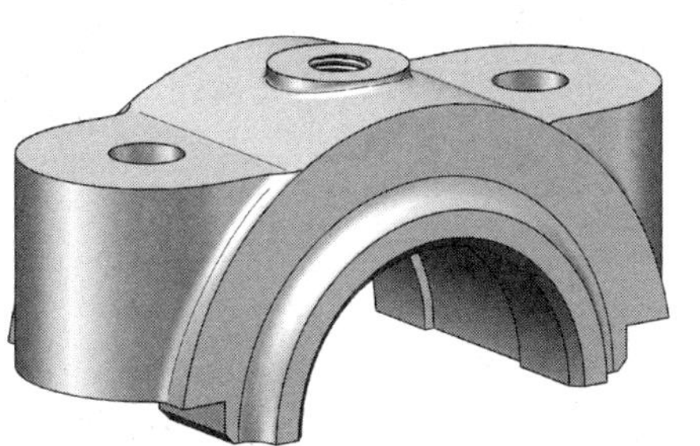

7．传动器（10–1）

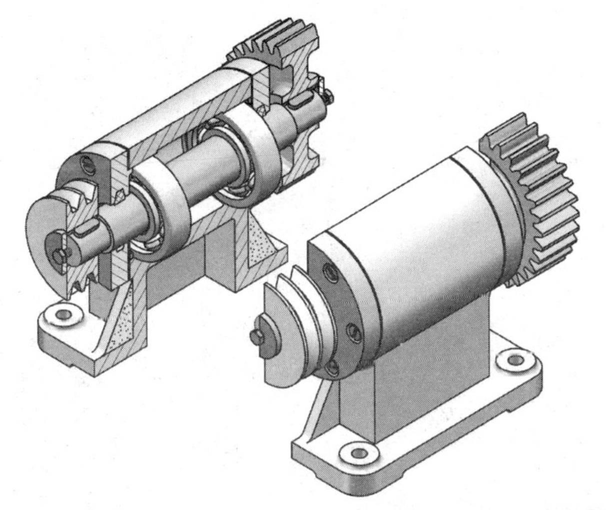

8．气缸（10–2）

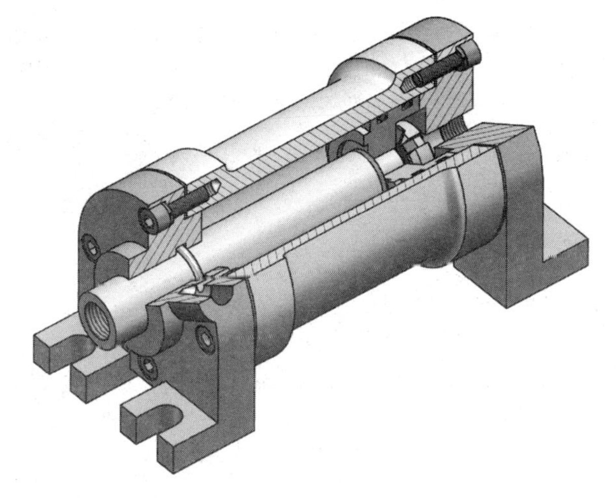

班级　　　　学号　　　　姓名

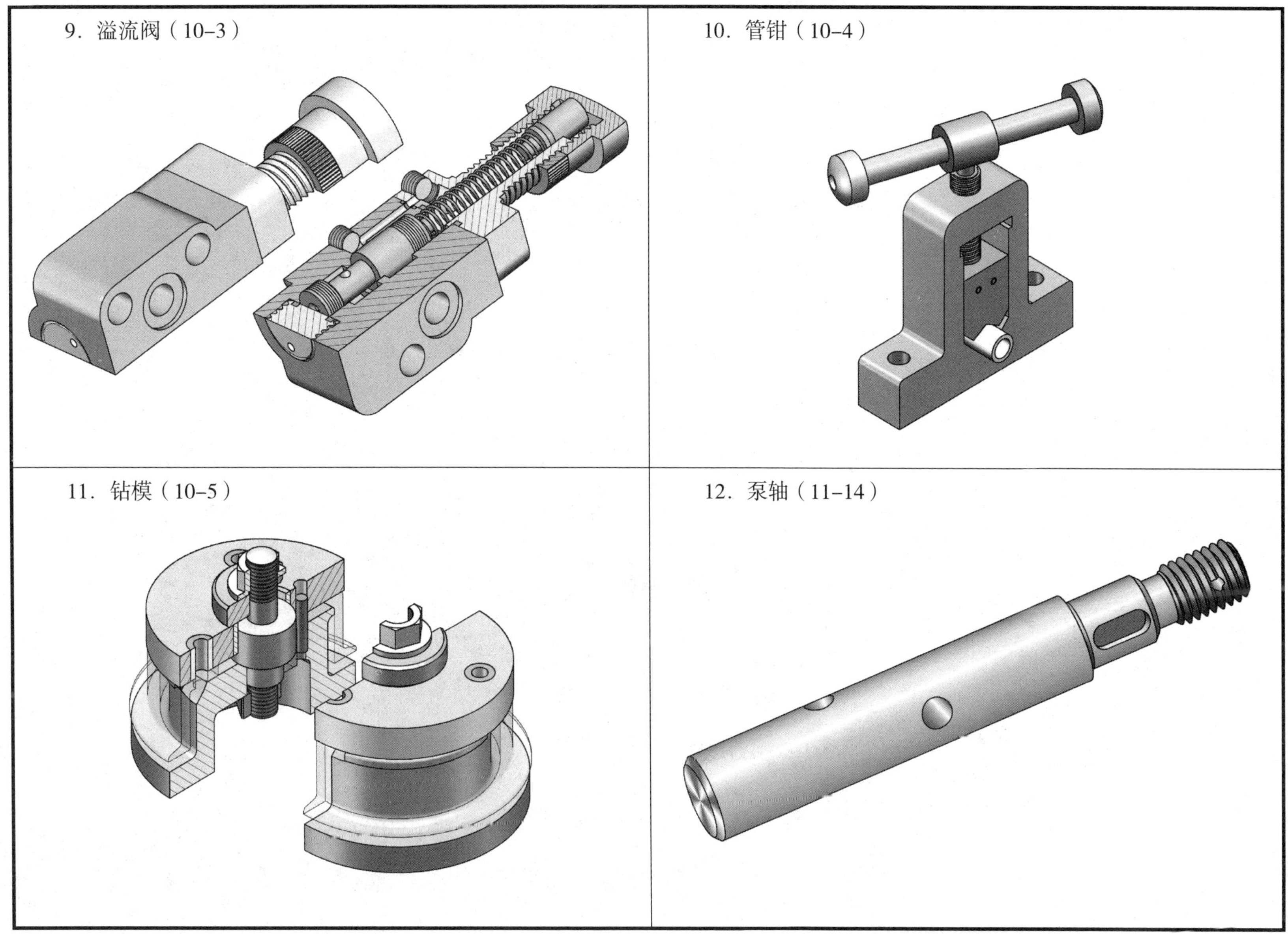

班级　　　　学号　　　　姓名

13. 密封盖（11–15）

14. 车床刀架定位器（11–16）

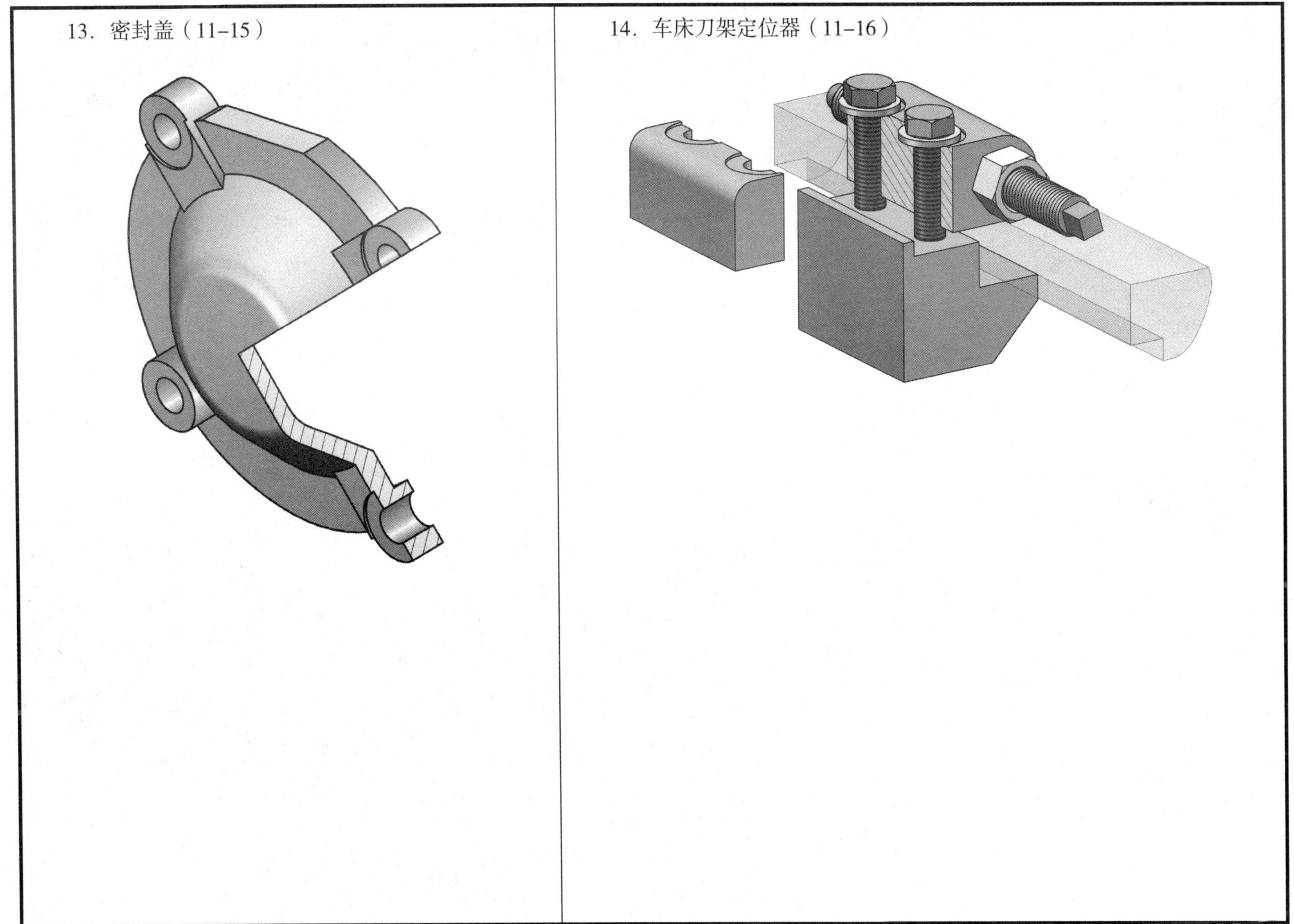

班级　　　　学号　　　　姓名